U0387785

土建类专业教材编审委员会

荣获中国石油和化学工业优秀教材奖

应用型人才培养"十三五"规划教材

高层建筑施工

第二版

◎ 杨国立　主编

化学工业出版社

·北京·

党的二十大报告提出"加快建设国家战略人才力量，努力培养造就更多大师、战略科学家、一流科技领军人才和创新团队、青年科技人才、卓越工程师、大国工匠、高技能人才。"响应党的二十大报告精神，突出工程专业的应用型及职业教育的特点，在传承前期优秀教材的基础上，修订编写了本书。

本书针对高层建筑施工技术的迅速发展，着眼新技术及培养学生指导现场施工的能力，注重结合工程实例讲述高层建筑施工技术的系统性及与一般施工技术的区别。本书主要内容包括高层建筑深基坑地下水控制、高层建筑深基坑土方开挖、高层建筑深基坑支护、高层建筑大体积混凝土施工、高层建筑起重及运输机械、高层建筑脚手架工程、高层建筑现浇混凝土结构施工、钢结构高层建筑施工等。

本书配有施工视频、动画，可扫描书中二维码获取。

本书可作为应用型本科学校和高等职业院校土建类专业及相关专业教材，也可作为成人教育土建类及相关专业的教材，还可供从事建筑工程等技术工作的人员参考。

图书在版编目（CIP）数据

高层建筑施工/杨国立主编. —2 版. —北京：化学工业出版社，2017.12（2024.1重印）
应用型人才培养"十三五"规划教材
ISBN 978-7-122-27486-1

Ⅰ.①高… Ⅱ.①杨… Ⅲ.①高层建筑-工程施工-高等职业教育-教材 Ⅳ.①TU974

中国版本图书馆 CIP 数据核字（2016）第 146838 号

责任编辑：李仙华　　　　　　　　　　　装帧设计：张　辉
责任校对：王素芹

出版发行：化学工业出版社（北京市东城区青年湖南街 13 号　邮政编码 100011）
印　　装：北京建宏印刷有限公司
787mm×1092mm　1/16　印张 15　字数 370 千字　2024 年 1 月北京第 2 版第 5 次印刷

购书咨询：010-64518888　　　　　　　　售后服务：010-64518899
网　　址：http://www.cip.com.cn
凡购买本书，如有缺损质量问题，本社销售中心负责调换。

定　　价：36.00 元

前　言

　　《高层建筑施工》第一版经过七年多发行，取得了中国石油和化学工业优秀教材一等奖的荣誉，得到了广大读者的好评。第二版在保留第一版优点和特色的基础上，作了许多优化、改进和创新。

　　积极响应党的二十大报告精神"创新是第一动力，深入实施科教兴国战略"，对本教材的第一版进行了大量的更新。本次修订内容更新部分如下：

　　（1）第三章主要是根据基坑支护规范进行的更新，增加"加筋水泥土桩锚施工"一节；

　　（2）第四章主要是根据大体积混凝土规范进行的更新，考虑高职学生的接受能力问题，大体积混凝土温度部分去掉了温度应力计算理论；

　　（3）第六章增加"承插型盘扣式钢管脚手架"一节；

　　（4）第七章中按照钢筋、模板、混凝土施工顺序编写，删除了第一版的高强混凝土配比、免振自密实混凝土部分；

　　（5）第八章根据新规范更新了部分内容。

　　本书的编写同步配套施工三维动画、施工视频，使教材更加情景化、动态化、形象化，可通过扫描书中二维码获取。本教材配套同步授课课件，课件内展示丰富的施工现场工艺照片，协助学生进行理论的深入理解和学习，可登录 www.cipedu.com.cn 免费获取。

　　本书的概述、第三章、第七章、第八章由台州学院杨国立编写；第一章、第四章由绥化学院张庆海编写；第二章由广东科学技术职业学院毛达岭编写；第五章由河南超杰园林设计工程有限公司马敬伟编写；第六章由山西工程技术学院阎玮斌编写。全书由杨国立统稿和编排。

　　本书的编写，参考了有关文献资料，谨向这些文献作者致以衷心的感谢！由于编写时间较为紧张，限于编者水平有限，书中的疏漏之处在所难免，敬请广大读者批评指正，以便日后修订和改进。

编者

前 言

第一版前言

改革开放政策，使我国经济得到了全面飞速发展。建筑事业的蓬勃发展，使我国已成为西太平洋沿岸一个新的高层建筑中心，建造数量大，发展速度快，高度已跃居世界前列。

本着高职高专实践人才培养模式的特点，各院校土建类相关专业近年来都相继开设实践性很强的"高层建筑施工"课程。本教材结合高职高专土建类相关专业教学计划及学生的层次特点进行编写。重点编写当今建筑界高层建筑施工中流行的施工技术和国外的一些在我国具有很高推广价值的先进的高层施工技术。本教材的编写从职业教育培养目标的实际出发，改进了以往许多教材的纯理论讲述特点，结合理论及国内部分高层建筑的施工资料，着重编写了大量的高层建筑施工工艺案例，使学生能够依托案例获得大量的施工感性认识，取得较好的学习效果。

本教材是编者结合多年高层建筑施工教学经验和工程实践经验，同时参考一定的资料编写而成。本书介绍了我国在高层建筑施工方面成熟的技术和创新发展的新技术、新工艺、新规范等，汲取了国内外近年来建筑领域在高层施工方面的先进成果。从地下水控制、土方开挖、基坑支护、大体积混凝土施工、施工机械、脚手架、高层混凝土结构工程施工、高层钢结构施工等方面系统阐述、层层深入。每章编写格式基本遵从先理论讲述，后实例讲解，使学生学习有一个从理性认识到感性认识的过程。

本教材的绪论、第三、五章由台州学院的杨国立编写；第一章由永城职业学院的郭红喜编写；第二章由永城职业学院的王豪编写；第六、七章由太原理工大学阳泉学院的阎玮斌编写；第四、八章由商丘职业技术学院的史华编写。全书由杨国立统稿和编排。

本书由华中科技大学李惠强教授主审，他在百忙之中对本教材进行了详细的审核，提出了许多宝贵的修改意见和建议，使本教材内容更趋于完善，在此深表感谢。

本书的编写，参考了有关文献资料，谨向这些文献作者致以衷心的谢意！由于编写时间较为紧张，限于编者水平，书中的疏漏之处在所难免，恳请读者批评指正。

本书提供有电子教案，可发信到 cipedu@163.com 邮箱免费获取。

编　者
2010 年 3 月

目 录

第四章

114

高层建筑大体积混凝土施工

第五章
高层建筑起重及运输机械

138

参考文献 ———————————————————————————— **225**

主要施工视频动画资源
（建议在 wifi 环境下扫码观看）

概　述

【知识目标】
- 掌握高层建筑的定义
- 理解高层建筑的基础与结构体系
- 了解高层建筑的发展

【能力目标】
- 能够解释高层建筑的定义

　　现代高层建筑是随着城市的发展和科学技术的进步而发展起来的，在土地资源日益紧张的今天，高层建筑有利于节约用地、解决住房紧张、减少市政基础设施和美化城市空间环境。建筑领域内新结构、新材料和新工艺的不断创新，为现代高层建筑的发展提供了有利的条件，建筑设计领域的智能化也为高层建筑的发展提供了一个新的平台。高层建筑已经成为国内外建筑领域研究的重要内容。

一、高层建筑的定义

（一）联合国教科文组织高层建筑划分标准

　　在世界各国高层建筑及超高层建筑都没有固定的划分标准，联合国教科文组织所属的世界高层建筑委员会 1972 年建议按高层建筑的层数和高度分为 4 类，见表 0-1。

表 0-1　联合国教科文组织高层建筑分类

高层建筑分类	层数	高度
第一类	9～16 层	最高到 50m
第二类	17～25 层	最高到 75m
第三类	26～40 层	最高到 100m
第四类	40 层以上	100m 以上，即超高层建筑

（二）我国高层建筑划分标准

1980 年 10 月 1 日试行的《钢筋混凝土高层建筑结构设计与施工规定》（JGJ 3—79）中，第一章第三条："本规定适用于八层及八层以上的高层民用建筑……"

自 1983 年 6 月 1 日开始试行的国家标准《高层民用建筑设计防火规范》（GBJ 45—82）第 1.0.3 条规定适用于十层及十层以上的住宅建筑和建筑高度超过 24m 的其他民用建筑。

由 1987 年 10 月 1 日开始试行的部标准《民用建筑设计通则》（JGJ 37—87）第 1.0.5 条又进一步明确按民用建筑层数划分。

（1）住宅建筑按层数划分：1～3 层为低层；4～6 层为多层；7～9 层为中高层；10 层以上为高层。

（2）公共建筑及综合性建筑高度超过 24m 者为高层（不包括高度超过 24m 单层主体建筑）。

（3）建筑物高度超过 100m 时，不论住宅或公共建筑均为超高层。

2011 年 10 月 1 日开始执行的《高层建筑混凝土结构技术规程》（JGJ 3—2010）第 1.0.2 条中规定：

本规程适用于 10 层及 10 层以上或房屋高度超过 28m 住宅建筑以及房屋高度大于 24m 的其他高层民用建筑混凝土结构。

二、高层建筑的发展

我国古代高层建筑技术已有辉煌的历史，主要表现在塔式建筑上。公元 523 年建于河南登封县的嵩岳寺塔，10 层高 41m，为砖砌单筒体结构。公元 704 年西安大雁塔，7 层高 64m。公元 1055 年建于河北定县的料敌塔，11 层高 67m。这些筒体结构，刚度很大，有利于抵抗水平风载和地震水平力，结构体系合理，体现了我国古代能工巧匠高超的建筑技术水平。

在西方古代七大建筑奇迹中，有两座是高层建筑。公元前 338 年在巴比伦城所建的巴贝尔塔，塔高约 90m，供王室观赏。公元前 280 年建于亚历山大港口的灯塔，高约 150m，塔身用石砌，曾耸立在港口一千多年，引导船只避免触礁。可见高层建筑在世界上有悠久的历史。

在近代高层建筑史上，西方一般把芝加哥誉为"高层建筑的故乡"，大直径人工挖孔桩作为高层建筑的基础也源于芝加哥。1986 年 1 月在美国芝加哥召开了第三届国际高层建筑会议，纪念世界第一幢近代高层建筑诞生 100 周年（即 1885 年芝加哥的家庭保险公司 Home Insurance 大楼，高 55m，10 层，是用铸铁柱和钢梁组成的框架结构。此大楼是由工程师詹尼设计，1931 年被拆除）。这座在当时因为太高而争议不断的大楼却开创了一个世界建筑史上的新时期——现代高层建筑的发展时期。

我国近代高层建筑起源于 20 世纪 20 年代的上海，到抗日战争爆发，共建成 8 层以上公寓、旅馆、办公楼约 95 栋，1934 年建成的上海国际饭店 22 层高 82m，作为国内最高建筑历时 34 年，直到 1968 年建成的广州宾馆 27 层高 87m，才首次超过上海国际饭店高度。我国第一栋超过 100m 高度的超高层建筑是 1976 年建成于广州的白云宾馆 33 层高 112m。20 世纪 80 年代以来，我国超高层建筑有了较快发展，较有代表性的如南京建成金陵饭店（高 111m、37 层）、广州白天鹅宾馆（高 100m、33 层）、北京的国际大厦（101m、29 层）、上海联谊大厦（107m、30 层）、深圳国际贸易中心大厦（160m、50 层）、广州花园酒店（112m、31 层）等。进入 20 世纪 90 年代以来，我国的高层、超高层建筑技术发展迅速，其特点是进一步向"高、深、大、复杂"方向发展。

当前世界上高层建筑高度的世界纪录在不断被刷新，下面介绍的是 2014 年 11 月以前不完全统计世界上在建或已建高度在前十位的高层建筑。

哈利法塔［见图 0-1(a)］：该塔位于阿拉伯联合酋长国迪拜境内，始建于 2004 年，于 2010 年竣工，该塔总高度 828m。

| (a)哈利法塔 | (b) 麦加钟楼 | (c)深圳平安国际
金融中心 | (d)"上海中心"大厦(右) | (e)武汉绿地中心 |

图 0-1　十大高层建筑图片之一

"迪拜大楼"内装有世界上速度最快的 56 部电梯，速度最高达每秒 17.4m（约每小时 63km），另外还有双层的观光升降机，每次最多可载 42 人。此建筑集中了多个"世界之最"，被描述为"海湾地区明珠"。该摩天大楼最吸引人的地方位于第 124 层的观景台。

麦加钟楼［见图 0-1(b)］：亦称为"麦加皇家钟塔饭店"，位于沙特阿拉伯王国的伊斯兰教圣城——麦加。建筑整体于 2004 年开工，2012 年竣工开放。

麦加钟楼的饭店群共包括 7 座塔，麦加钟楼主体包括 662m 的混凝土建筑和 155m 高的"克雷森特"金属尖顶，顶端是个新月标志。建筑整体高度达到 817m，仅比迪拜的哈利法塔低 11m。这座世界第二高建筑麦加钟楼最大的亮点在于由德国公司设计制造的巨大时钟，这个高 43m，宽 45m 四面立体的时钟成为了世界上最大的时钟。这座时钟夜里在 17km 以外都可看见，白天可在 11～12km 外看到。

深圳平安国际金融中心［图 0-1(c)］："平安国际金融中心"位于深圳市中心区 1 号地块，即福华路和益田路交汇处西南角。该工程始建于 2009 年，预计 2016 年底竣工。

"平安国际金融中心"塔楼 118 层，高 660m；裙楼 11 层、高 55m；地下室 5 层，29.8m，基坑最深为 -33.3m，是国内目前最深的大型基坑。工程塔楼结构采用"巨型框架—核心筒—外伸臂"体系，裙楼采用"钢框架—剪力墙"体系。

"上海中心"大厦［见图 0-1(d)］："上海中心"大厦位于浦东新区陆家嘴金融贸易区，在 2008 年 11 月 29 日主楼桩基开工，于 2016 年竣工。

该楼总高度 632m，人可到达的主体建筑结构高度为 580m，总建筑面积达 57.6 万平方米。"上海中心"呈螺旋造型，象征着中国和谐的文化精神，体现中国和世界的连接；内部则由九个圆柱形建筑彼此叠加构成；大厦内、外立面间形成的"空中中庭"将为人们提供聚会场所。

"上海中心"的塔冠，位于主楼第 118～137 层，546～632m 高度之间，总垂直高度 86m。这顶戴在整座大楼头上的"皇冠"，不仅因 632m 的制高点傲立申城，更因集钢结构、幕墙、灯光秀、风力发电、通信、耗能支撑、设备等多种功能为一体而独具特色。该楼建成后将与金茂大厦（420.5m）、环球金融中心（492m）等组成超高层建筑群，形成上海小陆家嘴中心区的新天际线。

武汉绿地中心 ［见图 0-1(e)］：武汉绿地中心位于武昌滨江商务区核心区，与汉口百年外滩隔江相望。于 2011 年 7 月份动工，预计 2017 年完工。

该工程 2010 年 12 月 8 日正式开工建设，高 606m。根据初步规划，这座超高层建筑共有 124 层，其中地下 5 层，地上 119 层。武汉绿地中心集采众家之长，外观呈流线型，顶部尖而光滑，犹如一枚待发的导弹，在规划设计、安全防火、交通组织等方面均为世界超高层建筑技术集大成者。

中国 117 大厦 ［见图 0-2(a)］：中国 117 大厦位于天津高新区，2008 年 9 月开工，预计 2017 年竣工。该工程地下 3 层，地上 117 层，总设计高度在 570m 以上，工程以甲级写字楼为主、六星级豪华酒店、观景台、特式酒吧、精品商业、屋面空中花园及其他设施为一体的大型超高层建筑，建成后将是高新区乃至天津市极具代表性的标志性建筑。

(a) 中国117大厦　　(b) 千年塔世界商业中心　(c) 世界贸易中心一号楼　(d) 台北101大厦　(e) 上海环球金融中心（右）

图 0-2　十大高层建筑图片之二

千年塔世界商业中心 ［见图 0-2(b)］：千年塔世界商业中心位于韩国的港口城市釜山。该工程 2007 年开工，2013 年竣工，其高度为 560m（1837ft）。该建筑的特点是三座锥形塔从一个坚固的基础层升起，从建筑物上不同的角度都能看到美丽的山海景色。

世界贸易中心一号楼 ［见图 0-2(c)］：原称为自由塔，是兴建中的美国纽约新世界贸易中心的摩天大楼，坐落于"911"袭击事件中倒塌的原世界贸易中心旧址。该建筑于 2004 年 7 月开工，于 2013 年 11 月 12 日竣工。

该建筑高度 541.3m（1776ft），正好与美国建国的年份 1776 年相吻合。这暗示了美国要在世贸原址上重塑自由信仰的决心。它从底层往上逐渐削尖，呈消瘦的四方锥体状。它的旋转上升的结构和尖顶的设计，象征着"自由女神"像一手高举火炬的造型。

台北 101 大厦 ［见图 0-2(d)］：被称为"台北新地标"的 101 大楼于 1998 年 1 月动工，于 2004 年 12 月完工。

该建筑高 508m，28.95 万平方米，地上 101 层，地下 3 层有世界最大且最重的"风阻尼器"，还有两台世界最高速的电梯，从一楼到 89 楼，只要 39 秒的时间。

上海环球金融中心 ［见图 0-2(e)］：上海环球金融中心地上 101 层，地下 3 层，建筑主体高度达到 492m。本楼 1997 年年初首次开工；后遭 1997 年亚洲金融危机停工，于 2003 年 2 月工程复工，2008 年 8 月 29 日竣工。

上海环球金融中心是一幢以办公为主，集商贸、宾馆、观光、会议等设施于一体的综合型大厦，位于中国上海陆家嘴，比邻金茂大厦和上海中心大厦。

超高建筑摩天大楼，是现代文明的象征、商业社会的偶像，是人类对生存空间变小的适应，但一定要适可而止，目前国内各地盲目建设超高大楼的现象令人担忧。从经济的角度来看，据统计，目前不少超高建筑亏多盈少。美国芝加哥的西尔斯大厦每年要赔上 4000 万美元，这栋已建成 20 多年的大楼现在仅值其贷款金额的一半。

从使用的角度来看，超高层建筑的适用性也有其无法避免的缺点，如超高层建筑窗户终年紧闭，一年四季都靠空调调节气温和空气，"高层综合征"随之而生；强风下高楼上部的轻微晃动总是令人不适，防火安全也是一大难题，水压、消防升降机往往难以达到其高度。

在我国，上海是高层建筑最多的大城市之一。据有关资料显示，20 世纪 80 年代，上海只有 121 栋超过 24m 的高层建筑，截至 2014 年，高层建筑已发展至 3 万多栋。

2001 年 11 月，上海公布的一份《上海市水资源普查报告》指出，最近几年来虽然上海地下水开采量逐渐压缩，但是上海的地面沉降尚未有明显减少，引起上海地面沉降的原因主要是"开采地下水、市政工程及高层建筑物的建设"。上海的高层建筑发展经验正是我国其他城市应借鉴的。

随着高科技的发展，智能建筑、生态建筑、生命建筑、地下"高楼"等，将成为人类对建筑新的追求，以超高建筑来作为商业招牌的观念正在变化。

三、高层基础与结构体系

（一）基础形式多变

高层建筑基础类型有如下几种。

（1）钢筋混凝土条形基础　宽度可达 2m 以上，一般设在承重墙下。

（2）柱下梁式基础　又有柱下条基，柱下交叉梁基础等。

（3）钢筋混凝土柱基础　一般是独立基础。

（4）片筏基础（见图 0-3）　钢筋混凝土连续底板，又分平板式和梁板式。

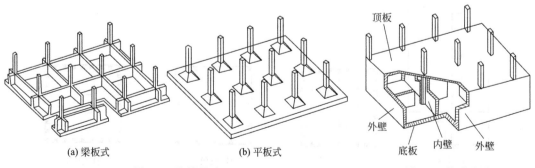

(a) 梁板式　　　　　(b) 平板式

图 0-3　片筏基础　　　　　　　图 0-4　箱形基础

筏式基础有足够的刚度以调整基底压力分布，减小不均匀沉降，因此可跨过局部软弱或易受压缩的地段。但筏基若未考虑挖去的土用来补偿建筑物的荷载，则沉降量较大。若将筏基作为地下室底板，与侧墙和顶板组成具有相当刚度的地下空间结构，用作车库等比箱式基础有更宽敞的利用空间。此时，由于地下挖去土方量大，有补偿基础的作用，筏板还可作为防渗底板。

（5）箱形基础（见图0-4）　基础由顶板、底板和纵横墙体组成的钢筋混凝土整体结构，基础刚度很大，可减少不均匀沉降。箱基大部分为补偿式基础。

（6）桩基础　由桩和承台组成，承台高于地面的为高承台，低于地面的为低承台，高层中一般采用低承台，在水平力作用下，周围的土体可发挥一定的稳固作用，桩还可与筏、箱组成桩筏基础（见图0-5）、桩箱基础（见图0-6）等。

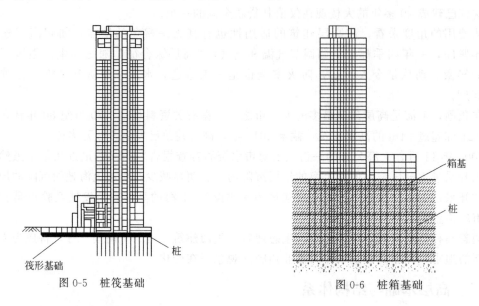

图 0-5　桩筏基础　　　　　　　　　　图 0-6　桩箱基础

（二）结构形式多变

（1）高层建筑按结构体系划分，有框架体系、剪力墙体系、框架-剪力墙体系和筒体体系（见图0-7）。

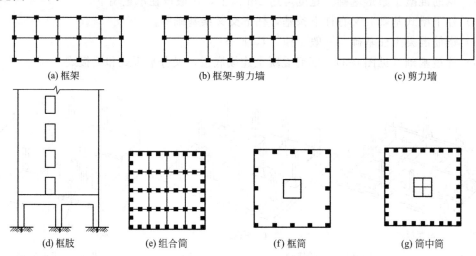

图 0-7　高层建筑结构体系

（2）高层建筑结构按使用材料划分，主要有钢筋混凝土结构、钢结构、钢-钢筋混凝土组合结构，以钢筋混凝土结构在高层建筑中的应用最为广泛。

四、高层建筑施工技术的发展

20世纪80年代以来，尤其是近年来通过大量的工程实践，我国的高层建筑施工技术得到很大的发展，已经达到世界先进水平。

（一）基础工程施工技术的发展

在桩基运用方面，混凝土灌注桩、混凝土方桩、预应力管桩、钢桩等现浇、预制桩皆有应用。尤其混凝土灌注桩，能适用于任何土层，承载力大，施工对环境影响小，因而发展最快。目前已形成挤土、部分挤土和非挤土三类，数十种桩和成桩工艺，最大直径达3m，最深达100m左右。桩基承载力的检验，已开发应用了动态测试技术。

在基坑支护方面，常用的挡土结构有灌注桩、钢板桩、土钉支护、土锚支护及地下连续墙等。我国对支护结构计算方法、施工机械和施工工艺均进行了研究和开发，取得了较显著的效果。例如北京京城大厦23.76m的深基坑，采用H型钢板桩、3道预应力土层锚杆，比日方提出的设5道土层锚杆，节约工程费约1/3。支护结构与地下结构工程结合、地下连续墙与逆作法联合应用，效果显著，这方面亦已取得初步经验。

在深基坑施工降低地下水位方面，对于因降水而引起附近地面严重沉降的问题，也研究了防止措施。

在大体积混凝土裂缝控制方面，计算理论日益完善。为了减少或避免温度裂缝，各地都采用了一些有效措施。上海市三建制定了基础大体积混凝土工法，1994年经建设部审定为国家级工法（YJGF14—94）；由中铁十二局集团所制定的大体积混凝土施工工法，在2000年被批准为国家大体积混凝土施工工法（2000-12工字02号）。这两个工法的实施为大体积混凝土施工中裂缝的控制提供了技术保证。

（二）主体结构施工技术的发展

1. 模板工程

我国目前已经形成组合模板、木模板、爬升模板和滑升模板的成套工艺，还研究推广了早拆体系，大大提高了模板的周转次数。大模板工艺在剪力墙结构和筒体结构中已广泛应用，已形成"全现浇"、"内浇外挂"、"内浇外砌"成套工艺，且已向大开间建筑方向发展。

另外，将现浇墙体的大模板与浇筑楼板的模板结合在一起，组合对拼成整间的半隧道模，亦在个别工程中得到尝试。其他还有施工板柱结构体系的台模（又称飞模）、施工大跨度密肋楼盖的塑料和玻璃钢模壳、施工圆形柱子的半圆形定型钢模和玻璃钢圆柱模板、施工剪力墙清水混凝土的铸铝模板、免拆楼板模板的混凝土薄板（50～80mm厚）或压型钢板永久性模板等。

2. 钢筋工程

钢筋技术方面，推广了钢筋对焊、电渣压力焊、气压焊以及机械连接（套筒挤压、锥螺纹和直螺纹套筒连接）。在钢筋混凝土剪力墙结构大模板施工中，还使用了点焊网片，它可以节约钢材，减少钢筋绑扎时间，加快施工速度。另外，在植筋方面已有不少发展。

3. 混凝土工程

在混凝土技术方面，高性能混凝土和特种混凝土在高层建筑施工领域得到了更广泛的应用。高性能混凝土由于具有高耐久性、高工作性、高强度和高体积稳定性等许多优良特性，在高层建筑施工方面显示出其独特的优越性。特种混凝土（纤维混凝土、聚合物混凝土、防辐射混凝土、水下不分散混凝土等）在高层建筑施工领域应用方面亦有所提高。

4. 脚手架工程

以钢管脚手架为主，出现了扣件式、门架式、碗扣式、盘扣式等落地式或悬挑式类型。升降式脚手架是近几年来高层建筑施工领域出现的新型脚手架，依靠脚手架自身携带的提升设备按照施工需要向上提升或向下降落，可以满足结构工程和外墙施工对脚手架的要求。脚手架的功能多样化，脚手架的搭设、安装和设计计算也逐步趋向规范化。

5. 钢结构工程

在超高钢结构工程施工方面，厚钢板焊接技术、高强螺栓和安装工艺等方面都日益完善，国产的 H 型钢钢结构已成功应用于高层住宅。

第一章

高层建筑深基坑地下水控制

【知识目标】

- 了解真空井点降水和电渗井点降水
- 理解管井井点降水、深井井点降水工艺原理及截水和回灌技术
- 掌握流砂形成的原因以及防治流砂的途径和方法
- 掌握喷射井点系统的工艺原理、构造设计及施工工艺过程

【能力目标】

- 能够正确解释各种降水方法的工艺原理
- 能够根据土方条件正确选择降水方法

高层建筑一般均有多层地下室，基础埋深较大，基坑开挖会遇到地下水和地表水大量渗入，造成基坑浸水，使地基承载力下降，破坏边坡稳定。为了确保高层建筑深基坑工程施工正常进行，必须对地下水进行有效治理。若处理不当，会发生严重的工程事故，造成极大的危害。因此，地下水的控制是深基坑施工中的重要组成部分。

第一节　深基坑地下水层及降水方法

一、深基坑地下水层

要治理好高层建筑的地下水，就必须了解场地的地层结构，查明含水层厚度、渗透性和水量，研究地下水的性质、补给和排水条件，分析地下水的动态特征及其与区域地下水的关系，寻找人工降水的有利条件，从而制定出切实可行的最佳降水方案。与深基坑工程有关的地下水一般分为上层滞水、潜水和承压水三类。图1-1为地下水埋藏示意图。

上层滞水，分布于上部松散地层的包气带之中，含水层多为微透水至弱透水层。无统一水面，水位随季节变化，不同场地不同季节的地下水位各不相同，涌水量很小，且随季节和

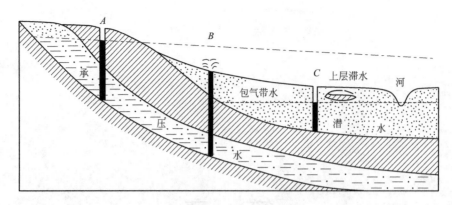

图 1-1　地下水埋藏示意图

含水层性质的变化而有较大的变化。上层滞水是深基坑降水的第一个含水层，由于其埋藏浅，水量小，只要采取合适的降水措施后，治水效果较好，对深基坑施工影响不大。

潜水，分布在松散地层，基岩裂隙破碎带及岩溶等地区，含水层可为弱透水层、强透水层。一般无压，局部为低压水；具有统一自由面，水位受气象因素影响变化明显，同一场地的水位在一定区域内基本相同或变化具有规律性；水量变化较大，由含水的岩性、厚度和渗透性等决定。地下水补给一般以降雨为主，同时接受上部含水层的渗入和场地外同层地下水的径流补给；当与地表水有联系时可接受地表水的补给。潜水对深基坑施工具有一定的影响，需要采取有效降水措施。

承压水，分布于松散地层，基岩构造盆地、岩溶地区，充满两个隔水层之间的含水层中的地下水。地下水具有承压性，一般不受当地气候因素影响，水质不易污染，地下水的补给及水压大小和与其具有水力联系的河流、湖泊等水位高低有关。该承压水对基坑底板和基坑施工的危害较大，一般由于其埋深大、水头高、水量大等原因，给深基坑的治水工作带来一定的困难。

二、地下水控制方法的选择

在基坑工程施工中，地下水控制应根据工程地质和水文地质条件、基坑周边环境要求及支护结构形式选用截水、降水、集水明排或其组合方法。当降水会对基坑周边建筑物、地下管线、道路等造成危害或对环境造成长期不利影响时，应采用截水方法控制地下水。当采用悬挂式帷幕时，应同时采用坑内降水，并宜根据水文地质条件结合坑外回灌措施。

高层建筑的深基坑降水方法主要有明沟加集水井降水和井点降水法，其中井点降水法分为轻型井点降水、喷射井点降水、电渗井点降水、管井井点降水、深井井点降水等。井点降水的适用范围大致如表 1-1 所示，选择时根据土层情况、降水深度、周围环境、支护结构种类等综合考虑后优选。

表 1-1　各种井点降水的适用范围

井点类型	土层渗透系数/(m/d)	降低水位深度/m	适用土质
一级轻型井点	0.1～50	3～6	粉质黏土，砂质粉土，粉砂，含薄层粉砂的粉质黏土
二级轻型井点	0.1～50	6～12	同上
喷射井点	0.1～5	8～20	同上

井点类型	土层渗透系数/(m/d)	降低水位深度/m	适用土质
电渗井点	<0.1	根据选用的井点确定	黏土、粉质黏土
管井井点	20~200	3~5	粉质黏土、粉砂、含薄层粉砂的黏质粉土,各类砂土,砾砂
深井井点	10~250	>15	同上

《建筑施工技术》教材基本都讲述了轻型井点降水,本教材仅介绍喷射井点降水、管井井点降水和深井井点降水等降水方法。

第二节　喷射井点降水

当基坑开挖较深或降水深度超过 6m 时,必须使用多级轻型井点才能达到预期效果。这样要求基坑四周外需要足够的空间,也增大基坑的挖土量、延长工期并增加设备数量,不够经济。因此,当降水深度超过 8m 时,可采用喷射井点。

喷射井点降水是在井点管内部装设特制的喷射器,用高压水泵或空气压缩机通过井点管中的内管向喷射器输入高压水(喷水井点)或压缩空气(喷气井点)形成水气射流,将地下水经井点外管与内管之间的缝隙抽出排走。其设备主要由喷射井管、高压水泵(或空气压缩机)和管路系统组成。图 1-2 为喷射井点设备及平面布置图。

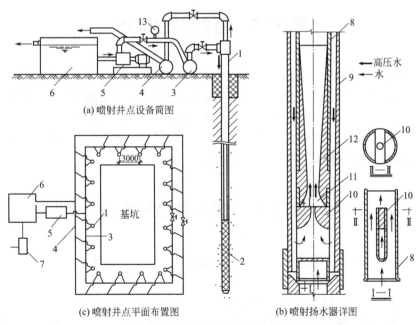

(a) 喷射井点设备简图

(c) 喷射井点平面布置图　　　(b) 喷射扬水器详图

图 1-2　喷射井点设备及平面布置图

1—喷射井管;2—滤管;3—供水总管;4—排水总管;5—高压离心水泵;6—水池;
7—排水泵;8—内管;9—外管;10—喷嘴;11—混合室;12—扩散管;13—压力表

一、工作原理

喷射井点的主要工作部件是喷射井管内管底端的扬水装置——喷嘴的混合室(见图

1-2）；当喷射井点工作时，由地面高压离心水泵供应的高压工作水，经过内外管之间的环形空间直达底端，在此处高压工作水由特制内管的两侧进水孔进入至喷嘴喷出，在喷嘴处由于过水断面突然收缩变小，使工作水流具有极高的流速（30～60m/s），在喷口附近造成负压（形成真空），因而将地下水经滤管吸入，吸入的地下水在混合室与工作水混合，然后进入扩散室，水流从动能逐渐转变为位能，即水流的流速相对变小，而水流压力相对增大，把地下水连同工作水一起扬升出地面，经排水管道系统排至集水池或水箱，由此再用排水泵排出。

二、布置与使用

喷射井点的布置、井点的埋设与轻型井点基本相同。当基坑面积较大时，宜环形布置；当基坑宽度小于10m可单排布置；大于10m则双排布置。井点间距一般为2～3.5m，采用环形布置，施工设备进出口（道路）的井点间距为5～7m，埋设时冲孔直径约400～600mm，深度应大于滤管底1m以上。

利用喷射井点降低地下水位，扬水装置加工的质量和精度非常重要。如喷嘴的直径加工不精确，尺寸加大，则工作水流量需要增加，否则真空度将降低，影响抽水效果。

三、施工工艺程序

测量定位→布置井点总管→安装喷射井点管→接通总管→接通水泵或压缩机→接通井点管与排水管、并通循环水箱→启动高压水泵或空气压缩机→排除水箱余水→测量地下水位→喷射井点拆除。

第三节　管井井点降水

管井井点降水法是围绕开挖的基坑每隔一定距离（20～50m）设置一个管井，每个管井单独用一台水泵（离心泵、潜水泵）进行抽水，以降低地下水位。管井由滤水井管、吸水管和抽水机械等组成（见图1-3）。管井设备较为简单，易于维护，排水量大，降水深度3～5m，可代替多组轻型井点作用。适于渗透系数较大，地下水丰富的土层、砂层。但管井属于重力排水范畴，吸程高度受到一定限制，要求渗透系数较大（20～200m/d）。

第四节　深井井点降水

深井井点降水是在深基坑周围埋置深于基底的井管，依靠深井泵和深井潜水泵将地下水从深井内扬升到地面排出，使地下水降至基坑以下。

该法具有排水量大，降水深（＞15m）；井距大，对平面布置的干扰小；不受土层限制；井点制作、降水设备及操作工艺、维护均较简单，施工速度快；井点管可以整根拔出重复使用等优点；但一次性投资大，成孔质量要求严格。适于渗透系数较大（10～250m/d）、土质为砂类土、地下水丰富、降水深、面积大、时间长的情况，降水深可达50m以内。

一、井点构造

深井井点系统由深井、井管、水泵和集水井等组成（见图1-4）。井管由滤水管（见

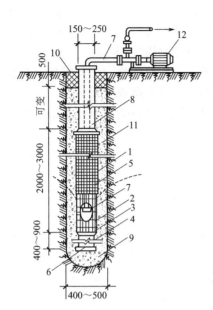

图 1-3　管井构造

1—滤水井管；2—$\phi 14mm$ 钢筋焊接骨架；3—6mm× 30mm 铁环@250mm；4—沉砂管；5—10 号铁丝垫筋 @250mm 焊于管骨架上，外包孔眼 1～2mm 铁丝网； 6—木塞；7—吸水管；8—$\phi 100～200mm$ 钢管；9— 钻孔；10—夯填黏土；11—填充砂砾；12—抽水设备

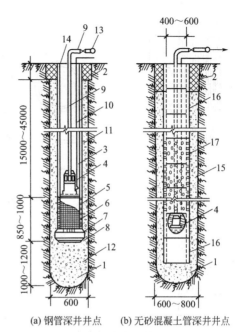

(a) 钢管深井井点　(b) 无砂混凝土管深井井点

图 1-4　深井井点构造

1—井孔；2—井口（黏土封口）；3—$\phi 300～375mm$ 井管； 4—潜水电泵；5—过滤段（内填碎石）；6—滤网；7—导 向段；8—开孔底板（下铺滤网）；9—$\phi 50mm$ 出水管； 10—电缆；11—小砾石或中粗砂；12—中粗砂；13— $\phi 50～75mm$ 出水总管；14—20mm 厚钢板井盖；15—小 砾石；16—沉砂管（混凝土实管）；17—无砂混凝土过滤管

图 1-5）、吸水管和沉砂管三部分组成。可用钢管、塑料管或混凝土管制成，管径一般为 300mm，内径宜大于潜水泵外径 50mm。

水泵常用长轴深井泵或潜水泵。每井一台，并带吸水铸铁管或胶管，配上一个控制井内 水位的自动开关，在井口安装 75mm 阀门以便调节流量的大小，阀门用夹板固定。每个基 坑井点群应有 2 台备用泵。

集水井用 $\phi 325～500mm$ 钢管或混凝土管，并设 3‰的坡度，与附近下水道接通。

二、深井布置

深井井点一般沿基坑周围离边坡上缘 0.5～1.5m 呈环形布置；当基坑宽度较窄，亦可 在一侧呈直线形布置；当为面积不大的独立的深基坑，亦可采取点式布置。井点宜深入到透 水层 6～9m，通常还应比所需降水的深度深 6～8m，间距一般相当于埋深，有 10～30m。

三、施工工艺程序

（1）井位放样、定位。

（2）做井口，安放护筒　井管直径应大于深井泵最大外径 50mm 以上，钻孔孔径应大 于井管直径 300mm 以上。安放护筒以防孔口塌方，并为钻孔起到导向作用。做好泥浆沟与 泥浆坑。

（3）钻机就位　深井的成孔方法可采用冲击钻、回转钻、潜水电钻等，用泥浆护壁或清 水护壁法成孔。清孔后回填井底砂垫层。

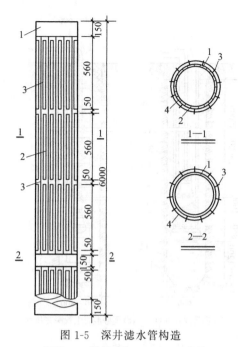

图 1-5 深井滤水管构造
1—钢管；2—轴条后孔；3—φ6mm 垫筋；
4—缠绕 12 号铁丝与钢筋锡焊焊牢

井管所留的孔洞用砂砾填实。

（4）吊放深井管与填滤料　井管应安放垂直，过滤部分应放在含水层范围内。井管与土壁间填充粒径大于滤网孔径的砂滤料。填滤料要一次完成，从底填到井口下 1m 左右，上部采用黏土封口。

（5）洗井　若水较混浊，含有泥砂、杂物，会增加泵的磨损、减少寿命或使泵堵塞，可用空压机或旧的深井泵来洗井，使抽出的井水清洁后，再安装新泵。

（6）安装抽水设备及控制电路　安装前，应先检查井管内径、垂直度是否符合要求。安放深井泵时用麻绳吊入滤水层部位，并安放平稳。接电机电缆及控制电路。

（7）试抽水　深井泵在运转前，应用清水预润（清水通入泵座润滑水孔，以保证轴与轴承的预润）。检查电气装置及各种机械装置，测量深井的静、动水位。达到要求后，即可试抽，一切满足要求后，再转入正常抽水。

（8）降水完毕拆除水泵、拔井管、封井　降水完毕，即可拆除水泵，用起重设备拔除井管。拔出

第五节　截水和回灌技术

井点降水后土体的含水量降低，使土壤产生固结，因而会引起周围地面的沉降。在建筑物密集地区进行降水施工，需采取措施防止因长时间降水引起过大的地面沉降，以及导致邻近建筑物产生下沉或开裂。通常采用抗渗挡墙截水技术和采取补充地下水的回灌技术。

一、截水

截水是利用截水帷幕切断基坑外的地下水流入基坑内部。截水帷幕的类型有水泥土搅拌桩挡墙、高压旋喷桩挡墙、地下连续墙挡墙等，地下连续墙同时还具有基坑的挡土作用。

截水帷幕的厚度应满足基坑防渗要求，截水帷幕的渗透系数宜小于 $1.0 \times 10^{-6} \text{cm/s}$。

当坑底以下存在连续分布、埋深较浅的隔水层时，应采用落底式帷幕。落底式帷幕（图 1-6）进入下卧隔水层的深度应满足下式要求，且不宜小于 1.5m。

$$D \geqslant 0.2h - 0.5b \tag{1-1}$$

式中　D——帷幕插入不透水层的深度；
　　　h——作用水头；
　　　b——帷幕宽度。

截水后，基坑内的水量或水压较大时，可在基坑内用井点降水。这样既有效地保护了周边环境，同时又使坑内一定深度的土层疏干并排水固结，改善可施工作业条件，也有利于支护结构及基坑的稳定。

当地下含水层渗透性较强、厚度较大时，应通过计算截水帷幕插入坑底土体的深度 D，对小型深坑可采用悬挂式竖向截水与坑内井点降水相结合的方案，或采用悬挂式竖向截水与水平封底相结合的方案。水平封底可采用化学注浆法或旋喷注浆法（见图 1-7）。

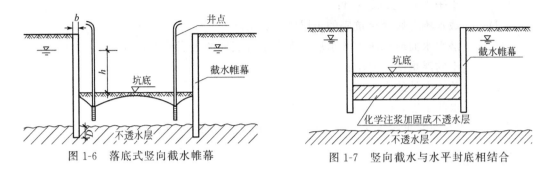

图 1-6　落底式竖向截水帷幕　　　　图 1-7　竖向截水与水平封底相结合

悬挂式止水帷幕（图 1-8）是底端未穿透含水层的截水帷幕。悬挂式截水帷幕（图 1-9）底端位于碎石土、砂土或粉土含水层时，对均质含水层，地下水渗流的流土稳定性应符合式（1-2）规定，根据式（1-2）即可求出截水帷幕插入坑底土体的深度 D：

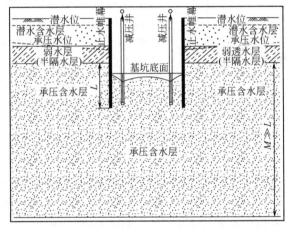

图 1-8　悬挂式止水帷幕示意图

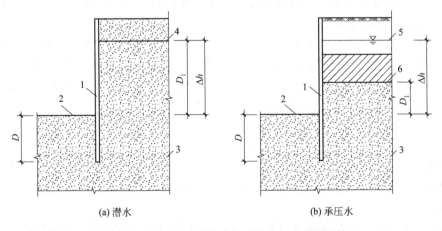

(a) 潜水　　　　　　　　　　　(b) 承压水

图 1-9　采用悬挂式帷幕截水时的流土稳定性验算

1—截水帷幕；2—基坑底面；3—含水层；4—潜水水位；

5—承压水测管水位；6—承压含水层顶面

$$\frac{(2D+0.8D_1)\gamma'}{\Delta h \gamma_w} \geqslant K_{se} \tag{1-2}$$

式中 K_{se}——流土稳定性安全系数；安全等级为一、二、三级的支护结构，K_{se}分别不应小于1.6、1.5、1.4；

$\quad\quad D$——截水帷幕底面至坑底的土层厚度，m；

$\quad\quad D_1$——潜水水面或承压水含水层顶面至基坑底面的土层厚度，m；

$\quad\quad \gamma'$——土的浮重度，kN/m³；

$\quad\quad \Delta h$——基坑内外的水头差，m；

$\quad\quad \gamma_w$——水的重度，kN/m³。

对渗透系数不同的非均质含水层，宜采用数值方法进行渗流稳定性分析。

二、回灌

(一) 回灌井点

降水对周围环境的影响，是由于土壤内地下水流失造成的。回灌技术即在降水井点和要保护的建（构）筑物之间打设一排井点（见图1-10），在降水井点抽水的同时，通过回灌井点向土层内灌入一定数量的水（即降水井点抽出的水），形成一道隔水帷幕，从而阻止或减少回灌井点外侧被保护的建（构）筑物地下的地下水流失，使地下水位基本保持不变，这样就不会因降水使地基自重应力增加而引起地面沉降。

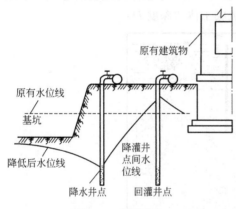

图1-10　回灌井点

回灌井点可采用一般轻型井点降水的设备和技术，仅增加回灌水箱、闸阀和水表等少量设备。回灌井点的工作方式与降水井点系统相反，将水灌入井点后，水从井点周围土层渗透，在土层中形成一个和降水井点相反的倒转降落漏斗。回灌井点的设计主要考虑井点的配置以及计算其影响范围。回灌井点的井管滤管部分宜从地下水位以上0.5m处开始一直到井管底部，其构造与降水井点基本相同。

采用回灌井点时，为使注水形成一个有效的补给水幕，避免注水直接回到降水井点管，造成两井"相通"，两者间应保持一定距离。回灌井点与降水井点的距离应根据降水、回灌水位曲线和场地条件而定，一般不宜小于6m。回灌井点的间距应根据降水井点的间距和被保护建（构）筑物的平面位置确定。

回灌井点埋设深度可控制在降水水位线以下1m，且位于渗透性较好的土层中。回灌井点滤管的长度应大于降水井点滤管的长度。

回灌水量可通过水位观测孔中水位变化进行控制和调节，通过回灌宜不超过原水位标高。回灌水箱的高度，可根据灌入水量决定。回灌水宜用清水。实际施工时应协调控制降水井点与回灌井点。

许多工程实例证明，用回灌井点回灌水能产生与降水井点相反的地下水降落漏斗，能有效地阻止被保护建（构）筑物下的地下水流失，防止产生有害的地面沉降。回灌水量要适当，过小无效，过大会从边坡或钢板桩缝隙流入基坑。

（二）砂沟、砂井回灌

在降水井点与被保护建（构）筑物之间设置砂井作为回灌井，沿砂井布置一道砂沟，将降水井点抽出的水，适时、适量排入砂沟，再经砂井回灌到地下，实践证明亦能收到良好效果。回灌砂井的灌砂量，应取井孔体积的 95%，填料宜采用含泥量不大于 3%、不均匀系数在 3～5 之间的纯净中粗砂。

另外可通过减缓降水速度减少对周围建筑物的影响。在砂质粉土中降水影响范围可达 80m 以上，降水曲线较平缓，为此可将井点管加长，减缓降水速度，防止产生过大的沉降。亦可在井点系统降水过程中，调小离心泵阀，减缓抽水速度。还可在邻近被保护建（构）筑物一侧，将井点管间距加大，需要时甚至暂停抽水。为防止抽水过程中将细微土粒带出，可根据土的粒径选择滤网。另外确保井点管周围砂滤层的厚度和施工质量，能有效防止降水引起的地面沉降。

 # 自测题

1. 高层深基坑降水方法有哪些？
2. 简述喷射井点的工艺原理。
3. 简述截水和回灌技术。

第二章
高层建筑深基坑土方开挖

【知识目标】
• 了解深基坑开挖过程中的应急措施
• 掌握深基坑土方开挖的方法

【能力目标】
• 能够正确选择深基坑工程的土方开挖方式

　　深基坑挖土是基坑工程的重要部分,对于土方量大的基坑,基坑工程工期的长短在很大程度上取决于挖土的速度。另外,支护结构的强度和变形控制是否满足要求、降水是否达到预期的目的,亦靠挖土阶段来进行检验。

　　深基坑的土体失稳或者过大变形对基坑周围环境和地下结构施工影响很大,所以高层建筑的深基坑土方开挖必须有科学、合理的施工方案。

第一节　概　述

　　高层建筑深基坑开挖方法有放坡开挖、有围护无支撑开挖、无支护分层开挖、盆式开挖、岛式开挖、壕沟式开挖、逆筑法或半逆筑法施工开挖及沉井(箱)施工等,前五类开挖方法较为常用。

　　应根据支护结构形式、基坑深度、基坑面积、地质条件、地下水及渗水情况、场地容量、周围建筑情况、地面荷载、机械设备条件、施工方法、工期要求和施工成本等内容综合考虑开挖方式。经过多方案比较,选择一个经济合理、切实可行的开挖方案。

　　深基坑土方开挖的应遵循如下原则:

　　(1) 土方开挖顺序、方法必须与设计工况一致。

　　(2) 开挖遵循"先撑后挖、限时支撑、严禁超挖"和"分层、分段、对称、均衡、适时和时空效应"的原则。

（3）防止深基坑坑底隆起变形过大。

（4）防止边坡失稳。

（5）防止桩位移和倾斜。

（6）保护邻近建（构）筑物及地下设施。

第二节　深基坑土方开挖

一、放坡开挖

（一）放坡开挖概念及优缺点

放坡开挖，即基坑土方无支撑放坡开挖的施工方法。

此法适用于浅基坑，施工场地较为空旷的情况。此法的优点是施工主体工程作业空间宽余、工期短、较经济；缺点是软弱地基不宜挖深过大。

（二）放坡开挖的注意事项

边坡土质为砂土、黏性土、粉土等，放坡开挖又不会对邻近建筑物产生不利影响时，可采用局部或全深度的基坑放坡开挖方法。当基坑周围为密实的碎石土、黏性土、风化岩石或其他良好土质时，也可不放坡竖直开挖或接近竖直开挖。一般放坡开挖的坡度允许值参考表 2-1。

表 2-1　一般放坡开挖的坡度允许值

土的类别	密实度或状态	坡度容许值(高宽比)	
		坡高在5m以内	坡高5～10m
碎石土	密实	1：0.35～1：0.50	1：0.50～1：0.75
	中密	1：0.50～1：0.75	1：0.75～1：1.00
	稍密	1：0.75～1：1.00	1：1.00～1：1.25
粉土	$S_r \leqslant 0.5$	1：1.00～1：1.25	1：1.25～1：1.50
粉质黏土	坚硬	1：0.75	
	硬塑	1：1.00～1：1.25	—
	可塑	1：1.25～1：1.50	
黏性土	坚硬	1：0.75～1：1.00	1：1.00～1：1.25
	硬塑	1：1.00～1：1.25	1：1.25～1：1.50
杂填土	中密或密实的建筑垃圾	1：0.75～1：1.00	—
砂土		1：1.00(或自然休止角)	—

注：表中碎石土的充填物为坚硬或硬塑状态的黏性土。

对深度大于5m的土质边坡，应分级放坡开挖（图2-1），设置分级过渡平台，各级过渡平台的宽度为1.0～1.5m，必要时台宽可选0.6～1.0m，小于5m的土质边坡可不设过渡平台。岩石边坡过渡平台的宽度不小于0.6m，施工时应按上陡下缓的原则开挖，坡度不宜超过1：0.75。

放坡开挖应进行边坡整体稳定性验算。在遇下列现象时尤应重视，必要时应采取有效加固及支护处理措施：

① 边坡高度大于5m；

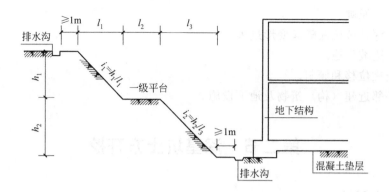

图 2-1 土方开挖二级放坡

② 土质与岩层具有与边坡开挖方向一致的斜向界面易向坑内滑落;

③ 有可能发生土体滑移的软弱淤泥或含水量丰富夹层;

④ 坡顶堆料、堆物;

⑤ 其他及各种易使边坡失稳的不利情况。

对于土质边坡或易于风化的岩质边坡,在开挖时应采取相应的排水和坡脚、坡面保护措施,基坑周围地面也应采用抹砂浆、设排水沟等地面防护措施,防止雨水渗入,并不得在影响边坡稳定的范围内积水。

当基坑不具备全深度或分级放坡开挖时,上段可自然放坡或对坡面进行保护处理,以防止渗水或风化碎石土的剥落。保护处理的方法有水泥抹面、铺塑料布或土工布、挂网喷水泥浆、喷射混凝土护面以及浆砌片石等。

二维码 2.1

二、有围护无支撑开挖

(一) 有围护无支撑开挖概念及优缺点

有围护无支撑开挖,亦即基坑周边采用围护墙、挡墙及土锚支护、水泥土重力式围护墙等,但基坑内无支撑的支护方式下进行土方开挖的方法。

此法的优点是基坑挖土及基础施工工作面大,施工进度快、较为经济等;缺点是此方法比较适合较浅基坑,对于环境要求高、地层较软弱基坑不太适合。

(二) 有围护无支撑开挖的注意事项

对于在土钉墙、土钉式桩锚等支护下进行基坑开挖,基坑开挖应与土钉或土钉式桩锚施工分层交替进行,缩短无支护暴露时间;面积较大的基坑可采用岛式开挖,先挖除距基坑边8~10m 的土方,再挖除基坑中部的土方;施工时应采用分层分段方法进行土方开挖,每层土方开挖的底标高应低于相应土钉位置,且距离不宜大于 200mm,每层分段长度不应大于30m;应在土钉养护时间达到设计要求后开挖下一层土方。复合土钉墙应考虑隔水帷幕的强度和龄期,达到设计要求后方可进行土方开挖。

对于在挡墙及土锚支护下开挖,基坑开挖与土锚支护应交替进行,土锚养护并封锚后才可进行下一层开挖。

对于采用水泥土重力式围护墙的基坑开挖,围护墙的强度和龄期应达到设计要求后方可进行土方开挖;开挖深度超过 4m 的基坑应采用分层开挖的方法;边长超过 50m 的基坑应采用分段开挖的方法;面积较大的基坑宜采用盆式开挖方式,盆边留土平台宽度不应小于8m;土方开挖至坑底后应及时浇筑垫层;围护墙无垫层暴露长度不宜大于 25m。

三、有支护分层开挖

（一）有支护分层开挖概念及优缺点

有支护分层开挖，亦即在基坑内有支撑梁、立柱等支护构件的条件下进行土方分层开挖的方法。

此法的优点是适于软弱地基，可有效控制围护结构的变形，土方开挖时坑内安全性高；缺点是坑内支撑的干扰使得挖土效率下降，部分支撑与部分基础交叉，经济性较差。

（二）有支护分层开挖的注意事项

基坑开挖应按照"先撑后挖、限时支撑、分层开挖、严禁超挖"的方法确定开挖顺序，减小基坑无支撑暴露时间和空间。

混凝土支撑应在达到设计要求的强度后进行下层土方开挖，钢支撑应在质量验收合格并施加预应力后进行下层土方开挖；挖土机械和运输车辆不得直接在支撑上行走或作业；支撑系统设计未考虑施工机械作业荷载时，严禁在底部已经挖空的支撑上行走或作业。

土方开挖过程中应对临时边坡范围内的立柱与降水井管采取保护措施，应均匀挖去其周围土体。

面积较大或周边环境保护要求较高的基坑，应采用分块开挖的方法；分块大小和开挖顺序应根据基坑工程环境保护等级、支撑形式、场地条件等因素确定，应结合分块开挖方法和顺序及时形成支撑或水平结构。

四、中心岛式开挖

（一）岛式开挖的概念及优缺点

岛（墩）式挖土（见图2-2），亦即保留基坑中心土体，先挖除挡墙内四周土方的开挖方式。宜用于大型基坑以及支护结构的支撑形式为角撑、环梁式或边桁（框）架式，中间具有较大空间的情况。

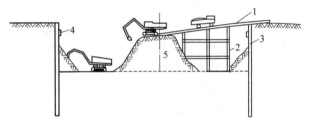

图2-2　岛（墩）式挖土示意图
1—栈桥；2—支架（尽可能利用工程桩）；
3—围护墙；4—腰梁；5—中心岛

此法的优点是：可利用中间的土墩作为支点搭设栈桥；挖土机可利用栈桥下到基坑挖土，运土的汽车亦可利用栈桥进入基坑运土；可以加快挖土和运土的速度。缺点是：由于先挖挡土墙四周的土方，挡墙的受荷时间长，在软黏土中时间效应显著，有可能增大支护结构的变形量。

（二）岛式开挖的注意事项

岛（墩）式挖土，中间土墩的留土高度、边坡的坡度、挖土层次与高差都要经过计算确定。由于在雨季遇有大雨土墩边坡易滑坡，必要时对边坡尚需加固。

挖土亦分层开挖，多数是先全面挖去第一层，然后中间部分留置土墩，周围部分分层开挖。开挖多用反铲挖土机，如基坑深度大则用向上逐级传递方式进行装车外运。

整个土方开挖顺序，必须与支护结构的设计工况严格一致。要遵循开槽支撑、先撑后挖、分层开挖、严禁超挖的原则。

挖土时，除支护结构设计允许外，挖土机和运土车辆不得直接在支撑上行走和操作。

为减少时间效应的影响，挖土时应尽量缩短围护墙无支撑的暴露时间。一般对一、二级基坑，每一工况挖至规定标高后，钢支撑的安装周期不宜超过一昼夜，混凝土支撑的完成时间不宜超过两昼夜。

对面积较大的基坑，为减少空间效应的影响，基坑土方宜分层、分块、对称、限时进行开挖，土方开挖顺序要为尽可能早地安装支撑创造条件。

土方挖至设计标高后，尽可能早一些浇筑垫层（必要时可加厚作配筋垫层）对围护墙起支撑作用，以减少围护墙的变形。

挖土机挖土时严禁碰撞工程桩、支撑、立柱和降水的井点管。分层挖土时，层高不宜过大，以免土方侧压力过大使工程桩变形倾斜，在软土地区尤为重要。

同一基坑内当深浅不同时，土方开挖宜先从浅基坑处开始，如条件允许可待浅基坑处底板浇筑后，再挖基坑较深处的土方。

如两个深浅不同的基坑同时挖土时，土方开挖宜先从较深基坑开始，待较深基坑底板浇筑后，再开始开挖较浅基坑的土方。

如基坑底部有局部加深的电梯井、水池等，如深度较大宜先对其边坡进行加固处理后再进行开挖。

五、盆式开挖

（一）盆式开挖的概念及优缺点

盆式开挖即先挖除基坑中间部分的土方，完成中间部分的主体结构后挖除挡墙四周土方的一种开挖方式。

盆式开挖的支撑可利用中央主体结构，故用量小、费用低、盆式部位土方开挖方便，适合于基坑面积大、无法放坡的大面积基坑开挖以及较密支撑下的开挖。这种开挖方式的优点是：挡墙的无支撑暴露时间比较短，利用挡墙四周所留的土堤，可以防止挡墙的变形。有时为了提高所留土堤的被动土压力，还要在挡墙内侧四周进行土体加固，以满足控制挡墙变形的要求。盆式开挖方式的缺点是："盆边"的挖土及土方外运的速度比岛式开挖要慢。

（二）盆式开挖的注意事项

盆式挖土周边留置的土坡，其宽度、高度和坡度大小均应通过稳定验算确定。如留得过小，对围护墙支撑作用不明显，失去盆式挖土的意义。如坡度太陡边坡不稳定，在挖土过程中可能失稳滑动，不但失去对围护墙的支撑作用，影响施工，而且易造成工程桩的倾斜。

盆式挖土需设法提高盆边土方开挖的速度，这是加速基坑开挖的关键。

它的开挖过程是先开挖基坑中央部分，形成盆式［见图 2-3(a)］，此时可利用留位的土

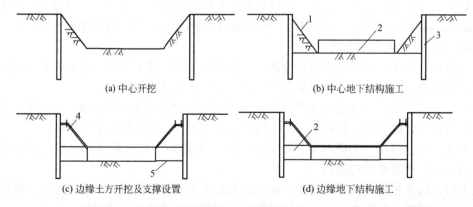

(a) 中心开挖　　　　　　　　　　(b) 中心地下结构施工

(c) 边缘土方开挖及支撑设置　　　　(d) 边缘地下结构施工

图 2-3　盆式开挖方法

1—边坡留土；2—基础底板；3—支护墙；4—支撑；5—坑底

坡来保证支护结构的稳定，此时的土坡相当于"土支撑"。随后再施工中央区域内的基础底板及地下结构［见图2-3（b）］。在地下结构达到一定强度后开挖留坡部位的土方，并按"随挖随撑，先撑后挖"的原则，在支护结构与主体结构之间设置支撑［见图2-3（c）］，开挖盆边土方最后再施工边缘部位的地下结构［见图2-3（d）］。但这种施工方法需再对地下结构设置后浇带或在施工中留设施工缝，将地下结构分两阶段施工，对结构整体性及防水性亦有一定的影响。

第三节　案例：深基坑岛式与盆式土方开挖方法相结合的实际应用

一、工程概况

工程位于天津市塘沽区宁海路与庐山北道交口。拟建建筑地上为20层办公楼，建筑面积37210m²；地下为整体2层地下室，采用桩基础，基础周长约260m，面积4600m²。基坑开挖深度为11.30m，开挖土方量约55000m³。

基坑支护方式采用钢筋混凝土灌注桩＋两道内支撑的支护形式，基坑整体采用三轴水泥土搅拌桩止水帷幕，坑内采用管井降水。

二、土方开挖方案

（一）准备工作

（1）制定挖土方案。土方开挖前，应详细查明施工区域内的地下、地上障碍物。对位于基坑、管沟内的管线和相距较近的地上、地下障碍物应按拆、改或加固方案处理完毕。

（2）进行基础定位、放样工作，放出开挖边线并进行验收。

（3）落实好挖土机、土方运输车等机械的数量及进场时间。同时落实好劳动力。

（4）检查所有排水设备是否运转正常，降水井降水水位是否满足土方开挖要求。

（5）开挖前应先在基坑四周做好现状土排水设置：在帷幕外侧设置400mm×400mm的排沟，砖砌内侧抹防水砂浆找坡，上面铺设井箅，沿排水沟每隔30m左右设置集水坑，做引水用，防止坑外雨水及地表水流入基坑。

（二）主要流程

本工程基坑开挖总体施工流程为：土方开挖采取岛式开挖与盆式开挖相结合的方法，自上至下分三层开挖，一、二层采用岛式开挖，三层采用盆式开挖。第一、二层土方由南侧主通道口运出，挖第三层土方时在北侧增设临时通道口，两个通道口同时运土。

1. 第一层土方开挖

第一层土方约8000m³，机械挖土深度2m。第一步2台挖机先挖环梁、冠梁及支撑部分土方，根据现场情况将基坑土方分成8个区域，依次开挖。由−0.900m挖至−2.900m位置，预留300mm人工清理，南侧通道环梁上部土方最后开挖，具有一定工作面后，立即安排环梁、冠梁及内支撑施工。支护环梁随开挖进度分段施工。如图2-4所示。

2. 第二层土方开挖

第二层土方开挖由−3.200m至−8.400m。待第一道环梁强度达到设计强度后，土方设备才能继续在基坑内作业。在第4区域内通道入口至环梁边做30cm厚16m×8m钢筋混凝土垫层，顶标高为−2.100m，通道上铺30mm钢板。为了保证围护结构受力均匀，根据现场情况分为 8 个区域。采取从角部先行开挖的方式进行对称、均匀分层开挖。完成 1 区域挖土后，随之进行 2 区域挖土，基坑四角斜对称相继完成。再进行 3 区域的开挖，4 区域最后开挖。中心岛位置土方可在 8 个区域挖土过程中跟进，挖土将中心岛顶标高降至 −2.600m。由于基坑内土质大部分为淤泥质黏土，开挖期间，试挖确定放坡系数，但坡度不应大于 1∶3，在休止期间坡度不应大于 1∶4，以防止土体滑移，对竖托桩及工程桩造成影响。如图 2-5 所示。

通道土方最后开挖。在开挖前将中心岛土方利用通道运出，挖机配合传递土方挖至 −8.400m。中心岛逐渐缩小，通道土方退挖运出基坑，剩余部分用钢丝绳抓铲挖掘机挖出，通道位置土方挖完后进行通道位置环梁施工。

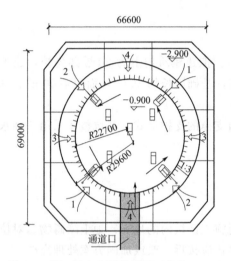

图 2-4 第一层土方开挖平面（单位：mm）

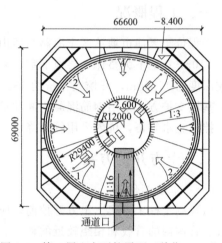

图 2-5 第二层土方开挖平面（单位：mm）

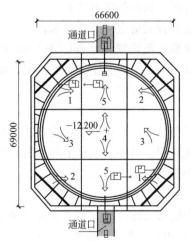

图 2-6 第三层土方开挖平面

3. 第三层土方开挖

待第二道支撑混凝土强度达到设计强度后，挖土设备继续在坑内作业。第三层土方对称、分层、均匀开挖。从 −8.400m 挖至 −12.200m 挖机配合传递，1、2、3 区域依次开挖，4、5 区域开始时由 4 区域向 5 区域对称退挖。工程桩桩头上方留置 500mm 厚土方，并用钢板铺垫，防止破坏工程桩。用小挖机和人工配合挖至设计标高，坡度不应大于 1∶3，在休止期间坡度不应大于 1∶4，防止土方失稳对工程桩造成影响。北侧增加临时通道口，南北两侧由钢丝绳抓铲挖掘机抓挖取土。如图 2-6 所示。

三、土方开挖原则

（1）严格按照施工要求，遵循"分层、分段、分块、对称、平衡、限时"和"先撑后挖、限时支撑、严禁超挖"的原则开挖土方。开挖过程中，按规范要求进行放坡，严禁掏挖。

（2）加强对地下水的处理，基坑内纵横设置盲沟，沿盲沟设置集水坑。

（3）尽量缩短围护结构暴露时间，土方开挖到底后立即进行基础垫层的施工，以抵抗基底隆起变形，并形成底层支撑，降低基坑围护结构变形速率。

（4）土方开挖时严禁在基坑边堆放弃土，弃土堆应远离基坑顶边线 20m 以外。

（5）加强对开挖标高的控制，应避免对基底原状土的扰动。

（6）施工过程中，避免土方开挖机械对围护结构、支撑系统等的碰撞破坏，上述部位附近的土方开挖由人工进行。

（7）做好基坑及周边环境的监测、数据整理工作。

四、安全、质量保证措施

（一）工程桩及支护结构的保护

（1）土方挖至最后一层时，桩头上方要预留出至少 500mm 土方，上铺钢板，挖机在钢板上运行，防止破坏工程桩。

（2）挖机挖至支护桩及格构柱附近时要有专人指挥，防止机械碰撞支护桩，并在周围留置 50mm 土方，人工对桩身进行清理。

（3）基坑上方通道范围内要用 3cm 厚钢板铺设临时道路，并做混凝土垫层，防止对基坑周边造成破坏。

（4）土方开挖过程中，应加强对围护结构、基坑内外水位及周边地面和建筑物的观测。

（5）开挖出的土方随挖随运，场地内不设临时堆土场，避免影响基坑稳定性。

（二）应急措施

1. 支护结构水平变形

出现支护结构水平变形过大的险情时，可组织抢险队采用坡顶卸载、桩后挖土卸荷、桩前堆筑砂石袋或增设撑、锚结构等方法处理。情况严重时需组织抢险队对支护结构进行回填。基坑周边不得弃土和停放大型施工机具和车辆；施工机具不得反向挖土，不得向基坑周边倾倒生活及生产用水。

2. 基坑发生整体或局部土体滑塌失稳或工程桩位倾斜

基坑内土质存在深厚淤泥质黏土时，开挖期间工程桩的强度必须满足设计要求，同时做好降水监测。要将水位控制在要求范围内，并停留一定时间，待孔隙水压力降低、被扰动的土体固结后再开挖桩上部土方。施工前应对机械人员交底，并经过试挖严格控制放坡坡度，观察土体情况，确定合理放坡系数。一般坡度不应大于 1：3，在休止期间坡度不应大于 1：4。同时现场准备石灰或工程土，留置挖土机及运输车辆做好应急准备。

3. 深基坑挖土后基坑回弹变形

要设法减少土体中有效应力的变化，减少暴露时间，防止地基土浸水，因此在开挖中和开挖后，均应保证井点降水的正常进行，并在坑上外围及坑下设置排水沟、集水坑。坑上还可设置挡水墙，多准备水泵及防雨布，做好降大到暴雨时的应急准备。将土体用防雨布覆盖，多设抽水点。在挖至设计标高后，尽快浇筑垫层和底板。必要时可对基础结构下部土层进行加固。

4. 施工机械打滑及陷车

施工机械发生打滑及陷车的情况多发生于淤泥质黏土场地。施工现场应准备足够的钢板、碎砖及沙袋，用来紧急情况下对基坑进行铺垫，防止车辆失稳造成翻车等事故。

5. 发生流砂、流土，基坑周地面开裂塌陷

基坑发生流砂、流土现象时应立即停止挖土。采取井点降水是防治流砂最为有效的方法。对桩间距过大的围护桩，可采取桩间挡土板，利用桩后土体已形成的土拱，喷射混凝土

护壁，有条件时可配合桩顶卸载等措施。

五、结束语

（1）第一、二层土方采用岛式土方开挖方法可在较短的时间内完成基坑周边土方开挖及支撑体系施工，中部土方可在支撑体系施工和养护期间开挖，加快土方施工总体进度。

（2）第三层采用盆式土方开挖方法，充分利用未开挖部分土体的抵抗能力，有效地控制了土体位移，以达到减缓基坑变形，保护周边环境的目的。

 自测题

1. 深基坑土方开挖的应遵循哪些原则？
2. 深基坑土方开挖方法有哪几类？优、缺点各是什么？

第三章

高层建筑深基坑支护

【知识目标】
- 了解基坑支护选型、支撑结构施工、深基坑支护结构监测等
- 理解地下连续墙施工工艺、逆筑法施工原理等
- 掌握钢排桩、土锚、土钉墙、水泥土墙、加筋水泥土桩锚、型钢水泥搅拌墙等施工工艺

【能力目标】
- 能够解释常见的深基坑支护类型的工艺原理

　　基坑工程是基础和高层地下室施工中的一个古老而具有时代特点的岩土工程课题，早在20世纪30年代，Terzaghi等人已开始研究基坑工程中的岩土工程问题，提出了预估挖方稳定程度和支撑荷载大小总应力法。同时又是一个综合性的工程难题，涉及土力学中许多问题，涉及土与支护结构的共同作用，涉及周边环境的问题，还涉及施工方法、施工技术、施工作业的程序、安排等。

第一节　深基坑支护概述

　　随着高层基础埋置深度加大，支护结构设计与施工问题越来越显得重要。大量的深基坑的出现，促进了设计计算理论的提高和施工工艺的发展，大量的工程实践和科学研究促进了基坑工程学科的迅速发展。

一、深基坑工程的内容

　　基坑土方开挖的施工工艺一般有两种：放坡开挖（无支护开挖）和在支护体系保护下的开挖（有支护开挖）。前者既简单又经济，但需具备放坡开挖的条件，即基坑不太深而且具备基坑平面之外有足够的空间供放坡之用。建筑密度很大的城市中心地带，往往不具备基坑放坡开挖的条件，所以只能采用支护结构保护下的垂直开挖或基本垂直开挖。

在有支护开挖的情况下，基坑工程一般包括如下内容：

（1）基坑工程勘察；

（2）基坑支护结构的设计与施工；

（3）基坑地下水位处理；

（4）基坑土方工程的开挖与运输；

（5）基坑土方开挖过程中的工程监测；

（6）基坑周围的环境保护。

基坑地下水控制和土方工程的开挖与运输在前面章节讲过，本章将对基坑工程的其他内容进行详细的阐述。

二、深基坑支护结构的设计

（一）基坑支护结构设计的原则

1. 安全可靠

支护结构要满足强度、稳定和变形的要求，保证基坑周边建（构）筑物、地下管线、道路的安全和正常使用；基坑支护设计应规定其设计使用期限。基坑支护的设计使用期限不应小于一年。

2. 经济合理

在支护结构的安全可靠的前提下，从造价、工期及环境保护等方面经过技术经济比较，最终确定具有明显优势的方案。

3. 便利施工

在安全经济合理的原则下，要保证主体地下结构的施工空间。

（二）基坑支护结构设计的方法

根据《建筑基坑支护技术规程》（JGJ 120—2012）中3.1.4规定，支护结构设计时应采用下列极限状态。

1. 承载能力极限状态

（1）支护结构构件或连接，因超过材料强度而破坏或因过度变形而不适于继续承受荷载，或出现压屈、局部失稳；

（2）支护结构及土体整体滑动；

（3）坑底土体隆起而丧失稳定；

（4）对支挡式结构，坑底土体丧失嵌固能力而使支护结构推移或倾覆；

（5）对锚拉式支挡结构或土钉墙，土体丧失对锚杆或土钉的锚固能力；

（6）重力式水泥土墙整体倾覆或滑移；

（7）重力式水泥土墙、支挡式结构因其持力土层丧失承载能力而破坏；

（8）地下水渗流引起的土体渗透破坏。

2. 正常使用极限状态

（1）造成基坑周边建（构）筑物、地下管线、道路等损坏或影响其正常使用的支护结构位移；

（2）因地下水位下降、地下水渗流或施工因素造成的基坑周边建（构）筑物、地下管线、道路等损坏或影响其正常使用的土体变形；

（3）影响主体地下结构正常施工的支护结构位移；

（4）影响主体地下结构正常施工的地下水渗流。

（三）基坑支护结构设计的内容

根据承载能力极限状态和正常使用极限状态的要求，基坑支护设计应包括下列内容：

（1）支护体系的方案技术经济比较和选型；

（2）支护结构的强度、稳定和变形计算；

（3）基坑内外土体的稳定性验算；

（4）基坑降水或止水帷幕设计以及围护墙的抗渗设计；

（5）基坑开挖与地下水变化引起的基坑内外土体的变形及其对基础桩、邻近建筑物和周边环境的影响；

（6）基坑开挖施工方法的可行性及基坑施工过程中的监测要求。

三、深基坑支护结构的安全等级

根据《建筑基坑支护技术规程》（JGJ 120—2012）中 3.1.3 规定，基坑支护设计时，应综合考虑基坑周围环境和地质条件的复杂程度、基坑深度等因素，按表 3-1 采用支护结构的安全等级。对同一基坑的不同部位，可采用不同的安全等级。

表 3-1　支护结构的安全等级

安全等级	破坏后果
一级	支护结构失效、土体过大变形对基坑周边环境或主体结构施工安全的影响很严重
二级	支护结构失效、土体过大变形对基坑周边环境或主体结构施工安全的影响严重
三级	支护结构失效、土体过大变形对基坑周边环境或主体结构施工安全的影响不严重

四、深基坑工程勘察

（一）基坑工程的岩土勘察应符合的规定。

（1）勘探点范围应根据基坑开挖深度及场地的岩土工程条件确定；基坑外宜布置勘探点，其范围不宜小于基坑深度的 1 倍；当需要采用锚杆时，基坑外勘探点的范围不宜小于基坑深度的 2 倍；当基坑外无法布置勘探点时，应通过调查取得相关勘察资料并结合场地内的勘察资料进行综合分析。

（2）勘探点应沿基坑边布置，其间距宜取 15～25m；当场地存在软弱土层、暗沟或岩溶等复杂地质条件时，应加密勘探点并查明其分布和工程特性。

（3）基坑周边勘探孔的深度不宜小于基坑深度的 2 倍；基坑面以下存在软弱土层或承压含水层时，勘探孔深度应穿过软弱土层或承压含水层。

（4）应按现行国家标准《岩土工程勘察规范》（GB 50021—2001）的规定进行原位测试和室内试验并提出各层土的物理性质指标和力学参数；对主要土层和厚度大于 3m 的素填土，应按《建筑基坑支护技术规程》（JGJ 120—2012）第 3.1.14 条的规定进行抗剪强度试验并提出相应的抗剪强度指标。

（5）当有地下水时，应查明各含水层的埋深、厚度和分布，判断地下水类型、补给和排泄条件；有承压水时，应分层测量其水头高度。

（6）应对基坑开挖与支护结构使用期内地下水位的变化幅度进行分析。

（7）当基坑需要降水时，宜采用抽水试验测定各含水层的渗透系数与影响半径；勘察报告中应提出各含水层的渗透系数。

（8）当建筑地基勘察资料不能满足基坑支护设计与施工要求时，宜进行补充勘察。

（二）勘察内容

1．水文地质勘察

（1）查明开挖范围及邻近场地地下水含水层和隔水层的层位、埋深和分布情况，查明各含水层（包括上层滞水、潜水、承压水）的补给条件和水力联系。

（2）测量场地各含水层的渗透系数和渗透影响半径。

（3）分析施工过程中水位变化对支护结构和基坑周边环境的影响，提出应采取的措施。

2．岩土勘察

岩土勘察一般应提供下述资料。

（1）场地土层的类型、特点和土层性质。

（2）基坑及围护墙边界附近，场地填土、暗浜、古河道及地下障碍物等不良现象的分布范围与深度，表明其对基坑工程的影响。

（3）场地浅层潜水和坑底深部承压水的埋藏情况，土层渗流特性及产生流砂、管涌的可能性。

（4）支护结构设计和施工所需的岩土工程测试参数：

1）土的常规物理试验指标；

2）土的抗剪强度指标；

3）室内或原位试验测试土的渗透系数；

4）特殊条件下应根据实际情况选择其他适宜的试验方法测试设计所需参数。

3．基坑支护设计前，应查明下列基坑周边环境条件

（1）既有建（构）筑物的结构类型、层数、基础形式和尺寸、埋深、使用年限和用途等。

（2）各种既有地下管线、地下构筑物的类型、位置、尺寸、埋深、使用年限、用途等；对既有供水、污水、雨水等地下输水管线，还应包括其使用状况及渗漏状况。

（3）道路的类型、位置、宽度、道路行驶情况、最大车辆荷载等。

（4）确定基坑开挖与支护结构使用期内施工材料、施工设备的荷载。

（5）雨季时场地周围地表水汇流和排泄条件，地表水的渗入对地层土性的影响状况。

（三）针对勘察所提出的建议

在取得勘察资料的基础上，针对基坑特点，应提出解决下列问题的建议：

（1）分析场地的地层结构和岩土的物理力学性质；

（2）地下水的控制方法及计算参数；

（3）施工中应进行的现场监测项目；

（4）基坑开挖过程中应注意的问题及其防治措施。

五、深基坑支护选型

（一）支护结构选型时，应综合考虑的因素。

（1）基坑深度；

（2）土的性状及地下水条件；

（3）基坑周边环境对基坑变形的承受能力及支护结构一旦失效可能产生的后果；

（4）主体地下结构及其基础形式、基坑平面尺寸及形状；

（5）支护结构施工工艺的可行性；

（6）施工场地条件及施工季节；

（7）经济指标、环保性能和施工工期。

（二）支护结构类型及其适用条件

根据《建筑基坑支护技术规程》（JGJ 120—2012）中 3.3.2 规定，支护结构可根据基坑周边环境、开挖深度、工程地质与水文地质、施工作业设备和施工季节等条件，不同的支护结构类型及其适用条件见表 3-2。

表 3-2　各类支护结构类型及其适用条件

结构类型		安全等级	适用条件	
			基坑深度、环境条件、土类和地下水条件	
支挡式结构	锚拉式结构	一级、二级、三级	适用于较深的基坑	1. 排桩适用于可采用降水或截水帷幕的基坑 2. 地下连续墙宜同时用作主体地下结构外墙，可同时用于截水 3. 锚杆不宜用在软土层和高水位的碎石土、砂土层中 4. 当邻近基坑有建筑物地下室、地下构筑物等，锚杆的有效锚固长度不足时，不应采用锚杆 5. 当锚杆施工会造成基坑周边建（构）筑物的损害或违反城市地下空间规划等规定时，不应采用锚杆
	支撑式结构		适用于较深的基坑	
	悬臂式结构		适用于较浅的基坑	
	双排桩		当锚拉式、支撑式和悬臂式结构不适用时，可考虑采用双排桩	
	支护结构与主体结构结合的逆作法		适用于基坑周边环境条件很复杂的深基坑	
土钉墙	单一土钉墙	二级、三级	适用于地下水位以上或经降水的非软土基坑，且基坑深度不宜大于 12m	当基坑潜在滑动面内有建筑物、重要地下管线时，不宜采用土钉墙
	预应力锚杆复合土钉墙		适用于地下水位以上或经降水的非软土基坑，且基坑深度不宜大于 15m	
	水泥土桩垂直复合土钉墙		用于非软土基坑时，基坑深度不宜大于 12m；用于淤泥质土基坑时，基坑深度不宜大于 6m；不宜用在高水位的碎石土、砂土、粉土层中	
	微型桩垂直复合土钉墙		适用于地下水位以上或经降水的基坑，用于非软土基坑时，基坑深度不宜大于 12m；用于淤泥质土基坑时，基坑深度不宜大于 6m	
重力式水泥土墙		二级、三级	适用于淤泥质土、淤泥基坑，且基坑深度不宜大于 7m	
放坡		三级	1. 施工场地应满足放坡条件 2. 可与上述支护结构形式结合	

注：1. 当基坑不同部位的周边环境条件、土层性状、基坑深度等不同时，可在不同部位分别采用不同的支护形式。

2. 支护结构可采用上、下部以不同结构类型组合的形式。

（三）支护结构选型注意事项

（1）不同支护形式的结合处，应考虑相邻支护结构的相互影响，其过渡段应有可靠的连接措施。

（2）支护结构上部采用土钉墙或放坡、下部采用支挡式结构时，上部土钉墙或放坡应符合本规程对其支护结构形式的规定，支挡式结构应按整体结构考虑。

（3）当坑底以下为软土时，可采用水泥土搅拌桩、高压喷射注浆等方法对坑底土体进行局部或整体加固。水泥土搅拌桩、高压喷射注浆加固体宜采用格栅或实体形式。

（4）基坑开挖采用放坡或支护结构上部采用放坡时，应按《建筑基坑支护技术规程》（JGJ 120—2012）第 5.1.1 条的规定验算边坡的滑动稳定性，边坡的圆弧滑动稳定安全系数 K_s 不应小于 1.2。放坡坡面应设置防护层。

第二节　灌注桩排桩及双排桩结构施工

一、灌注桩排桩施工

基坑开挖时，对不能放坡或由于场地限制而不能采用搅拌桩支护，开挖深度在 6~10m 左右时，即可采用排桩支护。排桩支护结构适用于基坑侧壁安全等级为一、二、三级工程的基坑支护。排桩支护可采用钻孔灌注桩、人工挖孔桩、预制钢筋混凝土板桩或钢板桩。排桩的桩型与成桩工艺应根据桩所穿过土层的性质、地下水条件及基坑周边环境要求等选择混凝土灌注桩、型钢桩、钢管桩、钢板桩、型钢水泥土搅拌桩等桩型。

若不考虑排桩支撑，排桩支护结构可分为：

（1）柱列式排桩支护：当边坡土质尚好、地下水位较低时，可利用土拱作用，以稀疏钻孔灌注桩或挖孔桩支挡土坡，如图 3-1(a) 所示。

（2）连续排桩支护：在软土中一般不能形成土拱，支挡结构应该连续排，如图 3-1(b) 所示。密排的钻孔桩可互相搭接，或在桩身混凝土强度尚未形成时，在相邻桩之间做一根素混凝土树根桩把钻孔桩排连起来，如图 3-1(c) 所示。也可采用钢板桩、钢筋混凝土板桩，如图 3-1(d)、(e)所示。

（3）组合式排桩支护：在地下水位较高的软土地区，可采用钻孔灌注排桩与水泥土桩防渗墙组合的方式，如图 3-1(f) 所示。

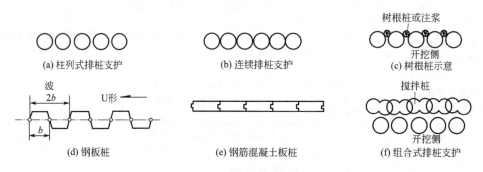

图 3-1　排桩支护的类型

按基坑开挖深度及支挡结构受力情况，排桩支护可以根据工程情况做成悬臂式排桩支护结构，非悬臂式（包括拉锚式、内撑式和双排桩等）排桩支护结构。

悬臂结构适合于基坑开挖深度不大，利用悬臂式支护结构的悬臂作用挡住墙后土体的情况。当基坑开挖深度较大时，可以采用非悬臂式排桩支护结构，即在支护结构顶部附近设置若干道支撑（或拉锚）。考虑排桩施工目前基本以灌注桩为主，排桩的施工应符合现行行业标准《建筑桩基技术规范》（JGJ 94——2008）对相应桩型的有关规定。由于排桩材料类型不同，具体的施工工艺也不同。本小节仅介绍混凝土灌注桩排桩的施工工艺。混凝土灌注桩排桩施工工艺流程如图 3-2 所示。

（1）桩施工：混凝土灌注桩排桩的具体施工工艺可参阅相关的在《土木工程施工》教材，本处不再讲述。

（2）破桩：桩施工时应按设计要求控制桩顶标高。待桩施工完成达到设计要求的强度后，按设计要求位置破桩。破桩后桩中主筋长度应满足设计锚固要求。

（3）冠梁施工：排桩墙冠梁一般在土方开挖前施工。采用在土层中开挖土模或支设模板、铺设钢筋、浇筑混凝土的方法进行。

二、双排桩结构施工

双排桩结构是由前、后两排支护桩和梁连接成的刚架及冠梁组成的支挡式结构。支护形式侧向刚度较大，近年来在一些工程中得到应用并取得良好的效果。这一支护结构在施工方面也具有适应性广、工艺简单、与土方开挖无交叉作业、施工工期短等显著优点。图 3-3 为双排桩结构示意图。图 3-4 为双排桩桩顶连梁、冠梁布置示意图。

无支撑或拉锚的双排桩结构一般视为刚架双排桩；某些工程为了提高钢架双排桩的支护效果，采用了锚索与刚架双排桩混合支护方式，此类支护视为锚索双排桩。

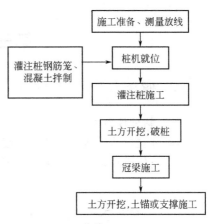

图 3-2 混凝土灌注桩排桩施工工艺

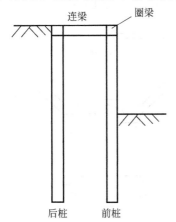

图 3-3 双排桩结构示意图

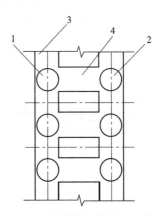

图 3-4 双排桩桩顶梁布置示意图
1—前桩；2—后桩；3—冠梁；4—连梁

双排桩的施工，前后排桩的施工参照混凝土灌注桩施工工艺。先进行灌注桩桩顶土方开挖，破桩头后进行冠梁和前后排桩之间连梁的施工。若在前后排桩之间增设防水帷幕，则防水帷幕施工完毕后再进行前后排桩的施工。若是设计考虑采用锚索双排桩结构，则土方开挖和分层锚索施工交替进行。双排桩结构施工工艺流程如图 3-5 所示。

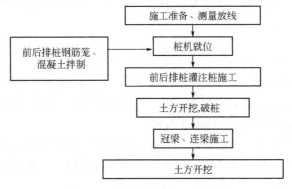

图 3-5 双排桩结构施工工艺流程

第三节　钢板桩施工

一、概述

（一）钢板桩形式

钢板桩支护结构适用于开挖深度不大于 5m 的软土地基。当开挖深度在 4～5m 时需设置支撑（或拉锚）系统。常用的钢板桩截面形式如图 3-6 所示。

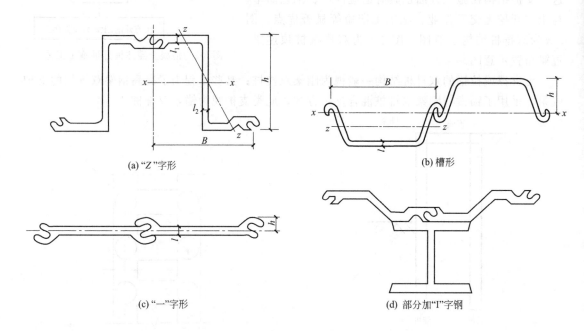

(a) "Z" 字形　　　　　　　　　　　　(b) 槽形

(c) "一"字形　　　　　　　　　　　(d) 部分加"I"字钢

图 3-6　常用钢板桩截面形式

钢板桩之间通过锁口互相连接，形成一道连续的挡墙。锁口使钢板桩连接牢固，形成整体，同时也具有较好的隔水能力。钢板桩截面积小，易于打入；槽形、"Z"字形等波浪式钢板桩截面抗弯能力较好。钢板桩在基础施工完毕后还可拔出重复使用，较经济实用，在实际工程中应用较为广泛。

在钢板桩施工中，为了纠正钢板桩轴向倾斜度等需要，必须使用异型钢板桩，异型钢板桩形式见图 3-7～图 3-11。

（二）钢板桩的围檩

为保证钢板桩垂直打入，使打入后的板桩平面平直，要安设围檩支架。它由围檩和围檩桩组成。按照其平面位置可分为单面和双面围檩支架；在高度上又可分为单层（图 3-12）、双层（图 3-13）和多层式。第一层围檩安装高度约在离地面 50mm 处。双面围檩之间的净距以比两块板桩的组合宽度达 8～10mm 为宜。

围檩支架必须尺寸正确，牢固可靠，并有一定刚度。围檩支架每次安装的长度为矩形挡墙的长边和短边，并视工程具体情况而定，应考虑周转使用。围檩桩的截面和打入深度，应通过计算确定。

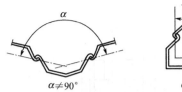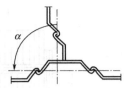

图 3-7 闭合型转角桩

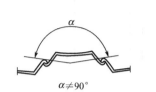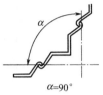

图 3-8 敞开型转角桩

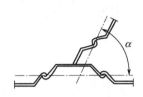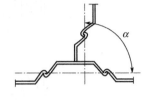

图 3-9 凸型转角桩

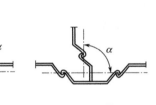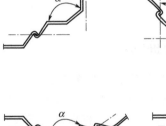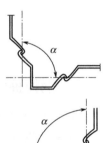

图 3-10 凹型转角桩

图 3-11 反转型转角桩

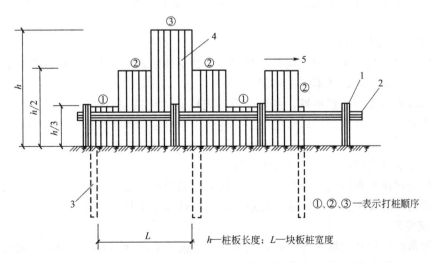

①、②、③—表示打桩顺序

h—桩板长度；L—块板桩宽度

图 3-12 单层围檩打桩法

1—围檩桩；2—围檩；3—定位钢板桩；4—钢板桩；5—打桩方向

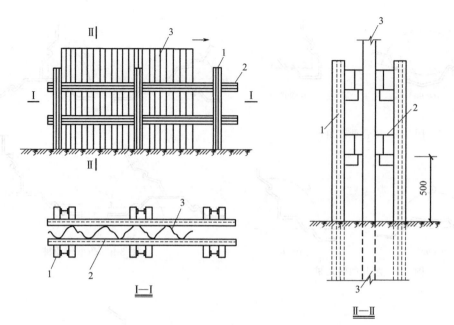

图 3-13 双层围檩打桩法

1—围檩桩；2—围檩；3—钢板桩

二、钢板桩的施工

（一）钢板桩打设前的准备工作

钢板桩的设置位置应便于基础施工，即在基础结构边缘之外并留有支、拆模板的余地。

特殊情况下如利用钢板桩作箱基底板或桩基承台的侧模，则必须衬以纤维板或油毛毡等隔离材料，以便钢板桩拔出。钢板桩的平面布置，应尽量平直整齐，避免不规则的转角，以便充分利用标准钢板桩和便于设置支撑。

对于多层支撑的钢板桩，宜先开沟槽安设支撑并预加顶紧力（约为设计值的50%）；再挖土，以减少钢板桩支护的变形。若旧的钢板桩或槽钢板桩不能紧密咬合，则应设置止水帷幕。

1. 钢板桩的检验与矫正

钢板桩在进入施工现场前需检验、整理。尤其是使用过的钢板桩，因在打桩、拔桩、运输、堆放过程中易变形，如不矫正不利于打入。

用于基坑临时支护的钢板桩，主要进行外观检验，包括表面缺陷、长度、宽度、厚度、高度、端头形状、平直度和锁口状况等。对桩上影响打设的焊接件应割除。如有割孔、断面缺损应补强。若有严重锈蚀，应量测断面实际厚度，以便计算时予以折减。经过检验，如误差超过质量标准规定时，应在打设前予以矫正。

矫正后的钢板桩在运输和堆放时尽量不使其弯曲变形，避免碰撞，尤其不能将连接锁口碰坏。堆放的场地要平整坚实，堆放时最下层钢板桩应垫木块。

2. 导架安装

导架通常由导梁和围檩桩等组成，其形式在平面上有单面和双面之分，在高度上有单层和双层之分。一般常用的是单层双面导架。

导架的位置不能与钢板桩相碰。围檩桩不能随着钢板桩的打设而下沉或变形。导架的高度要适宜，要有利于控制钢板桩的施工高度和提高工效。

3. 沉桩机械的选择

打设钢板桩可用落锤、汽锤、柴油锤和振动锤。

二维码 3.1

（二）钢板桩的打设

1. 打设方法的选择

钢板桩的打设方式分为单独打入法和屏风式打入法两种。

（1）单独打入法　这种方法是从板桩墙的一角开始，逐块（或两块为一组）打设，直至结束。这种方法简便、迅速，不需要其他辅助支架。但是易使板桩向一侧倾斜，且误差积累后不易纠正。为此，这种方法只适用于板桩长度较小的情况。

（2）屏风式打入法　这种方法是将 10～20 根钢板桩成排插入导架内，呈屏风状，然后再分批施打。施打时先将屏风墙两端的钢板桩打至设计标高或一定深度，成为定位板桩，然后在中间按顺序分别以 1/3 和 1/2 板桩高度呈阶梯状打入。

屏风式打入法的优点是可减少倾斜误差积累，防止过大倾斜，对要求闭合的板桩墙，常采用此法。其缺点是插桩的自立高度较大，要注意插桩的稳定和施工安全。

2. 钢板桩的打设

先用吊车将钢板桩吊至插桩点处进行插桩，插桩时锁口要对准，每插入一块即套上桩帽轻轻加以锤击。在打桩过程中，为保证钢板桩的垂直高度，要用两台经纬仪从两个方向加以控制。为防止锁口中心线平面位移，可在打桩进行方向的钢板桩锁口处设卡板，阻止板桩位移。同时在腰梁上预先算出每块板块的位置，以便随时检查校正。钢板桩分几次打入。

打桩时，开始打设的第一、二块钢板桩的打入位置和方向要确保精度，它可以起样板导向作用，一般每打入 1m 应测量一次。

打桩时若阻力过大，板桩难于贯入时，不能用锤硬打，可伴以高压冲水或振动法沉桩。若板桩有锈蚀或变形，应及时调整。还可在锁口内涂以油脂，以减少阻力。

在软土中打板桩，有时会出现把相邻板桩带入的现象。为了防止出现这种情况，可以把相邻板桩焊在腰梁上，或者数根板桩用型钢连在一起；另外在锁口处涂以油脂，并运用特殊塞子，防止土、砂进入连接锁口。

钢板桩墙的转角和封闭合拢施工，可采用异型板桩、连接件法、骑缝搭接法或轴线调整法等。

3. 钢板桩的拔除

在进行基坑回填土后，要拔除钢板桩，以便修整后重新使用。拔除钢板桩要研究拔除顺序、拔除时间以及桩孔处理方法。

对于封闭式钢板桩墙，拔桩的开始点宜离开角桩五根以上，必要时还可用跳拔的方法间隔拔除。拔桩的顺序一般与打设顺序相反。

拔除钢板桩宜用振动锤或振动锤加以起重机辅助。后者适用于单用振动锤而拔不出的钢板桩，需在钢板桩上设吊架，起重机在振动锤振拔的同时向上引拔。

振动锤产生强迫振动，破坏板桩与周围土体间的黏结力，依靠附加的作用力克服拔桩阻力将桩拔出。拔桩时，可先用振动锤将锁扣振活以减小与土的黏结，然后边振边拔。为及时回填桩孔，当将桩拔至比基础底板略高时，暂停引拔，用振动锤振动几分钟让土孔填实。

拔桩会带土和扰动土层，尤其在软土层中可能会使基坑内已施工的结构或管道发生沉陷，并影响邻近已有建筑物、道路和地下管线的正常使用，对此必须采取有效措施。

对拔桩造成的土层中的空隙要及时填实，可在振拔时回灌水或边振边拔并填砂，但有时效果较差。因此，在控制地层位移有较高要求时，应考虑在拔桩的同时进行跟踪注浆。

第四节　地下连续墙施工

一、地下连续墙概述

地下连续墙施工是指利用各种挖槽机械，借助于泥浆的护壁作用，在地下挖出窄而深的槽段，并在其内浇注适当的材料而形成一道具有防渗（水）、挡土和承重功能的连续的地下墙体。

若地下连续墙为封闭状，则基坑开挖后，地下连续墙既可挡土又可防水，为地下工程施工提供条件。地下连续墙也可以作为建筑的外墙承重结构，两墙合一，则大大提高了施工的经济效益。在某些条件下，地下连续墙与"逆筑法"技术共同使用是深基础很有效的施工方法，会大大提高施工的工效。

地下连续墙 1950 年首次应用于意大利米兰的工程，在近 50 年来得到了迅速发展。目前地下连续墙已广泛用于大坝坝基防渗、竖井开挖、工业厂房重型设备基础、城市地下铁道、高层建筑深基础、铁道和桥梁工程、船坞、船闸、码头、地下油罐、地下沉渣池等各类永久性工程。

二、地下连续墙的特点

（一）地下连续墙的优点

地下连续墙之所以能够得到如此广泛的应用，是因为它具有如下优点：

（1）刚度大，支护结构变形小，具有防渗、截水、承重、挡土、防爆等功能，适宜作为超深基坑的支护结构。

（2）当采用两墙合一时其占地少，建筑空间利用和投资效益好。

（3）适用于多种地基条件。地下连续墙对地基的适用范围很广，从软弱的冲积地层到中硬的地层、密实的砂砾层，各种软岩和硬岩等所有的地基都可以建造地下连续墙。

（4）可用作刚性基础。目前地下连续墙不再单纯作为防渗防水、深基坑围护墙，而且越来越多地用地下连续墙代替桩基础、沉井或沉箱基础，承受更大荷载。

（二）地下连续墙的缺点

（1）弃土及废泥浆的处理。除增加工程费用外，若处理不当，会造成新的环境污染。

（2）地质条件和施工的适应性。地下连续墙最适应的地层为软塑、可塑的黏性土层。当地层条件复杂时，还会增加施工难度和影响工程造价。

（3）地下连续墙只是用作基坑支护结构，则造价较高，不够经济。

（4）墙身裂缝处易发生渗漏，需进一步研究提高地下连续墙墙身接缝处抗渗、抗漏能力。

（三）地下连续墙的适用条件

由于受到施工机械的限制，地下连续墙的厚度具有固定的模数，不能像灌注桩一样根据桩径和刚度灵活调整。因此，地下连续墙只有在一定深度的基坑工程或其它特殊条件下才能显示出其经济性和特有优势。一般适用于如下条件：

（1）开挖深度超过 10m 的深基坑工程；

（2）围护结构亦作为主体结构的一部分，且对防水、抗渗有较严格要求的工程；

（3）采用逆作法施工，且地上和地下同步施工时，一般采用地下连续墙作为围护墙；

（4）邻近存在保护要求较高的建（构）筑物，对基坑本身的变形和防水要求较高的工程；

（5）基坑内空间有限，地下室外墙与红线距离极近，采用其他围护形式无法满足留设施工操作要求的工程；

（6）在超深基坑中，例如 30～50m 的深基坑工程，采用其他围护体无法满足要求时，常采用地下连续墙作为围护结构。

（四）地下连续墙的分类

（1）按墙的用途分为：①临时；②防渗墙；③作为基础。

（2）按开挖情况可分为：①地下挡土墙（开挖）；②地下防渗墙（不开挖）。

现浇的钢筋混凝土壁板式地下连续墙（图 3-14），多为临时挡土墙，亦有用作主体结构一部分同时又兼作临时挡土墙的地下连续墙。在水利工程中有用作防渗墙的地下连续墙。

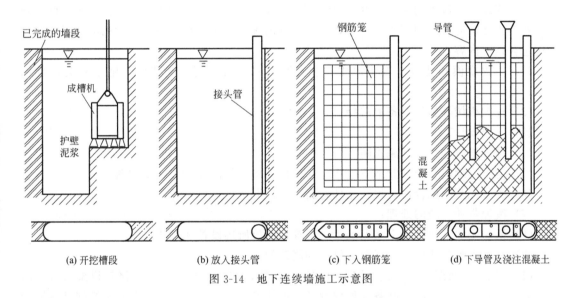

(a) 开挖槽段　　　　(b) 放入接头管　　　　(c) 下入钢筋笼　　　　(d) 下导管及浇注混凝土

图 3-14　地下连续墙施工示意图

三、地下连续墙的施工

（一）施工前的准备工作

1. 施工现场情况调查

在地下连续墙的设计施工之前，首先需要认真调查施工现场的环境情况及水文地质条件，其次制定详细可行的施工方案，以确保施工的顺利进行。具体包括：

（1）有关机械进场条件调查。

（2）有关给排水、供电条件的调查。

（3）有关现有建（构）筑物的调查。

（4）地下障碍物对地下连续墙施工影响的调查。

（5）噪声、振动与环境污染的调查。

2. 水文、地质情况调查

为使地下连续墙的设计、施工合理和完工后使用性能良好，必须事先对水文地质和工程地质做全面正确的勘察。

通过地质勘察确定深槽的开挖方法、决定单元槽段长度、估计挖土效率、考虑护壁泥浆的配合比和循环工艺等。

导板抓斗的挖槽效率与地质条件有关。槽壁的稳定性也取决于土层的物理力学性质、地下水位高低、泥浆质量和单元槽段的长度。在制订施工方案时，为了验算槽壁的稳定性，就需要了解各土层土的重力密度 γ、内摩擦角 φ、内聚力 c 等物理力学指标。

地质勘探中应注意收集有关地下水的资料，如地下水位及水位变化情况、地下水流动速度、承压水层的分布与压力大小，必要时还需对地下水的水质进行水质分析。另外，在研究地下连续墙施工用泥浆向地层渗透是否会污染邻近的水井等水源时，亦需利用土的渗透系数等指标参数。

根据上述分析可以清楚地看出，全面而正确地掌握施工地区的水文、地质情况，对地下连续墙施工是十分重要的。

（二）制定地下连续墙的施工方案

地下连续墙一般多用于施工条件较差的情况，且其施工的质量在施工期间不能直接观察，在施工之前应详细制定施工方案，编制工程的施工组织设计。地下连续墙的施工组织设计应包含以下内容：

（1）工程规模和特点，工程地质、水文地质和周围环境以及其他与施工有关条件的说明；

（2）挖掘机械等施工设备的选择；

（3）导墙设计；

（4）单元槽段划分及其施工顺序；

（5）地下连续墙预埋件和地下连续墙与内部结构连接的设计和施工详图；

（6）护壁泥浆的配合比、泥浆循环管路布置、泥浆处理和管理；

（7）废泥浆和土碴的处理；

（8）钢筋笼加工详图，钢筋笼加工、运输和吊放所用设备和方法；

（9）混凝土配合比设计，混凝土供应和浇筑的方法；

（10）施工平面图布置，包括挖掘机械运行路线，挖掘机械和混凝土浇筑机架布置，出土运输路线和堆土处，泥浆制备和处理设备，钢筋笼加工及堆放场地，混凝土搅拌站或混凝土运输路线，其他必要的临时设施等；

（11）工程施工进度计划、材料及劳动力等的供应计划；

（12）安全措施、质量管理措施和技术组织措施等；

（13）必要的施工监测（槽壁垂直度、宽度变化及槽侧地面和建筑物沉降等）和环境安全及保护措施。

地下连续墙作为一种地下工程的施工方法，由诸多工序组成，其施工过程较为复杂，其中修筑导墙，泥浆的制备和处理，钢筋笼的制作和吊装，水下混凝土浇灌是主要的工序。

（三）地下连续墙施工

对于现浇钢筋混凝土板式地下连续墙，其施工工艺过程通常如图 3-15 所示。其中修筑导墙、泥浆制备与处理、深槽挖掘、钢筋笼制备与吊装以及混凝土浇筑，是地下连续墙施工中主要的工序。如图 3-16 是槽段施工步骤图例。

1. 修筑导墙

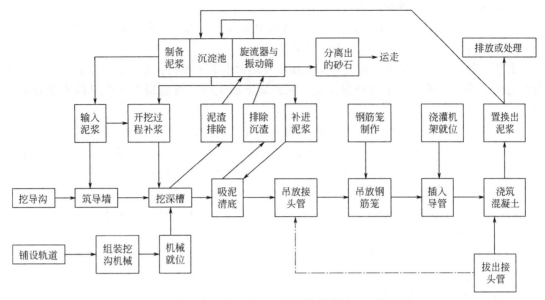

图 3-15 现浇钢筋混凝土地下连续墙的施工工艺过程

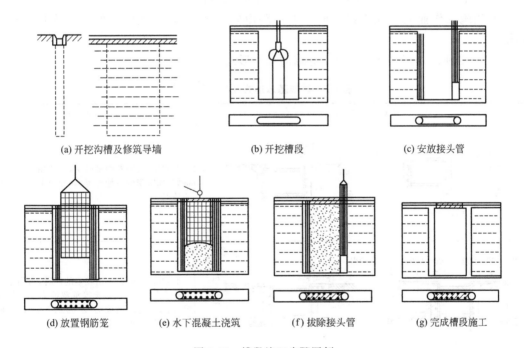

图 3-16 槽段施工步骤图例

（1）导墙的作用　导墙作为地下连续墙施工中必不可少的临时结构，对挖槽起了很重要的作用。

1）作为挡土墙。在挖掘地下连续墙沟槽时，接近地表的土极不稳定，容易塌陷，而泥浆也不能起到护壁的作用，因此在单元槽段挖完之前，导墙就起挡土墙作用。

2）作为测量的基准。它规定了沟槽的位置，表明单元槽段的划分，同时亦作为测量挖槽标高、垂直度和精度的基准。

3）作为重物的支承。它既是挖槽机械轨道的支承，又是钢筋笼、接头管等搁置的支点，有时还承受其他施工设备的荷载。

4）存储泥浆。导墙可存储泥浆，稳定槽内泥浆液面。泥浆液面应始终保持在导墙面以下 20cm，并高于地下水位 1.0m，以稳定槽壁。

此外，导墙还可防止泥浆漏失；防止雨水等地面水流入槽内；地下连续墙距离现有建筑物很近时，施工时还起一定的补强作用；在路面下施工时，可起到支承横撑的水平导梁的作用。

（2）导墙的形式　成槽施工前，应沿地下连续墙两侧设置导墙，导墙宜采用混凝土结构，且混凝土的设计强度等级不宜低于 C20。导墙底面不宜设置在新近填土上，且埋深不宜小于 1.5m。导墙的强度和稳定性应满足成槽设备和顶拔接头管的施工要求。在确定导墙形式时，应考虑下列因素：

1）表层土的特性。表层土体是密实的还是松散的，是否回填土，土体的物理力学性能如何，有无地下埋设物等。

2）荷载情况。挖槽机的重量与组装方法，钢筋笼的重量，挖槽与浇筑混凝土时附近存在的静载与动载情况。

3）地下连续墙施工时对邻近建（构）筑物可能产生的影响。

4）地下水的状况。地下水位的高低及其水位变化情况。

5）当施工作业面在地面以下时（如在路面以下施工），对先施工的临时支护结构的影响。

如表 3-3 所示是现浇钢筋混凝土导墙的基本形式。

表 3-3　导墙基本形式及其适用范围

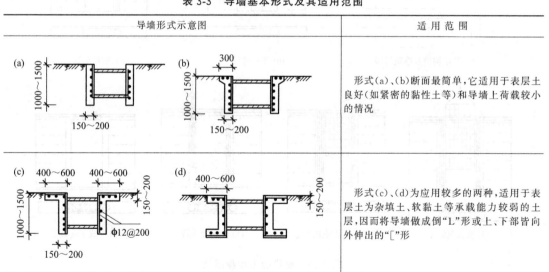

导墙形式示意图	适 用 范 围
形式(a)、(b)	形式(a)、(b)断面最简单，它适用于表层土良好（如紧密的黏性土等）和导墙上荷载较小的情况
形式(c)、(d)	形式(c)、(d)为应用较多的两种，适用于表层土为杂填土、软黏土等承载能力较弱的土层，因而将导墙做成倒"L"形或上、下部皆向外伸出的"["形

（3）导墙施工　现浇钢筋混凝土导墙的施工顺序为：平整场地→测量定位→挖槽及处理弃土→绑扎钢筋→支模板→浇筑混凝土→拆模并设置横撑→导墙外侧回填土（如无外侧模板，可不进行此项工作）。

导墙配筋应根据设计要求，水平钢筋必须连接起来，使导墙成为整体。导墙施工接头位置应与地下连续墙施工接头位置错开。导墙的强度和稳定性应满足成槽设备和顶拔接头管施工的要求。

导墙面应高于地面约 10cm，可防止地面水流入槽内污染泥浆。导墙的底面不宜设置在新近填土上，且埋深不宜小于1.5m。导墙的内墙面应平行于地下连续墙轴线，对轴线距离的最大允许偏差为±10mm；内外导墙面的净距，应为地下连续墙名义墙厚加40mm，净距的允许误差为±5mm，墙面应垂直；导墙顶面应水平，全长范围内的高差应小于±10mm，局部高差应小于5mm。导墙的基底应和土面密贴，以防槽内泥浆渗入导墙后面。

现浇钢筋混凝土导墙拆模以后，应沿其纵向每隔1m左右加设上、下两道木支撑（常用规格为5cm×10cm和10cm×10cm），将两片导墙支撑起来，在导墙的混凝土达到设计强度之前，禁止任何重型机械和运输设备在旁边行驶，以防导墙受压变形。

2. 泥浆护壁

成槽时的护壁泥浆在使用前，应根据泥浆材料及地质条件试配及进行室内性能试验，泥浆配比应按试验确定。泥浆拌制后应贮放24h，待泥浆材料充分水化后方可使用。成槽时，泥浆的供应及处理设备应满足泥浆使用量的要求，泥浆的性能应符合相关技术指标的要求

（1）泥浆的作用　地下连续墙的深槽是在泥浆护壁下进行挖掘的。泥浆在成槽过程中有下述作用：

1）护壁作用。泥浆具有一定的相对密度，如槽内泥浆液面高出地下水位一定高度，泥浆在槽内就对槽壁产生一定的静水压力，可抵抗作用在槽壁上的侧向土压力和水压力，可以防止槽壁倒坍和剥落，并防止地下水渗入。

另外，泥浆在槽壁上会形成一层透水性很低的泥皮，从而可使泥浆的静水压力有效地作用于槽壁上，能防止槽壁剥落。泥浆还从槽壁表面向土层内渗透，待渗透到一定范围，泥浆就黏附在土颗粒上，这种黏附作用可减少槽壁的透水性，亦可防止槽壁坍落。

2）携渣作用。泥浆具有一定的黏度，它能将钻头式挖槽机挖下来的土渣悬浮起来，既便于土渣随同泥浆一同排出槽外，又可避免土渣沉积在工作面上影响挖槽机的挖槽效率。

3）冷却和滑润作用。冲击式或钻头式挖槽机在泥浆中挖槽，以泥浆作冲洗液，钻具在连续冲击或回转中温度剧烈升高，泥浆既可降低钻具的温度，又可起润滑作用而减轻钻具的磨损，有利于延长钻具的使用寿命和提高深槽挖掘的效率。

（2）泥浆的成分　地下连续墙挖槽用护壁泥浆（膨润土泥浆）的制备，有下列几种方法：

制备泥浆——挖槽前利用专用设备事先制备好泥浆，挖槽时输入沟槽；

自成泥浆——用钻头式挖槽机挖槽时，向沟槽内输入清水，清水与钻削下来的泥土拌和，边挖槽边形成泥浆。泥浆的性能指标要符合规定的要求；

半自成泥浆——当自成泥浆的某些性能指标不符合规定的要求时，在形成自成泥浆的过程中，加入一些需要的成分。

此处所谓的泥浆成分是指制备泥浆的成分。护壁泥浆除通常使用的膨润土泥浆外，还有聚合物泥浆、CMC（即羧甲基纤维素，可以降低失水量，调整黏度，增加触变性等）泥浆和盐水泥浆，其主要成分和外加剂见表3-4。

表3-4　护壁泥浆的种类及其主要成分和外加剂

泥 浆 种 类	主 要 成 分	常用的外加剂
膨润土泥浆	膨润土、水	分散剂、增黏剂、加重剂、防漏剂
聚合物泥浆	聚合物、水	—
CMC泥浆	CMC、水	—
盐水泥浆	膨润土、盐水	分散剂、特殊黏土

（3）泥浆质量的控制指标　在地下连续墙施工过程中，为检验泥浆的质量，使其具备物理和化学的稳定性、合适的流动性、良好的泥皮形成能力以及适当的相对密度，需对制备的泥浆和循环泥浆利用专用仪器进行质量控制，控制指标详见表 3-5。

表 3-5　泥浆质量的控制指标

序号	控制指标	指标作用
1	相对密度	泥浆相对密度越大，对槽壁的压力也越大，槽壁也越稳固。测定泥浆相对密度可用泥浆比重计。泥浆相对密度宜每两小时测定一次。膨润土泥浆相对密度宜为 1.05～1.15，普通黏土泥浆相对密度宜为 1.15～1.25
2	黏度	黏度大，悬浮土渣、钻屑的能力强，但易糊钻头，钻挖的阻力大，生成的泥皮也厚；黏度小，悬浮土渣、钻屑的能力弱，防止泥浆漏失和流砂不利。泥浆黏度的测定方法，有漏斗黏度计法和黏度－比重计（V－G 计）法
3	含砂量	含砂量大，相对密度增大，黏度降低，悬浮土渣、钻屑的能力减弱，土渣等易沉落槽底，增加机械的磨损。泥浆的含砂量愈小愈好，一般不宜超过 5％。含砂量一般用 ZNH 型泥浆含砂量测定仪测定
4	失水量和泥皮厚度	失水量表示泥浆在地层中失去水分的性能。在泥浆渗透失水的同时，其中不能透过土层的颗粒就粘附在槽壁上形成泥皮。泥皮反过来又可阻止或减少泥浆中水分的漏失。薄而密实的泥皮，有利于槽壁稳固和挖槽机具（钻具、抓斗）的升降。厚而疏松的泥皮，对槽壁稳固不利，且亦形成泥塞使挖槽机具升降不畅。失水量大的泥浆，形成的泥皮厚而疏松。合适的失水量为 20～30mL/30min，泥皮厚度宜为 1～3mm
5	pH 值	膨润土泥浆呈弱碱性，pH 值一般为 8～9，pH 值大于 11 时，泥浆会产生分层现象，失去护壁作用。泥浆的 pH 值可用石蕊试纸的比色法或酸度计测定，现场多用石蕊试纸测定
6	稳定性	常用相对密度差试验确定。即将泥浆静置 24h，经过沉淀后，上、下层的相对密度差要求不大于 0.02
7	静切力	泥浆的静切力大，悬浮土渣和钻屑的能力强，但钻孔阻力也大；静切力小则土渣、钻屑易沉淀。静切力指标一般取两个值，静止 1min 后测定，其值为 2～3kPa；静止 10min 后测定，其值应为 5～10kPa
8	胶体率	泥浆静置 24h 后，其呈悬浮状态的固体颗粒与水分离的程度，即泥浆部分体积与总体积之比为胶体率。胶体率高的泥浆，可使土渣、钻屑呈悬浮状态。要求泥浆的胶体率高于 96％，否则，要掺加碱（Na_2CO_3）或火碱（NaOH）进行处理

在确定泥浆配合比时，要测定黏度、相对密度、含砂量、稳定性、胶体率、静切力、pH 值、失水量和泥皮厚度。在检验黏土造浆性能时，要测定胶体率、相对密度、稳定性、黏度和含砂量。新生产的泥浆、回收重复利用的泥浆、浇筑混凝土前槽内的泥浆，主要测定黏度、相对密度和含砂量。

在确定泥浆配合比时，要测定黏度、相对密度、含砂量、稳定性、胶体率、静切力、pH 值、失水量和泥皮厚度。

在检验黏土造浆性能时，要测定胶体率、相对密度、稳定性、黏度和含砂量。

新生产的泥浆、回收重复利用的泥浆、浇筑混凝土前槽内的泥浆，主要测定黏度、相对密度和含砂量。

（4）膨润土泥浆的制备与处理

1）制备泥浆前的准备工作。制备泥浆前，需对地基土、地下水和施工条件等进行调查。对于土的调查，包括土层的分布和土质的种类（包括标准贯入度 N 值）；有无坍塌性较大的土层；有无裂缝、空洞、透水性大易于产生漏浆的土层；有无有机质土层等。

对于地下水的调查，要了解地下水位及其变化情况，能否保证泥浆液面高出地下水位1m以上；了解潜水层、承压水层分布和地下水流速；测定地下水中盐分和钙离子等有害离子的含量；了解有无化工厂的排水流入；测定地下水的pH值。

对于施工条件的调查，要了解槽深和槽宽；最大单元槽段长度和可能空置的时间；适合采用的挖槽机械和挖槽方法；泥浆循环方法；泥浆处理的可能性、能否在短时间内供应大量泥浆等。

2）泥浆配合比。确定泥浆配合比时，首先根据为保持槽壁稳定所需的黏度来确定膨润土的掺量（一般为6%～9%）和增黏剂CMC的掺量（一般为0.05%～0.08%）。

分散剂的掺量一般为0～0.5%。在地下水丰富的砂砾层中挖槽，有时不用分散剂。为使泥浆能形成良好的泥皮而掺加分散剂时，对于泥浆黏度的减小，可用增加膨润土或CMC的掺量来调节。我国最常用的分散剂是纯碱。为提高泥浆的相对密度，增大其维护槽壁稳定能力可掺加加重剂。

至于防漏剂的掺量，不是一开始配制泥浆时就确定的，通常是根据挖槽过程中泥浆的漏失情况而逐渐掺加。常用的掺量为0.5%～1.0%，如遇漏失很大，掺量可能增大到5%，或将不同的防漏剂混合使用。

配制泥浆时，先根据初步确定的配合比进行试配，如试配制出的泥浆符合规定的要求，可投入使用，否则需修改初步确定的配合比。试配制出的泥浆要按泥浆控制指标的规定进行试验测定。

3）泥浆制备。泥浆制备包括泥浆搅拌和泥浆贮存。泥浆搅拌机常用的有高速回转式搅拌机和喷射式搅拌机两类（见图3-17）。选用的原则是：①能保证必要的泥浆性能；②搅拌效率高，能在规定的时间内供应所需要的泥浆；③使用方便、噪声小、装拆方便。

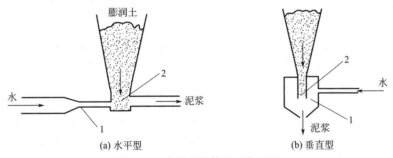

图 3-17　喷射式搅拌机工作原理

1—喷嘴；2—真空部位

制备膨润土泥浆一定要充分搅拌，如果膨润土溶胀不充分，会影响泥浆的失水量和黏度；一般情况下膨润土与水混合后3h就有很大的溶胀，可供施工使用，经过一天就可达到完全溶胀。

制备泥浆的投料顺序，一般为水、膨润土、CMC、分散剂、其他外加剂。由于CMC溶液可能会妨碍膨润土溶胀，宜在膨润土之后投入。

为了充分发挥泥浆在地下连续墙施工中的作用，最好在泥浆充分溶胀之后再使用，所以泥浆搅拌后宜贮存3h以上。贮存泥浆宜用钢的贮浆罐或地下、半地下式贮浆池、其容积应适应施工的需要。如用立式储浆罐或离地一定高度的卧式贮浆罐，则可自流送浆或补浆，需使用送浆泵。如用地下或半地下式贮浆池，要防止地面水和地下水流入池内。

4）泥浆处理。在地下连续墙施工过程中，泥浆要与地下水、砂、土、混凝土接触，膨润土、掺合料等成分会有所消耗，而且也混入一些土渣和电解质离子等，使泥浆受到污染而质量恶化。

被污染后性质恶化了的泥浆，经处理后仍可重复使用，如污染严重难以处理或处理不经济者则舍弃。

泥浆处理分土渣分离处理（物理再生处理）（见图 3-18）和污染泥浆化学处理（化学再生处理）。

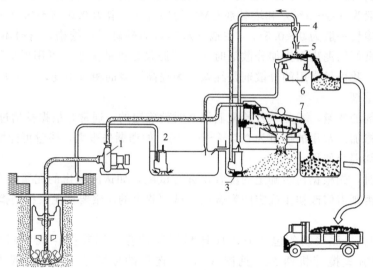

图 3-18　反循环出土的泥浆处理

1—吸力泵；2—回流泵；3—旋流器供应泵；4—旋流器；5—排渣管；6—脱水机；7—振动筛

对上述恶化了的泥浆要进行化学处理。化学处理一般用分散剂，经化学处理后再进行土碴分离处理。

泥浆经过处理后，用控制泥浆质量的各项指标进行检验，如果需要可再补充掺入材料进行再生调制。经再生调制的泥浆，送入贮浆池（罐），待新掺入的材料与处理过的泥浆完全溶合后再重复使用。

3. 挖深槽

挖槽是地下连续墙施工中的关键工序。挖槽约占地下连续墙工期的一半，因此提高挖槽的效率是缩短工期的关键。同时，槽壁形状基本上决定了墙体外形，所以挖槽的精度又是保证地下连续墙质量的关键之一。

地下连续墙挖槽的主要工作包括：单元槽段划分；挖槽机械的选择与正确使用；制订防止槽壁坍塌的措施与工程事故和特殊情况的处理等。

（1）单元槽段划分　地下连续墙施工时，预先沿墙体长度方向把地下墙划分为许多某种长度的施工单元，这种施工单元称为"单元槽段"（见图 3-19）。地下连续墙成槽分为标准型和非标准型（也叫异型标准）。标准型槽的长度都在 6～8m。非标准型一般设计院在设计时都设计成"Z"字形和"L"字形。

单元槽段的最小长度不得小于一个挖掘段（挖土机械的挖土工作装置的一次挖土长度）。单元槽段宜采用间隔一个或多隔槽段的跳幅施工顺序。每个单元槽段，挖槽分段不宜多过 3个。从理论上讲单元槽段愈长愈好，因为这样可以减少槽段的接头数量和增加地下连续墙的整体性，又可提高其防水性能和施工效率。但是单元槽段长度受许多因素限制，在确定其长度时除考虑设计要求和结构特点外，还应考虑下述各因素：

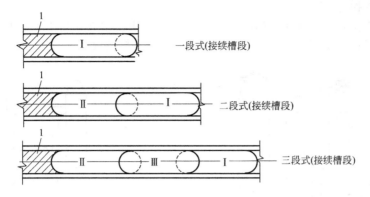

图 3-19　多头钻单元槽段组成及掘削顺序

1—已完槽段；Ⅰ，Ⅱ，Ⅲ—掘削顺序

1）地质条件。当土层不稳定时，为防止槽壁倒坍，应减少单元槽段的长度，以缩短挖槽时间，这样挖槽后立即浇筑混凝土，消除或减少了槽段倒塌的可能性。

2）地面荷载。如附近有高大建筑物、构筑构，或邻近地下连续墙有较大的地面荷载（静载、动载），在挖槽期间会增大侧向压力，影响槽壁的稳定性。

3）起重机的起重能力。由于一个单元槽段的钢筋笼多为整体吊装（过长时在竖直方向分段），所以要根据施工单位现有起重机械的起重能力估算钢筋笼的重量和尺寸，以此推算单元槽段的长度。

4）单位时间内混凝土的供应能力。一般情况下一个单元槽段长度内的全部混凝土，宜在 4h 内浇筑完毕，所以：

$$单元槽段长度(m) = \frac{4h\ 内混凝土的最大供应量(m^3)}{墙宽(m) \times 墙深(m)}$$

5）工地上具备的泥浆池（罐）的窖，应不小于每一单元槽段挖土量的 2 倍，所以泥浆池（罐）的容积亦影响单元槽段的长度。

此外，划分单元槽段时尚应考虑单元槽段之间的接头位置，一般情况下接头避免设在转角处及地下连续墙与内部结构的连接处，以保证地下连续墙有较好的整体性。

（2）挖槽机械和槽段开挖　地下连续墙施工挖槽机械是在地面操作，穿过泥浆向地下深处开挖一条预定断面槽深的工程机械。由于地质条件不同，断面深度不同，技术要求不同，应根据不同要求选择合适的挖槽机械。

目前，在地下连续墙施工中国内外常用的挖槽机械，按其工作机理分为挖斗式、冲击式和回转式三大类，而每一类中又分为多种（见图 3-20）。

目前我国在施工中应用较多的是：蚌式抓斗机、多头钻成槽机、铣削式成槽机等。

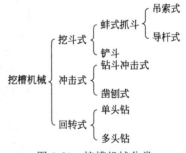

图 3-20　挖槽机械分类

1）蚌式抓斗机。蚌式抓斗在国内外应用较多，它用于开挖墙厚 450～1200mm，深 50m，土的标贯值≤50 的地下连续墙。蚌式抓斗通常以钢索操作斗体上下和开闭，即索式抓斗。用导杆使抓斗上下，并通过液压开闭斗体，即导杆式抓斗。为提高挖槽垂直精度，可在抓斗的两个侧面安装导向板，也称导板抓斗。

索式斗体推压式导板抓斗，如图 3-21 所示，这种抓斗切土时能推压抓斗斗体进行切土；又增设弃土压板，能有效地切土和弃土，并易于增大开斗宽度，增大一次挖土量，也可采用液压方式提高挖掘力。

索式中心提拉式导板抓斗，如图3-22所示，它是由钢索操纵开斗、抓土闭斗和提升的，用导板导向，可提高挖槽精度，又增大抓斗重量，提高挖槽效率。

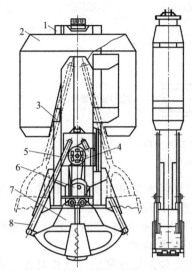 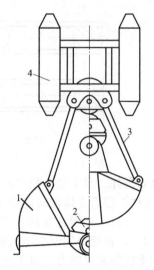

图 3-21 索式斗体推压式导板抓斗

1—导轮支架；2—导板；3—导架；4—动滑轮组；
5—提杆；6—定滑轮组；7—斗体；8—弃土压板

图 3-22 中心提拉式导板抓斗

1—抓斗；2—滑轮座；3—支撑杆；4—导板

2）多头钻成槽机。多头钻（图3-23）是采用动力下放，泥浆反循环排渣，电子测斜纠偏和自动控制给进成槽的机械，适用于黏性土、砂土、砂砾层及淤泥软土等土层，振动噪声

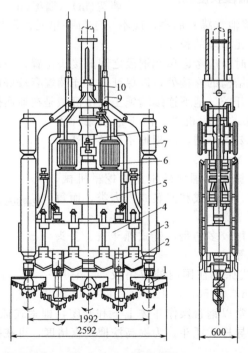

图 3-23 SF 型多头钻

1—钻头；2—侧刀；3—导板；4—齿轮箱；5—减速箱；6—潜水电机；
7—纠偏装置；8—高压进气管；9—泥浆管；10—电缆结头

较小,效率高,对周围建筑影响小。多头钻成槽机属无杆钻机,一般由组合多头钻机(4～5台潜水钻组成)、机架和底座组成。钻头采取对称布置正反向回转,使扭矩相互抵消,旋转切削土体成槽。掘削的泥土混在泥浆中,以反循环方式排出槽外,一次下钻形成有效长1.3～2m的圆形掘削单元。排泥采用专用潜水砂石泵或空气吸泥机,不断将吸泥管内泥浆排出。下钻时应使吊索处于张力状态,保持钻机头适当压力,引导机头垂直成槽。下钻速度取决于泥渣排出能力和土质硬度,应注意下钻速度均匀,一般采用吸力泵排泥,下钻速度9.6m/h,采用空气吸泥法及砂石泵排泥,下钻速度5m/h。

3)铣削式成槽机。铣削式成槽机(图3-24)属于回转式钻机,这是我国近年来引进的新型挖槽机械,适应冲积土(黏土、砂、砾石及卵石直径可达10cm)至石灰岩、花岗岩等多种地质。由于成槽机切削是靠铣削,较之抓斗成槽的振动和冲击较小,所以较适合城市市区施工 。

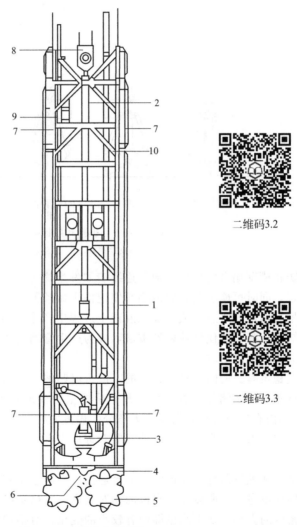

二维码3.2

二维码3.3

图 3-24 成槽机主要部件

1—成槽机架;2—切削进给油缸;3—泥浆泵;4—齿轮减速箱;

5—刀盘轮;6—吸泥箱;7—纠偏板;8—滑轮;9—液压软管;10—泥浆软管

铣削式成槽机利用液压马达驱动刀盘破碎岩土,依靠泵吸反循环排渣,以及通过地面泥砂处理，泥浆再回送到槽段。

如图 3-25、图 3-26 是索式斗体推压式导板抓斗、索式中心提拉式导板抓斗和钻抓式挖槽机的挖槽步骤。

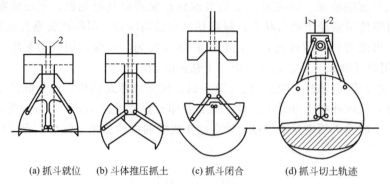

(a) 抓斗就位　(b) 斗体推压抓土　(c) 抓斗闭合　(d) 抓斗切土轨迹

图 3-25　索式斗体推压式导板抓斗的挖槽步骤
1—悬吊索；2—斗体闭合索

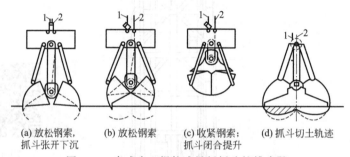

(a) 放松钢索，　(b) 放松钢索　(c) 收紧钢索；　(d) 抓斗切土轨迹
抓斗张开下沉　　　　　抓斗闭合提升

图 3-26　索式中心提拉式导板抓斗挖槽步骤
1—收紧钢索；2—抓斗切土

（3）防止槽壁塌方的措施　地下连续墙如发生塌方，不仅可能造成埋住挖槽机的危险，使工程拖延，同时可能引起地面沉陷而使挖槽机械倾覆，对邻近的建筑物和地下管线造成破坏。如在吊放钢筋笼之后，或在浇筑混凝土过程中产生塌方；塌方的土体会混入混凝土内，造成墙体缺陷，甚至会使墙体内外贯通，成为产生管涌的通道。因此，槽壁塌方是地下连续墙施工中极为严重的事故。

与槽壁稳定有关的因素是多方面的，但可以归纳为泥浆、地质条件与施工三个方面。

通过近年来的实测和研究，得知开挖后槽壁的变形是上部大下部小，一般在地面以下 7～15m 范围内有外鼓现象，所以绝大部分的塌方发生在地面以下 12m 的范围内，坍体多呈半圆筒形，中间大两头小，多是内外两侧对称地出现塌方。此外，槽壁变形还与机械振动的存在有关。

通过试验和理论研究，还证明地下水愈高，平衡它所需的泥浆相对密度也愈大，即槽壁失稳的可能性也愈大。所以地下水位的相对高度，对槽壁稳定的影响很大，同时它也影响着泥浆相对密度的大小。地下水位即使有较小的变化，对槽壁的稳定亦有显著影响，特别是当挖深较浅时影响就更为显著。因此，如果由于降雨地下水位急剧上升，地面水再绕过导墙流入槽段，这样就使泥浆对地下水的超压力减小，极易产生槽壁塌方。故采用泥浆护壁开挖深度大的地下连续墙时，要重视地下水的影响。必要时可部分或全部降低地下水位，对保证槽壁稳定会起很大的作用。

泥浆质量和泥浆液面的高低对槽壁稳定亦产生很大影响。泥浆液面愈高所需的泥浆相对密度愈小，即槽壁失稳的可能性愈小。成槽过程护壁泥浆液面应高于导墙底面 500mm。因此在施工期间如发现有漏浆或跑浆现象，应及时堵漏和补浆，以保证泥浆规定的液面，防止出现坍塌。

地基土的条件直接影响槽壁稳定。试验证明，土的内摩擦角 φ 愈小，所需泥浆的相对密度愈大；反之所需泥浆相对密度就愈小。所以在施工地下连续墙时，要根据不同的土质条件选用不同的泥浆配合比，各地的经验只能参考不能照搬。尤其在地层中存在软弱的淤泥质土层或粉砂层时。

施工单元槽段的划分亦影响槽壁的稳定性。因为单元槽段的长度决定了基槽的长深比（H/l），而长深比的大小影响土拱作用的发挥，而土拱作用影响土压力的大小。一般长深比越小，土拱作用越小，槽壁越不稳定；反之土拱作用大，槽壁趋于稳定。研究证明，当 $H/l>9$ 时可把基槽的土拱作用作为二维问题处理，如 $H/l>9$ 则宜作为三维问题处理，以 $H/l=9$ 作为分界线。另外，单元槽段的长度亦影响挖槽时间，挖槽时间长，使泥浆质量恶化，亦影响槽壁的稳定。

根据上述分析可知，能够采取避免坍塌的危险的措施有：缩小单元槽段长度；改善泥浆质量，根据土质选择泥浆配合比，保证泥浆在安全液位以上；注意地下水位的变化；减少地面荷载，防止附近的车辆和机械对地层产生振动等。

当挖槽出现坍塌迹象时，如泥浆大量漏失，液位明显下降，泥浆内有大量泡沫上冒或出现异常的扰动，导墙及附近地面出现沉降，排土量超过设计断面的土方量，多头钻或蚌式抓斗升降困难等，应首先及时地将挖槽机械提至地面，避免发生挖槽机械被坍方埋入地下的事故，然后迅速采取措施避免坍塌进一步扩大，以控制事态发展。常用的措施是迅速补浆以提高泥浆液面和回填黏性土，待所填的回填土稳定后再重新开挖。

近年来一些工程在开挖槽段之前预先在地下连续墙两侧施工水泥搅拌桩，形成"夹心"地下连续（图 3-27），大大提高了地下连续墙开挖槽壁时的稳定性。

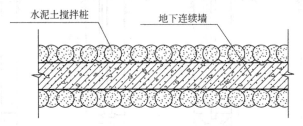

图 3-27 "夹心"地下连续示意图

4. 清底

槽段挖至设计标高后，用钻机的钻头或超声波等方法测量槽段断面，如误差超过规定的精度则需修槽，修槽可用冲击钻或锁口管并联冲击。对于槽段接头处亦需清理，可用刷子清刷或用压缩空气压吹。此后就应进行清底（有的在吊放钢筋笼后，浇筑混凝土前再进行一次清底）。

挖槽结束后，悬浮在泥浆中的土颗粒将逐渐沉淀到槽底，此外，在挖槽过程中未被排出而残留在槽内的土渣，以及吊放钢筋笼时从槽壁上刮落的泥皮等都堆积在槽底。在挖槽结束后清除以沉渣为代表的槽底沉淀物的工作称为清底。

如果槽底的沉渣未清除，则会带来下述危害：

（1）在槽底的沉渣很难被浇筑的混凝土置换出来，它残留在槽底会成为地下连续墙底部与持力层地基之间的夹杂物，使地下连续墙的承载力降低，墙体沉降加大。沉渣还影响墙体底部的截水防渗能力，成为产生管涌的隐患，有时还需进行注浆以提高防渗能力。

（2）沉渣混进浇筑的混凝土内会降低混凝土的强度。如在混凝土浇筑过程中，由于混凝土的流动将沉渣带至单元槽段接头处，则严重影响接头部位的抗渗性。

（3）沉渣会降低混凝土的流动性，降低混凝土的浇筑速度，还会造成钢筋笼上浮。

（4）沉渣过多时，会使钢筋笼插不到设计位置，使结构的配筋发生变化。

（5）在浇筑混凝土过程中沉渣的存在会加速泥浆变质，沉渣还会使浇筑混凝土上部的不良部分（需清除者）增加。

挖槽结束后开始清底的时间取决于土渣的沉降速度。它与土渣的大小、土渣的形状、泥浆和土渣的相对密度、泥浆的黏滞系数有关。可沉降土渣的最小粒径，取决于泥浆的性质。当泥浆性质良好时，可沉降土渣的最小粒径约为0.06～0.12mm。一般认为挖槽结束后静置2h，悬浮在泥浆中要沉降的土渣，约80%可以沉淀，4h左右几乎全部沉淀完毕。

清底的方法，一般有沉淀法和置换法两种。沉淀法是在土渣基本都沉淀到槽底之后再进行清底；置换法是在挖槽结束之后，对槽底进行认真清理，然后在土渣还没有再沉淀之前就用新泥浆把槽内的泥浆置换出来，使槽内泥浆的相对密度在1.15以下。我国多用后者的置换法进行清底。

清除沉渣的方法，常用的有：①砂石吸力泵排泥法；②压缩空气升液排泥法；③带搅动翼的潜水泥浆泵排泥法；④利用混凝土导管压浆排泥。工作原理图如图3-28所示。

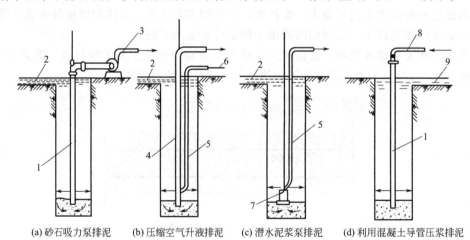

(a)砂石吸力泵排泥　(b)压缩空气升液排泥　(c)潜水泥浆泵排泥　(d)利用混凝土导管压浆排泥

图3-28　清底方法

1—导管；2—补给泥浆；3—吸力泵；4—空气升液排泥管（导管）；5—软管；
6—压缩空气；7—潜水泥浆泵；8—清水或泥浆；9—排渣

单元槽段接头部位的土渣会显著降低接头处的防渗性能。这些土渣的来源，一方面是在混凝土浇筑过程中，由于混凝土的流动推挤到单元槽段的接头处；另一方面是在先施工的槽段接头面上附有泥皮和土渣。因此，宜用刷子刷除或用水枪喷射高压水流进行冲洗。

5. 吊放接头管

（1）目前，在我国国内地下连续墙施工中接头形式主要有接头管、接头箱、隔板、H型钢、十字钢板、预制接头桩等，各种接头形式均有其相应的优缺点。

1）传递力：刚性接头好，非刚性接头不能传递弯矩，仅能传递轴力和剪力。

2）施工工艺：H 型钢最易，其次是接头箱，隔板和十字钢板接头最复杂。

3）止水效果：接头管、隔板接头的自防水效果比其他几种接头稍差。

4）适用地层：淤泥等流塑软体中优先选用刚性接头；含水层和黏土层，地下水位又高，则应优先选预制钢筋混凝土接头和 H 型钢接头；对于自稳能力较好的风化岩等地质，则用接头管即可。

槽段接头应满足混凝土浇筑压力对其强度和刚度的要求。安放槽段接头时，应紧贴槽段垂直缓慢沉放至槽底。遇到阻碍时应先清除，然后再入槽。混凝土浇灌过程中应采取防止混凝土产生绕流的措施。地下连续墙有防渗要求时，应在吊放地下连续墙钢筋笼前，对槽段接头和相邻墙段的槽壁混凝土面用刷槽器等方法进行清刷，清刷后的槽段接头和混凝土面不得夹泥。

（2）接头管（亦称锁口管）接头　接头形式见图 3-29。施工时，待一个单元槽段土方挖好后，于槽段端部用吊车放入接头管，然后吊放钢筋笼并浇筑混凝土，待浇筑的混凝土强度达到 0.05～0.20MPa 时（一般在混凝土浇筑后 3～5h，视气温而定），开始用吊车或液压顶升架提拔接头管，上拔速度应与混凝土浇筑速度、混凝土强度增长速度相适应，一般为 2～4m/h，应在混凝土浇筑结束后 8h 以内将接头管全部拔出。接头管直径一般比墙厚小50mm，可根据需要分段接长。接头管拔出后，单元槽段的端部形成半圆形，继续施工即形成两相邻单元槽段的接头，它可以增强整体性和防水能力，其施工过程如图 3-30 所示。

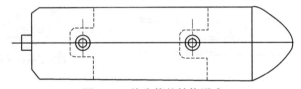

图 3-29　接头管的结构形式

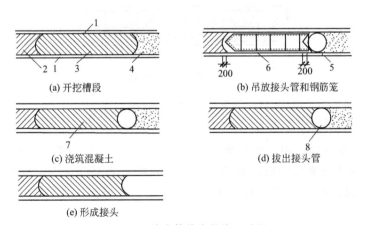

(a) 开挖槽段　　　　　　　　(b) 吊放接头管和钢筋笼

(c) 浇筑混凝土　　　　　　　(d) 拔出接头管

(e) 形成接头

图 3-30　接头管接头的施工过程

1—导墙；2—已浇筑混凝土的单元槽段；3—开挖的槽段；4—未开挖的槽段；5—接头管；

6—钢筋笼；7—正浇筑混凝土的单元槽段；8—接头管拔出后形成的圆孔

（3）接头箱接头　接头箱接头的施工方法与接头管接头相似，只是以接头箱代替接头管。一个单元槽段挖土结束后，吊放接头箱，再吊放钢筋笼。接头箱在浇筑混凝土的一面是开口的，所以钢筋笼端部的水平钢筋可插入接头箱内。浇筑混凝土时，接头箱的开口面被焊在钢筋笼端部的钢板封住，因而浇筑的混凝土不能进入接头箱。混凝土初凝后，与接头管一样逐步吊出接头箱，待后一个单元槽段再浇筑混凝土时，由于两相邻单元槽段的水平钢筋交错搭接，而形成整体接头，如图 3-31 所示的是隔板式接头箱的施工过程。

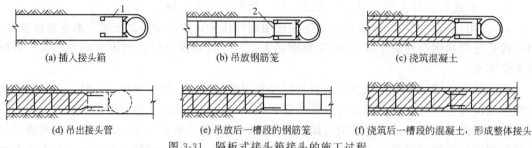

(a) 插入接头箱　　　　　　(b) 吊放钢筋笼　　　　　　(c) 浇筑混凝土

(d) 吊出接头管　　　(e) 吊放后一槽段的钢筋笼　　　(f) 浇筑后一槽段的混凝土，形成整体接头

图 3-31　隔板式接头箱接头的施工过程

1—接头箱；2—焊在钢筋笼上的钢板

　　此外，如图 3-32 所示的是滑板式接头箱，它是另一种整体式接头的做法。这种整体式钢板接头是在两相邻单元槽段的交界处，利用 U 形接头管放入开有方孔且焊有封头钢板的接头钢板，以增强接头的整体性。接头钢板上开有大量方孔，其目的是为增强接头钢板与混凝土之间的黏结。滑板式接头箱的端部设有充气的锦纶塑料管，用来密封止浆，防止新浇筑混凝土浸透。为了便于抽拔接头箱，在接头箱与封头钢板和 U 形接头管接触处皆设有聚四氟乙烯滑板。

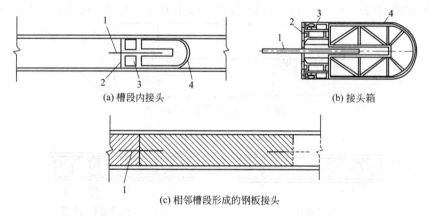

(a) 槽段内接头　　　　　　　(b) 接头箱

(c) 相邻槽段形成的钢板接头

图 3-32　滑板式接头箱

1—接头钢板；2—封口钢板；3—滑板式接头箱；4—U 形接头管

　　施工这种钢板接头时，由于接头箱与 U 形接头管的长度皆为按设计确定的定值，不能任意接长，因此要求挖槽时严格控制槽底标高。吊放 U 形接头管时，要紧贴半圆形槽壁，且其下部一直插到槽底，勿将其上部搁置在导墙上。这种整体式钢板接头的施工过程如图 3-33 所示。

　　（4）H 形或"王"字形型钢接头

　　H 形或"王"字形型钢接头属于一次性的刚性接头，自防水效果较好、施工较为简易，目前工程上使用较为流行。H 形或"王"字形型钢与槽段钢筋笼焊接成整体吊放。H 或"王"字形型钢后侧空腔内采用不同的处理方式，例如"锁口管＋黏土"方式、"泡沫板＋砂包"方式、"接头钢塞＋砂包"方式、"散装碎石＋止浆铁皮"方式等。不管采用哪种方式，既应采取措施防止混凝土从 H 型钢侧面缝隙的绕流，又要方便后续槽段的施工。图 3-34 为"王"字形钢板接头组装示意图。图 3-35 为 H 形钢接头示意图。

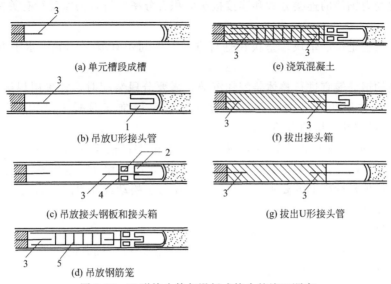

(a) 单元槽段成槽　　　　　　　　　　(e) 浇筑混凝土

(b) 吊放U形接头管　　　　　　　　　　(f) 拔出接头箱

(c) 吊放接头钢板和接头箱　　　　　　　(g) 拔出U形接头管

(d) 吊放钢筋笼

图 3-33　U形接头管与滑板式接头的施工顺序

1—U形接头管；2—接头箱；3—接头钢板；4—封头钢板；5—钢筋笼

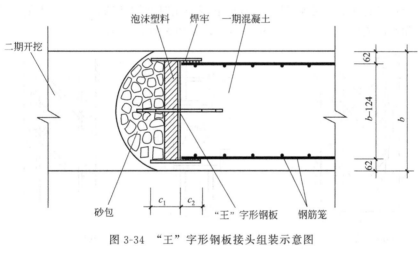

图 3-34　"王"字形钢板接头组装示意图

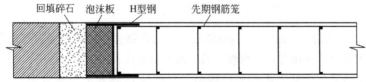

注：泡沫板用间隔焊接与H形钢接头钢板上的钢筋固定

图 3-35　H形钢接头示意图

6. 钢筋笼加工和吊放

（1）基本规定　钢筋笼制作时，纵向受力钢筋的接头不宜设置在受力较大处。同一连接区段内，纵向受力钢筋的连接方式和连接接头面积百分率应符合国家现行有关标准对板类构件的规定。

钢筋笼应设置定位层垫块，垫块在垂直方向上的间距宜取 3～5m，水平方向上每层宜设置 2～3 块。

单元槽段的钢筋笼宜进行整体装配和沉放。需要分段装配时，宜采用焊接或机械连接，接头的位置宜选在受力较小处，并应符合现行国家标准《混凝土结构设计规范》（GB 50010—2010）对钢筋连接的有关规定。

钢筋笼应根据吊装的要求，设置纵横向起吊桁架；桁架主筋宜采用 HRB335 级或 HRB400 级钢筋，钢筋直径不宜小于 20mm，且应满足吊装和沉放过程中钢筋笼的整体性及钢筋笼骨架不产生塑性变形的要求。连接点出现位移、松动或开焊的钢筋笼不得入槽，应重新制作或修整完好。

（2）钢筋笼底端和侧面垫块制作要求

1）钢筋笼底端一般加工成图 3-36（a）所示的锥形，以免插入时碰撞底端槽壁。闭合锥度以不影响混凝土浇筑导管的插入为原则。

2）在单元槽段钢筋笼的前后两面，从上到下要对称地设置定位垫块。垫块用厚度 3mm 左右的钢板制作，并焊在钢筋笼上。纵向间距为 5m。要求每个笼至少有 4 个垫块。垫块的作用是保证笼在吊运中具有足够刚度，防止下钢筋笼时摩擦孔壁，以及在下笼过程中起定位作用。垫块和墙面之间应留有 2～3cm 的空隙，如图 3-36（b）所示。

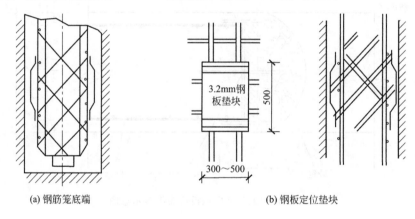

(a) 钢筋笼底端　　　　　　　　　(b) 钢板定位垫块

图 3-36　钢筋笼底端及钢板定位垫块

3）墙身预埋件与钢筋笼的连接。当墙体需要与结构物连接时，可通过预埋件使钢筋在地下连续墙施工后便于连接。连接方式有预埋钢筋、预埋中继板和剪力连接件等，如图 3-37 所示。

4）钢筋笼的吊入与接长。在吊入过程中，要保证钢筋笼不损坏变形，并垂直准确地下到槽内设计位置。采用二索吊架和四索吊架在钢筋笼头部和中间两处同时平缓起吊。起吊之前应检查吊车和钢丝绳。起吊时钢筋笼下端不得在地面上拖引或碰撞其他物体。吊笼至槽段上方且保持水平状态时，将副索卸去，只用主索将钢筋笼吊入槽内规定深度。起吊装置如图 3-38所示。

如果吊入钢筋笼不顺利，则应重新吊起检查槽孔和钢筋笼本身，而不能用钢筋笼硬插。当钢筋笼需要分段吊入接长时，先用横梁把下段钢筋笼搁放在导墙上，检查其垂直性和导正性为合格后，在预先标记位置将上下两段笼的主筋焊接起来，再继续起吊下入槽内。钢筋笼和接头管（或接头面）之间应有 15～20cm 的空隙。

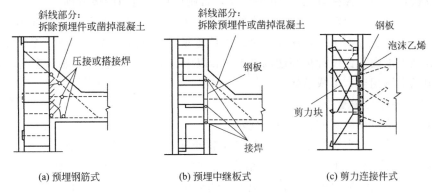

(a) 预埋钢筋式   (b) 预埋中继板式   (c) 剪力连接件式

图 3-37   墙体与结构物体钢筋连接方式

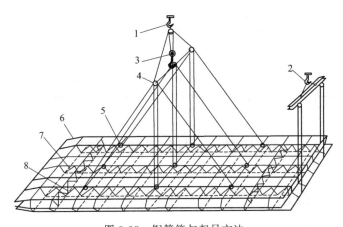

图 3-38   钢筋笼与起吊方法

1,2—吊钩；3,4—滑轮；5—卸甲；6—端部向里弯曲；7—纵向桁架；8—横向架立桁架

7. 混凝土浇筑

现浇地下连续墙应采用导管法浇筑混凝土，如图 3-39 所示。导管拼接时，其接缝应密闭。混凝土浇筑时，导管内应预先设置隔水栓。

槽段长度不大于 6m 时，槽段混凝土宜采用两根导管同时浇筑；槽段长度大于 6m 时，槽段混凝土宜采用三根导管同时浇筑。每根导管分担的浇筑面积应基本相等。钢筋笼就位后应及时浇筑混凝土。混凝土浇筑过程中，导管埋入混凝土面的深度宜在 2.0～4.0m，浇筑液面的上升速度不宜小于 3m/h。混凝土浇筑面宜高于地下连续墙设计顶面 500mm。

混凝土初灌量应确保埋管深度不小于 2m，灌注过程中导管应经常上下串动确保墙身混凝土密实，埋管深度应在 2～6m 之间。只有当混凝土浇灌到地下连续墙墙顶附近，导管内混凝土不易流出时，方可将导管的埋入深度减为 1m 左右，并可将导管适当的上下运动，促使混凝土流出导管。

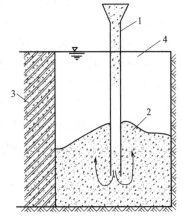

图 3-39   槽段内混凝土浇筑示意图

1—导管；2—正在浇灌的混凝土；
3—已浇筑混凝土的槽段；4—泥浆

施工过程中，混凝土要连续灌筑，不能长时间中断。一般可允许中断 5～10min，最长 20～30min，以保持混凝土的均匀性。混凝土搅拌好之后，需 1.5h 内灌筑完毕。夏天因混

凝土凝结较快，必须在搅拌好之后 1h 内浇完，否则应掺入适当的缓凝剂。

在灌筑过程中，要经常量测混凝土灌筑量和上升高度。量测混凝土上升高度可用测锤。因混凝土上升面一般都不水平，应在三个以上位置量测。浇筑完成后的地下连续墙墙顶存在浮浆层，混凝土顶面需比设计标高超高 0.500m 以上。凿去浮浆层后，地下连续墙墙顶才能与主体结构或支撑相连，形成整体。

（四）地下连续墙质量检测

地下连续墙的质量检测应符合下列规定：

（1）应进行槽壁垂直度检测，检测数量不得小于同条件下总槽段数的 20％，且不少于 10 幅墙段；当地下连续墙作为主体地下结构构件时，应对每个槽段进行槽壁垂直度检测；

（2）应进行槽底沉渣厚度检测，当地下连续墙作为主体地下结构构件时，应对每个槽段进行槽底沉渣厚度检测；

（3）应采用声波透射法对墙体混凝土质量进行检测，检测墙段数量不宜少于同条件下总墙段数的 20％，且不得少于 3 幅墙段，每个检测墙段的预埋超声波管数不应少于 4 个，且宜布置在墙身截面的四边中点处；

（4）当根据声波透射法判定墙身的质量不合格时，应采用钻芯法进行验证；

（5）地下连续墙作为主体地下结构构件时，其质量检测尚应符合相关规范的要求。

第五节　"逆筑法"施工

一、"逆筑法"概述

（一）逆筑法工艺原理及作法

基坑工程传统的施工方法是开敞式施工，即开口放坡开挖或用支护结构围护后垂直开挖，直到底板下设计标高。然后从底板浇筑钢筋混凝土开始，由下而上逐层施工各层地下室结构，基础及地下室完成后再进行上部主体结构施工，这种施工方法也称为顺作法。

当高层建筑的基坑工程大而深时，围护结构的内支撑体系或锚杆体系工程量十分大，而且工期很长，特别是使用内支撑体系时，随着地下室结构由下而上，不再需要内支撑时，拆除工作量也很大，钢筋混凝土内支撑往往还要爆破拆除。针对顺作法的缺点，逆筑法则是利用地下室的梁、板、柱结构，取代内支撑体系去支撑围护结构，所以此时的地下室梁板结构就要随着基坑由地面向下开挖而由上往下逐层浇筑，直到地下室底板封底。与顺作法由底板逐层向上浇筑地下室结构的顺序是相逆的，故称之为逆作法，也称之为逆筑法。

逆筑法的工艺原理是：先沿建筑物地下室轴线（地下连续墙也是地下室结构承重墙）或周围（地下连续墙等只用作支护结构）施工地下连续墙或其他支护结构，同时在建筑物内部的有关位置（柱子或隔墙相交处等，根据需要计算确定）浇筑或打下中间支承柱，作为施工期间于底板封底之前承受上部结构自重和施工荷载的支撑。然后施工地面一层的梁板楼面结构，作为地下连续墙刚度很大的支撑，随后逐层向下开挖土方和浇筑各层地下结构，直至底板封底。与此同时，由于地面一层的楼面结构已完成，为上部结构施工创造了条件，所以可以同时向上逐层进行地上结构的施工。这样地面上、下同时进行施工，直至工程结束。

因各工程的地质条件和四周环境之差异，逆筑法可有以下几种作法（见图 3-40）：

1. 全逆筑法

利用地下各层混凝土结构肋形楼板对四周围护结构形成水平支撑［见图 3-40(a)］。

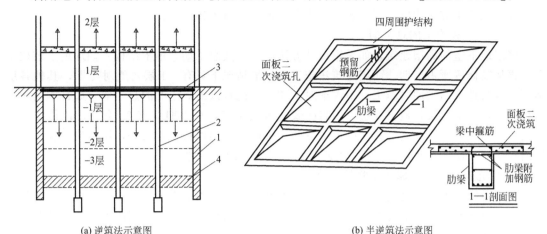

(a) 逆筑法示意图　　　　　　　　　(b) 半逆筑法示意图

1—地下连续墙；2—中间支撑柱；3—地面层楼面结构；4—底板

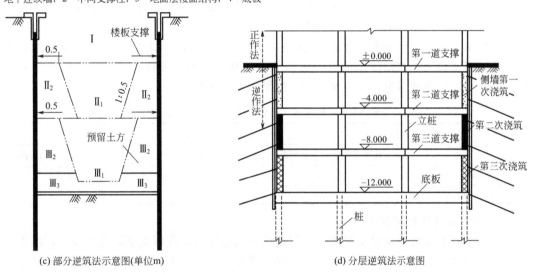

(c) 部分逆筑法示意图(单位m)　　　　　　(d) 分层逆筑法示意图

图 3-40　逆筑法的几种作法

2. 半逆筑法

利用地下各层混凝土结构肋形楼板中先期灌注的交叉格形肋梁，对围护结构形成框格式水平支撑，待土方开挖完成后再二次灌注肋形楼板［见图 3-40(b)］。

3. 部分逆筑法

用基坑内四周暂时保留的局部土方对四周围护结构形成水平抵挡，抵消侧向土压力所产生的一部分位移。在基坑中部按顺作法施工，基坑四周用逆筑法［见图3-40(c)］。这种方法也叫盆状开挖逆筑法。

4. 分层逆筑法

主要是针对四周围护结构而言。围护结构施工采用分层逆作，不是一次整体施工完成。分层逆作的围护结构可采用土钉墙［见图 3-40(d)］、拱圈支护等，这种分层逆筑法造价较低，施工进度快，但一般在土质较好的地区采用。

除上述几种逆筑法施工地下工程外，还有部分顺筑法、局部逆筑法、土方抽条开挖逆筑法、考虑时空效应的逆筑法等。

（二）逆筑法优点

与传统施工方法比较，用逆筑法施工多层地下室有下述优点。

1. 缩短工程施工的总工期

多层地下室的高层建筑，如采用传统方法施工，其总工期为地下结构工期加地上结构工期，再加装修等所占工期。而用逆筑法施工，一般情况下只有−1层占绝对工期，其他各层地下室可与地上结构同时施工，不占绝对工期，因此可以缩短工期的总工期。如日本读卖新闻社大楼，地上9层，地下6层，用封闭式逆筑法施工，总工期只有22个月，比传统施工方法缩短工期6个月。又如有6层地下室的法国巴黎拉弗埃特百货大楼，用逆筑法施工，工期缩短1/3。地下结构层数愈多，用逆筑法施工则工期缩短愈显著。

2. 基坑变形小，相邻建筑物等沉降少

采用逆筑法施工，是利用逐层浇筑的地下室结构作为周围支护结构地下连续墙的内部支撑。由于地下室结构与临时支撑相比刚度大得多，所以地下连续墙在侧压力作用下的变形就小得多。此外，由于中间支承柱的存在使底板增加了支点，浇筑后的底板成为多跨连续板结构，与无中间支承柱的情况相比跨度减小，从而使底板的隆起也减少。因此，逆筑法施工能减少基坑变形，使相邻的建（构）筑物、道路和地下管线等的沉降减少，在施工期间可保证其正常使用。表3-6是用逆筑法施工的德意志联邦银行大楼与相同深度、用地下连续墙作支护结构、用五层土锚拉结的以传统方法施工的原联邦德国国家银行总部大楼的施工变形比较，由此可以清楚地看出，用逆筑法施工的结构变形小得多。

表 3-6　逆筑法施工与传统方法施工的变形比较

施工方法	变形量/mm		
	地下连续墙的水平变形	底板隆起	邻近建筑物的沉降
逆筑法	26～35	≤18	4～12
传统施工方法	20～60	60	25～50

3. 使底板设计趋向合理

钢筋混凝土底板要满足抗浮要求。用传统方法施工时，底板浇筑后支点少，跨度大，上浮力产生的弯矩值大，有时为了满足施工时抗浮要求而需加大底板的厚度，或增强底板的配筋。而当地下和地上结构施工结束，上部荷载传下后，为满足抗浮要求而加厚的混凝土，反过来又作为自重荷载作用于底板上，因而使底板设计不尽合理。用逆筑法施工，在施工时底板的支点增多，跨度减小，较易满足抗浮要求，甚至可减少底板配筋，使底板的结构设计趋向合理。

4. 可节省支护结构的支撑

深度较大的多层地下室，如用传统方法施工，为减少支护结构的变形需设置强大的内部支撑或外部拉锚，不但需要消耗大量钢材，施工费用亦相当可观。如上海电信大楼的深11m、地下3层的地下室，用传统方法施工，为保证支护结构的稳定，约需临时钢围檩和钢支撑1350t。而用逆筑法施工，土方开挖后利用地下室结构本身来支撑作为支护结构的地下连续墙壁，可省去支护结构的临时支撑。

逆筑法是自上而下施工，上面已覆盖，施工条件较差，且需采用一些特殊的施工技术，保证施工质量的要求更加严格。本书着重讲述"全逆筑法"的施工工艺。

二、"逆筑法"施工工艺

根据上述逆筑法的工艺原理可知，逆筑法的施工程序是：中间支承柱和地下连续墙施工→地下室－1层挖土和浇筑其顶板、内部结构→从地下室－2层开始地下室结构和地上结构同时施工（地下室板浇筑之前，地上结构允许施工的高度根据地下连续墙和中间支承柱的承载能力确定）→地下室底板封底并养护至设计强度→继续进行地上结构施工，直至工程结束。逆筑法施工多层地下室见图3-41。

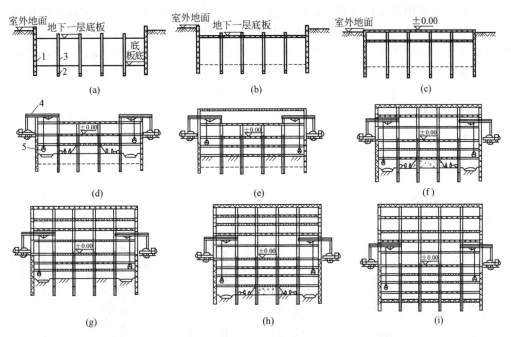

图3-41　逆筑法施工多层地下室图例

（a）～（i）施工流程

1—地下室连续墙支护结构；2—立柱桩；3—中立柱；4—专用挖掘机；5—挖土抓斗

逆筑法施工技术的特点是：

（1）刚度大，变形小，因而对邻近建筑物影响很小；

（2）可利用地下室楼板作为作业平台，节省大量支撑材料和脚手材料；

（3）地上地下同时交叉立体施工，可大幅度缩短工期（可缩短总工期1/3）；

（4）施工安全可靠，不影响交通；

（5）地下工程在楼板下进行，作业条件较差；

（6）在向下打混凝土时需要较高的施工精度；

（7）需设置承受主体结构物自重荷载的柱（或桩）及基础，施工费用要增大。

有关地下连续墙施工前面已详述，此处只简单介绍中间支承柱和地下室结构的施工特点。

（一）中间支承柱施工

中间支承柱的作用，是在逆筑法施工期间，于地下室底板未浇筑之前与地下连续墙一起承受地下和地上各层的结构自重和施工荷载；在地下室底板浇筑后，与底板连接成整体，作为地下室结构的一部分，将上部结构及承受的荷载传递给地基。

中间支承柱的位置和数量，要根据地下室的结构布置和制定的施工方案详细考虑后经计算确定，一般布置在柱子位置或纵、横墙相交处。中间支承柱所承受的最大荷载，是地下室已修筑至最下一层，而地面上已修筑至规定的最高层数时的荷载。因此，中间支承柱的直径一般比设计的要大。由于底板以下的中间支承柱要与底板结合成整体，多做成灌注桩形式，其长度亦不能太长，否则影响底板的受力形式，与设计的计算假定不一致。有的采用预制桩（钢管桩等）作为中间支承柱。采用灌注桩时，底板以上的中间支承柱的柱身，多为钢筋混凝土柱或 H 型钢柱，断面小而承载能力大，而且也便于与地下室的梁、柱、墙、板等连接。

由于中间支承柱上部多为钢柱，下部为混凝土柱，所以，多采用灌注桩方法进行施工。

在泥浆护壁下用反循环（或正循环）潜水电钻钻孔时（见图 3-42），顶部要放护筒。钻孔后吊放钢管，钢管的位置要十分准确，否则与上部柱子不在同一垂线上对受力不利，因此钢管吊放后要用定位装置调整其位置。钢管的壁厚按其承受的荷载计算确定。利用导管浇筑混凝土，钢管的内径要比导管接头处的直径大 50～100mm。而用钢管内的导管浇筑混凝土时，超压力不可能将混凝土压上很高，所以钢管底端埋入混凝土不可能很深，一般为 1m 左右。为使钢管下部与现浇混凝土柱能较好地结合，可在钢管下端加焊竖向分布的钢筋。混凝土柱的顶端一般高出底板面 300mm 左右，高出部分在浇筑底板时将其凿除，以保证底板与中间支承柱连成一体。混凝土浇筑完毕吊出导管。由于钢管外面不浇筑混凝土，钻孔上段中的泥浆需进行固化处理，以便在清除开挖的土方时，防止泥浆到处流淌，恶化施工环境。泥浆的固化处理方法，是在泥浆中掺入水泥形成自凝泥浆，使其自凝固化。水泥掺量约 10%，可直接投入钻孔内，用空气压缩机通过软管进行压缩空气吹拌，使水泥与泥浆很好地拌和。

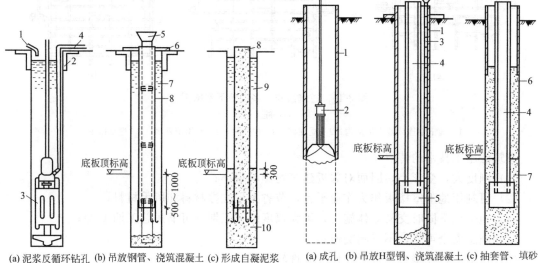

(a) 泥浆反循环钻孔　(b) 吊放钢管、浇筑混凝土　(c) 形成自凝泥浆

图 3-42　泥浆护壁用反循环钻孔灌注桩施工方法
浇筑中间支承柱

1—补浆管；2—护筒；3—潜水电钻；4—排浆管；
5—混凝土导管；6—定位装置；7—泥浆；
8—钢管；9—自凝泥浆；10—混凝土桩

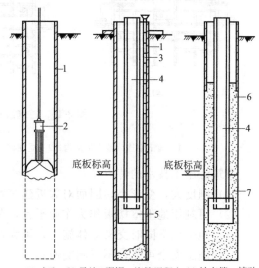

(a) 成孔　(b) 吊放H型钢、浇筑混凝土　(c) 抽套管、填砂

图 3-43　中间支承柱用大直径套管式灌注桩施工
1—套管；2—抓斗；3—混凝土导管；4—H 型钢；
5—扩大的桩头；6—填砂；7—混凝土桩

中间支承柱亦可用套管式灌注桩成孔方法（见图 3-43），它是边下套管、边用抓斗挖孔。由于有钢套管护壁，可用串筒浇筑混凝土，亦可用导管法浇筑，要边浇筑混凝土边上拔钢套管。支承柱上部用 H 型钢或钢管，下部浇筑成扩大的桩头。混凝土柱浇至底板标高处，套管与 H 型钢间的空隙用砂或土填满，以增加上部钢柱的稳定性。中间支承柱亦有用挖孔桩施工方法进行施工的。

在施工期间要注意观察中间支承柱的沉降和升抬的数值。由于上部结构的不断加荷，会引起中间支承柱的沉降；而基础土方的开挖，其卸载作用又会引起坑底土体的回弹，使中间支承柱升抬。要求事先精确地计算确定中间支承柱最终是沉降还是升抬以及沉降或升抬的数值，目前还有一定的困难。

图 3-44 为某工程逆筑法施工时中间支承柱的布置情况。其中支承柱为大直径钻孔灌注桩，桩径 2m，桩长 30m，共 35 根。

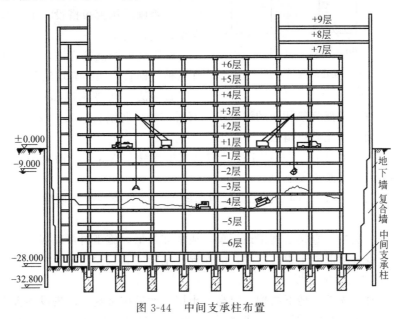

图 3-44　中间支承柱布置

（二）地下室结构浇筑

根据逆筑法的施工特点，地下室结构不论是哪种结构形式都是由上而下分层浇筑的。地下室结构的浇筑方法有两种。

1. 利用土模浇筑梁板

对于地面梁板或地下各层梁板，挖至其设计标高后，将土面整平夯实，浇筑一层厚约50mm 的素混凝土（地质好抹一层砂浆亦可），然后刷一层隔离层，即成楼板模板。对于梁模板，如土质好可用土胎模。按梁断面挖出槽穴［见图 3-45(b)］即可，如土质较差可用模板搭设梁模板［见图 3-45(a)］。

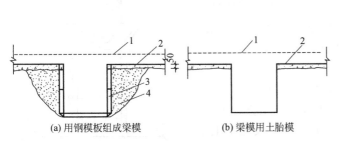

(a) 用钢模板组成梁模　　(b) 梁模用土胎模

图 3-45　逆筑法施工时的梁板模板
1—楼板面；2—素混凝土层与隔离层；
3—钢模板；4—填土

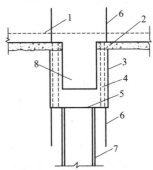

图 3-46　柱头模板与施工缝
1—楼板面；2—素混凝土层与隔离层；
3—柱头模板；4—预留浇筑孔；5—施工缝；
6—柱筋；7—H 型钢；8—梁

至于柱头模板如图 3-46 所示，施工时先把柱头处的土挖出至梁底以下 500mm 左右处，

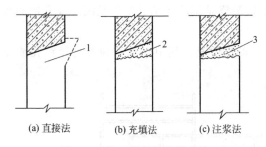

(a) 直接法   (b) 充填法   (c) 注浆法

图 3-47 施工缝处的浇筑方法

1—浇筑混凝土；2—充填无浮浆混凝土；3—压入水泥浆

设置柱子的施工缝模板，为使下部柱子易于浇筑，该模板宜呈斜面安装，柱子钢筋通穿模板向下伸出接头长度，在施工缝模板上面组立柱头模板与梁模板相连接。如土质好柱头可用土胎模，否则就用模板搭设。下部柱子挖出后搭设模板进行浇筑。

施工缝处的浇筑方法，国内外常用的方法有三种，即直接法、充填法和注浆法。

直接法［见图 3-47(a)］即在施工缝下部继续浇筑混凝土时，仍然浇筑相同的混凝土，有时添加一些铝粉以减少收缩。为浇筑密实可做一假牛腿，混凝土硬化后可凿去。

充填法［见图 3-47(b)］即在施工缝处留出充填接缝，待混凝土面处理后，再于接缝处充填膨胀混凝土或无浮浆混凝土。

注浆法［见图 3-47(c)］即在施工缝处留出缝隙，待后浇混凝土硬化后用压力压入水泥浆充填。

在上述三种方法中，直接法施工最简单，成本亦最低。施工时可对接缝处混凝土进行二次振捣，以进一步排除混凝土中的气泡，确保混凝土密实和减少收缩。

2. 利用支模方式浇筑梁板

用此法施工时，先挖去地下结构一层高的土层，然后按常规方法搭设梁板模板，浇筑梁板混凝土，再向下延伸竖向结构（柱或墙板）。为此，需解决两个问题，一个是设法减少梁板支撑的沉降和结构的变形；另一个是解决竖向构件的上、下连接和混凝土浇筑。

为了减少楼板支撑的沉降和结构变形，施工时需对土层采取措施进行临时加固。加固的方法：可以浇筑一层素混凝土，以提高土层的承载能力和减少沉降，待墙、梁浇筑完毕，开挖下层土方时随土一同挖去，这就要额外耗费一些混凝土；另一种加固方法是铺设砂垫层，上铺枕木以扩大支承面积（见图 3-48），这样上层柱子或墙板的钢筋可插入砂垫层，以便与下层后浇筑结构的钢筋连接。有时还可用其吊模板的措施来解决模板的支撑问题。

至于逆筑法施工时混凝土的浇筑方法，由于混凝土是从顶部的侧面入仓，为便于浇筑和保证连接处的密实性，除对竖向钢筋间距适当调整外，构件顶部的模板需做成喇叭形。

由于上、下层构件的结合面在上层构件的底部，再加上地面土的沉降和刚浇筑混凝土的收缩，在结合面处易出现缝隙。为此，宜在结合面处的模板上预留若干压浆孔，以便用压力灌浆消除缝隙，保证构件连接处的密实性。

（三）垂直运输孔洞的留设

逆筑法施工是在顶部楼盖封闭条件下进行，在进行地下各层地下室结构施工时，需进行施工设备、土方、模板、钢筋、混凝土等的上下运输，所以需预留一个或几个上下贯通的垂直运输通道。为此，在设计时就要在适当部位预留一些从地面直通地下室底层的施工孔洞。亦可利用楼梯间或无楼板处作为垂直运输孔洞。

此外，还应对逆筑法施工期间的通风、照明、安全等采取应有的措施，保证施工顺利进行。

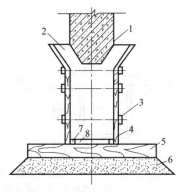

图 3-48 墙板浇筑时的模板

1—上层墙；2—浇筑入仓口；3—螺栓；
4—模板；5—枕木；6—砂垫层；
7—插筋用木条；8—钢模板

第六节　内支撑结构施工

一、内支撑体系选型

随着基坑深度的增加，悬臂挡墙在强度和变形方面不能满足要求时，可在坑内加设支撑或坑外拉锚。

支撑结构可承受挡墙所传递的土压力、水压力，它受力合理、安全可靠、能有效地控制围护墙的变形，减少围护构件跨度，降低内力和变形，使支护体系造价经济、受力合理。但是，内支撑的设置给基坑内挖土和地下室结构的支模和浇筑带来一些不便，需通过换撑加以解决。采用坑外拉锚（如土锚），虽然对坑内施工无任何阻挡，但软土地区土锚的变形较难控制，且土锚有一定的长度，在建筑物密集地区若超出红线需专门申请。土质较好的地区，易优先发展土锚；软土地区，易优先采用内支撑。

支护结构的内支撑结构可选用钢支撑、混凝土支撑、钢与混凝土的混合支撑。内支撑体系包括腰梁或冠梁（围檩）、支撑、立柱。腰梁固定在围护墙上，将围护墙承受的侧压力传给支撑（纵、横两个方向）。支撑是受压构件，长度超过一定限度时支撑跨度过大，所以中间需要加设立柱，立柱下端需稳固，立柱可插入工程桩内，当立柱下没有工程桩时，需另行专门设置桩（灌注桩）。

（一）内支撑体系结构形式

内支撑结构应综合考虑基坑平面的形状、尺寸、开挖深度、周边环境条件、主体结构的形式等因素。常用支撑体系的布置形式（见图 3-49）主要有以下几种：a. 平面交叉式（单层或多层）支撑；b. 井字式支撑；c. 角（斜）撑式支撑；d. 周边桁架；e. 圆形环梁；f. 水平压杆支撑；g. 圆拱形支撑；h. 竖向斜撑；i. 中心岛式开挖及支撑。

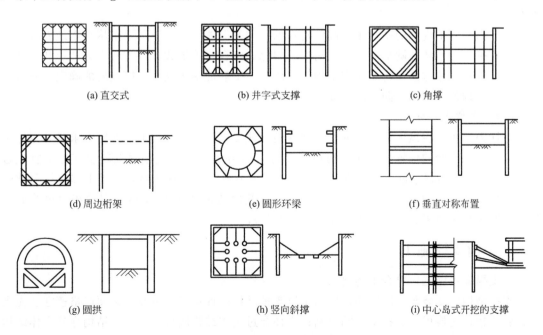

(a) 直交式　　　　　(b) 井字式支撑　　　　　(c) 角撑

(d) 周边桁架　　　　(e) 圆形环梁　　　　　(f) 垂直对称布置

(g) 圆拱　　　　　(h) 竖向斜撑　　　　(i) 中心岛式开挖的支撑

图 3-49　常用支撑体系的布置形式

（二）内支撑结构选型原则

（1）宜采用受力明确、连接可靠、施工方便的结构形式；

（2）宜采用对称平衡性、整体性强的结构形式；

（3）应与主体地下结构的结构形式、施工顺序协调，应便于主体结构施工；

（4）应利于基坑土方开挖和运输；

（5）需要时，应考虑内支撑结构作为施工平台。

二、内支撑体系的布置

内支撑体系布置时一般应注意以下几点要求。

（一）支撑材料

应根据当地的地质、周围环境及施工、技术和材料设备条件，因地制宜地选择安全而经济的支撑材料和支撑类型。在软土地区则首先考虑用钢支撑、而在建筑密集市区的深基坑工程中钢支撑还需配置带轴力调控装置的装配式钢支撑，当没有装配式钢支撑和钢支撑施工技术条件时则采用现浇钢筋混凝土支撑。

（二）支撑道数

水平支撑的层数应根据基坑开挖深度、地质条件、地下室层数和标高等条件，结合选用的支护构件和支撑系统酌情决定，设置的各层支撑标高以不应妨碍主体工程地下结构各层构件的施工为标准。一般情况下，支撑构件底与主体结构面之间的净距不宜小于500mm。另外还应满足支护结构的变形控制要求，以减少对周围环境的影响。

（三）支撑体系的平面布置

各层支撑的走向应尽量一致，即上、下层水平支撑轴线在投影上应尽量接近，并力求避开主体结构的柱、墙位置。支撑形成的水平净空以大为好，方便施工。对于地层软弱、周围环境复杂，控制基坑变形要求严格的深、大基坑，应选择平面直交式或井字形集中式。支撑轴线的水平间隔，采用钢筋混凝土支撑的，一般为10～12m。装配式钢支撑一般为6～10m左右。

在平面形状不规则的基坑中，高层建筑的塔楼及筒体结构的下部要求尽早出地面时，可因地制宜采用边桁架、圆形、圆拱、角撑、斜撑、组合式等形式，以方便土方开挖和主体工程施工。这些支撑体系通常采用现浇钢筋混凝土。钢筋混凝土支撑围檩宽度的确定，要考虑适应主体结构外墙结构及防水施工要求。

（四）支撑立柱桩

立柱力求布置在纵横向支撑的交点处或桁架式支撑的节点位置上，并应力求避开主体工程梁、柱及结构墙的位置。立柱的间距一般为12m左右，最大间距对混凝土支撑不宜超过15m，对钢支撑不宜超过20m。立柱下端一般设置立柱，当坑底土质较好、上部支撑荷载较小时可将立柱直接插入较好土层中。立柱材料、截面通常选用H型钢、钢管和角钢构成格构柱，便于穿越底板、楼板施工和以后的防水处理。

三、内支撑施工

内支撑体系施工应符合下述要求。

支撑结构的安装与拆除顺序，应同基坑支护结构的计算工况一致。必须严格遵守"先支撑、后开挖；先换撑、后拆除"的原则；立柱穿过主体结构底板以及支撑结构穿越主体结构地下室外墙的部位，应采用止水构造措施。

钢支撑多为工具式支撑，装、拆方便，可重复使用，可施加预应力，一些大城市多由专业队伍施工。混凝土支撑现场浇筑，可适应各种形状要求，刚度大，支护体系变形小，有利于保护周围环境；但拆除麻烦，不能重复使用，一次性消耗大。

（一）钢支撑施工

钢支撑常用 H 型钢支撑与钢管支撑。当基坑平面尺寸较大、支撑长度超过 15m 时，需设立柱来支承水平支撑，防止支撑弯曲，缩短支撑的计算长度，防止支撑失稳破坏。

钢支撑一般采用钢腰梁，钢腰梁多用 H 型钢或双拼槽钢等，通过设于围护墙上的钢牛腿或锚固于墙内的吊筋加以固定。钢腰梁拼装点要尽量靠近支撑点。

钢支撑受力构件的长细比不宜大于 75，连系构件的长细比不宜大于 120。安装节点尽量设在纵、横向支撑的交汇处附近。纵向、横向支撑的交汇点尽可能在同一标高上，这样支撑体系的平面刚度大，尽量少用重叠连接。钢支撑与钢腰梁可用电焊等连接。

对预加轴向压力的钢支撑，施加预压力时应符合下列要求：

（1）对支撑施加压力的千斤顶应有可靠、准确的计量装置；

（2）千斤顶压力的合力点应与支撑轴线重合，千斤顶应在支撑轴线两侧对称、等距放置，且应同步施加压力；

（3）千斤顶的压力应分级施加，施加每级压力后应保持压力稳定，10min 后方可施加下一级压力；预压力加至设计规定值后，应在压力稳定 10min 后，方可按设计预压力值进行锁定；

（4）支撑施加压力过程中，当出现焊点开裂、局部压曲等异常情况时应卸除压力，在对支撑的薄弱处进行加固后，方可继续施加压力；

（5）当监测的支撑压力出现损失时，应再次施加预压力。

对钢支撑，当夏期施工产生较大温度应力时，应及时对支撑采取降温措施。当冬期施工降温产生的收缩使支撑端头出现空隙时，应及时用铁楔将空隙楔紧。

（二）混凝土支撑施工

混凝土支撑亦多用钢立柱，立柱与钢支撑相同。腰梁与支撑整体浇筑，在平面内形成整体。位于围护墙顶部的冠梁，多与围护墙体整浇。位于桩身处的混凝土腰梁亦通过桩身预埋筋和吊筋加以固定。

混凝土腰梁施工前应将排桩、地下连续墙等挡土构件的连接表面清理干净，混凝土腰梁应与挡土构件紧密接触，不得留有缝隙。钢腰梁与排桩、地下连续墙等挡土构件间隙的宽度宜小于 100mm，并应在钢腰梁安装定位后，用强度等级不低于 C30 的细石混凝土填充密实。

按设计工况，当基坑挖土至规定深度时，要及时浇筑支撑和腰梁，以减小变形。支撑受力钢筋在腰梁内锚固长度要不小于 30d。要待支撑混凝土强度达到 80% 设计强度后，才允许开挖支撑以下的土方。支撑和腰梁浇筑时的底模（模板或细石混凝土薄层等），挖土开始后要及时去除，以防坠落伤人。支撑如穿越外墙，要设止水片。

在浇筑地下室结构时如要换撑，需底板、楼板的混凝土强度达到不小于设计强度的 80% 以后才允许换撑。

（三）立柱施工

立柱通常用钢立柱，长细比一般小于 25，由于基坑开挖结束浇筑底板时，支撑立柱不能拆除，为此立柱最好做成格构式，以利底板钢筋通过。钢立柱不能支承于地基上，而需支承在立柱桩上，目前多用混凝土灌注桩作为立柱支承桩，灌注桩混凝土浇至基坑面为止，钢立柱插在灌注桩内，插入长度一般不小于4倍立柱边长，在可能情况下尽可能利用工程桩作为立柱支承桩。立柱通常设于支撑交叉部位，施工时立柱桩应准确定位，以防偏离支撑交叉部位。

（四）支撑的拆除

支撑拆除应在替换支撑的结构构件达到换撑要求的承载力后进行。当主体结构底板和楼板分块浇筑或设置后浇带时，应在分块部位或后浇带处设置可靠的传力构件。支撑的拆除应根据支撑材料、形式、尺寸等具体情况采用人工、机械和爆破等方法。

1. 钢支撑的拆除

钢支撑的拆除是先释放钢支撑预应力后再拆除。在拆除钢支撑时，应逐级释放轴力，应避免瞬间预加轴力释放过大而导致的结构局部变形、开裂。钢支撑是周转性材料，要小心吊运回收。

2. 混凝土支撑的拆除

钢筋混凝土支撑拆除可采用人工拆除、机械拆除、爆破拆除；支撑拆除时应设置安全可靠的防护措施，并应对永久结构采取保护措施。

钢筋混凝土支撑爆破拆除应符合下列要求：宜根据支撑结构特点制定爆破拆除顺序；爆破孔宜在钢筋混凝土支撑施工时预留；支撑杆件与围檩连接的区域应先切断。

第七节　土层锚杆施工

一、概述

（一）土层锚杆的定义

土层锚杆，亦称土锚杆，它的一端与支护结构（钢板桩，灌注桩，地下连续墙等）联结，另一端锚固在土体中，将支护结构所承受的荷载（侧向的土压力、水压力以及水上浮力带来的倾向力等）通过锚杆的杆体传递到处于稳定土层中的锚固体上，再由锚固体将传来的荷载分散到周围稳定的土层中去。

土层锚杆是在岩石锚杆的基础上发展起来的隧道支护的岩石锚杆历史悠久，但直到1958年联邦德国的一个公司才首先在深基坑开挖中将其用于挡土墙支护。土层锚杆技术近三十年来得到迅猛的发展，目前它已成为基坑工程的重要组成部分。随着我国工程建设的不断发展，深基础工程日渐增多。尤其是当深基坑难以放坡开挖，或基坑宽度较大、较深，对支护结构采用内支撑的方法不合适时。在这种情况下采用土层锚杆支承支护结构（钢板桩、地下连续墙、灌注桩等），维护深基坑的稳定，对简化支撑、改善施工条件和加快施工进度能起很大的作用。

土层锚杆一般由锚杆头部、自由段（非锚固体）和锚固段三部分组成，其中锚固段用水泥浆或水泥砂浆将杆体（一般采用预应力）与土体黏结在一起形成锚杆的锚固体（见图3-50）。

（二）土层锚杆的分类

基坑工程采用的锚杆为临时性锚杆。按施工方式的不同，可分为钻孔灌浆锚杆和钻入式

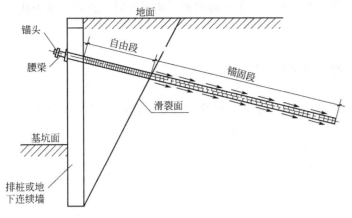

二维码 3.4

二维码 3.5

图 3-50　土层锚杆组成示意图

锚杆；按锚杆受力情况的不同，分为预应力锚杆和非预应力锚杆；按灌浆浆液的不同，可分为水泥浆、凝胶浆等化学浆锚杆和树脂锚杆；按锚杆材料不同，可分为钢筋土锚、钢管土锚、钢丝束或钢绞线土锚等。

（三）土层锚杆的特点

土层锚杆的特点是：能与土体结合在一起承受很大的拉力，以保持结构的稳定；可用高强钢材，并可施加预应力，可有效地控制建筑物的变形量；施工所需钻孔孔径小，不用大型机械；代替钢横撑作侧壁支护，可大量节省钢材；为地下工程施工提供开阔的工作面；经济效益显著，可节省大量劳动力，加快工程进度。

二、土层锚杆的适用条件

土层锚杆适用于黏土、粉质黏土及含少量砂、石黏土层；杂填土土质的基坑，且地下水位较低的挡土支护。不宜用于软弱地基淤泥质土的基坑支护。

（1）锚拉结构宜采用钢绞线锚杆；当设计的锚杆抗拔承载力较低时，也可采用普通钢筋锚杆；当环境保护不允许在支护结构使用功能完成后锚杆杆体滞留于基坑周边地层内时，应采用可拆芯钢绞线锚杆；

（2）在易塌孔的松散或稍密的砂土、碎石土、粉土层，高液性指数的饱和黏性土层、高水压力的各类土层中，钢绞线锚杆、普通钢筋锚杆宜采用套管护壁成孔工艺；

（3）锚杆注浆宜采用二次压力注浆工艺；

（4）锚杆锚固段不宜设置在淤泥、淤泥质土、泥炭、泥炭质土及松散填土层内；

（5）在复杂地质条件下，应通过现场试验确定锚杆的适用性。

三、土层锚杆的构造

（一）锚杆的布置

锚杆的布置应符合下列规定：

（1）锚杆的水平间距不宜小于 1.5m；多层锚杆，其竖向间距不宜小于 2.0m。当锚杆的间距小于 1.5m 时，应根据群锚效应对锚杆抗拔承载力进行折减或相邻锚杆应取不同的倾角。

（2）锚杆锚固段的上覆土层厚度不宜小于 4.0m。

（3）锚杆倾角宜取 15°～25°，且不应大于 45°，不应小于 10°；锚杆的锚固段宜设置在土的黏结强度高的土层内。

（4）当锚杆穿过的地层上方存在天然地基的建筑物或地下构筑物时，宜避开易塌孔、变形的地层。

（二）锚杆的构造

钢绞线锚杆、普通钢筋锚杆的构造应符合下列规定：

（1）锚杆成孔直径宜取 100～150mm；

（2）锚杆自由段的长度不应小于 5m，且穿过潜在滑动面进入稳定土层的长度不应小于 1.5m；钢绞线、钢筋杆体在自由段应设置隔离套管；

（3）土层中的锚杆锚固段长度不宜小于 6m；

（4）锚杆杆体的外露长度应满足腰梁、台座尺寸及张拉锁定的要求；

（5）锚杆杆体用钢绞线应符合现行国家标准《预应力混凝土用钢绞线》（GB/T 5224—2014）的有关规定。普通钢筋锚杆的杆体宜选用 HRB400、HRB500 级螺纹钢筋；

（6）应沿锚杆杆体全长设置定位支架；定位支架应能使相邻定位支架中点处锚杆杆体的注浆固结体保护层厚度不小于 10mm；定位支架的间距宜根据锚杆杆体的组装刚度确定，对自由段宜取 1.5～2.0m；对锚固段宜取 1.0～1.5m；定位支架应能使各根钢绞线相互分离；

（7）钢绞线用锚具应符合现行国家标准《预应力筋用锚具、夹具和连接器》（GB/T 14370—2007）的规定；

（8）锚杆注浆应采用水泥浆或水泥砂浆，注浆固结体强度不宜低于 20MPa。

四、土层锚杆施工

（一）施工准备工作

在土层锚杆正式施工之前，一般需进行下列准备工作：

（1）土层锚杆施工必须清楚施工地区的土层分布和各土层的物理力学特性（天然重度、含水量、孔隙比、渗透系数、压缩模量、凝聚力、内摩擦角等）。这对于确定土层锚杆的布置和选择钻孔方法等都十分重要。

还需了解地下水位及其随时间的变化情况，以及地下水中化学物质的成分和含量，以便研究对土层锚杆腐蚀的可能性和应采取的防腐措施。

（2）要查明土层锚杆施工地区的地下管线、构筑物等的位置和情况，慎重研究土层锚杆施工对它们产生的影响。

（3）要研究土层锚杆施工对邻近建筑物等的影响，如土层锚杆的长度超出建筑红线，还应得到有关部门和单位的批准或许可；同时也应研究附近的施工（如打桩、降低地下水位、岩石爆破等）对土层锚杆施工带来的影响。

（4）要编制土层锚杆施工组织设计，确定土层锚杆的施工顺序；保证供水、排水和动力的需要；制订钻孔机械的进场、正常使用和保养维修制度；安排好施工进度和劳动组织；在施工之前还应安排设计单位进行技术交底，以全面了解设计的意图。

土锚锚杆的施工顺序：钻孔→安放拉杆→灌浆→养护→安装锚头→张拉锚固→（下层土方开挖）。（图 3-51）

（二）钻孔

锚杆成孔主要有套管护壁成孔、螺旋钻杆干成孔、浆液护壁成孔等。锚杆的成孔应符合下列规定：

（1）应根据土层性状和地下水条件选择套管护壁、干成孔或泥浆护壁成孔工艺，成孔工艺应满足孔壁稳定性要求；

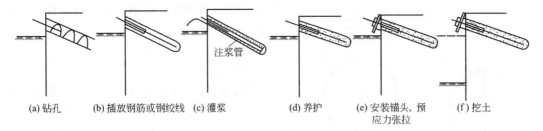

| (a) 钻孔 | (b) 插放钢筋或钢绞线 | (c) 灌浆 | (d) 养护 | (e) 安装锚头, 预应力张拉 | (f) 挖土 |

图 3-51　锚杆施工顺序示意图

（2）对松散和稍密的砂土、粉土、卵石、填土、有机质土、高液性指数的黏性土宜采用套管护壁成孔工艺；

（3）在地下水位以下时，不宜采用干成孔工艺；

（4）在高塑性指数的饱和黏性土层成孔时，不宜采用泥浆护壁成孔工艺；

（5）当成孔过程中遇不明障碍物时，在查明其性质前不得钻进。

土层锚杆的成孔设备，国外一般采用履带行走全液压万能钻孔机，孔径范围 50～320mm，具有体积小，使用方便，适应多种土层，成孔效率高等优点。国内使用的有螺旋式钻孔机、冲击式钻孔机和旋转冲击式钻孔机，亦有的采用改装的普通地质钻机成孔。在黄土地区也可采用洛阳铲形成锚杆孔穴，孔径 70～80mm。钻机示意图如图 3-52 所示。

扩孔的方法有 4 种：机械扩孔、爆炸扩孔、水力扩孔和压浆扩孔。压浆扩孔在国外广泛采用，但需用堵浆设施。我国多用二次灌浆法来达到扩大锚固段直径的目的。

（三）安放拉杆

土层锚杆用的拉杆，常用的有钢管（钻杆用作拉杆）、粗钢筋、钢丝束和钢绞线。主要根据土层锚杆的承载能力和现有材料的情况来选择。承载能力较小时，多用粗钢

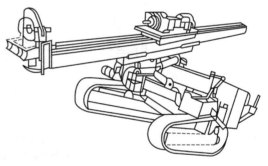

图 3-52　德国 Krupp DHR80A 型钻机

筋；承载能力较大时，我国多用钢绞线。为保证非锚固段拉杆可以自由伸长，可采取在锚固段与非锚固段之间设置堵浆器，或在非锚固段的拉杆上涂润滑油脂，以保证在该段自由变形。

采用套管护壁工艺成孔时，应在拔出套管前将杆体插入孔内；采用非套管护壁成孔时，杆体应匀速推送至孔内；成孔后应及时插入杆体及注浆。

1. 钢筋拉杆

钢筋拉杆由一根或数根粗钢筋组合而成，当锚杆杆体采用 HRB400、HRB500 级钢筋时，其连接宜采用机械连接、双面搭接焊、双面帮条焊；采用双面焊时，焊缝长度不应小于钢筋直径的 5 倍；杆体制作和安放时应除锈、除油污、避免杆体弯曲。

对有自由段的土层锚杆，钢筋拉杆的自由段要做好防腐和隔离处理。防腐层施工时，宜先清除拉杆上的铁锈，再涂一度环氧防腐漆冷底子油，待其干燥后，再涂一度环氧玻璃钢（或玻璃聚氨酯预聚体等），待其固化后，再缠绕两层聚乙烯塑料薄膜。

土层锚杆的长度一般都在 10m 以上，有的达 30m 甚至更长。为了将拉杆安置在钻孔的中心，防止自由段产生过大的挠度和插入钻孔时不搅动土壁；对锚固段，还为了增加拉杆与锚固体的握裹力，所以在拉杆表面需设置定位器（或撑筋环），如图 3-53 所示。钢筋拉杆的

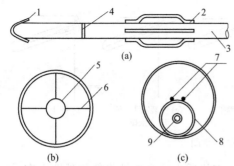

图 3-53　钢筋拉杆用定位器

1—挡土板；2—支承滑条；3—拉杆；4—半圆环；
5—$\phi38$ 钢管内穿 $\phi32$ 拉杆；6—35×3 钢带；
7—2$\phi32$ 钢筋；8—$\phi65$ 钢管 $l=60$，
间距 1～1.2m；9—灌浆胶管

定位器用细钢筋制作，在钢筋拉杆轴心按 120°夹角布置，间距一般 2～2.5m。定位器的外径宜小于钻孔直径 1cm。

2. 钢丝索拉杆

钢丝束拉杆可以制成通长一根，它的柔性较好，往钻孔中沉放较方便。但施工时应将灌浆管与一钢丝束绑扎在一起同时沉放，否则放置灌浆管有困难。

钢丝束拉杆的自由段需理顺扎紧，然后进行防腐处理。防腐方法可用玻璃纤维布缠绕两层，外面再用黏胶带缠绕；亦可将钢丝束拉杆的自由段插入特制护管内，护管与孔壁间的空隙可与锚固段同时进行灌浆。

钢丝束拉杆的锚固段亦需用定位器，该定位器为撑筋环，如图 3-54 所示。钢丝束的钢丝分为内外两层，外层钢丝绑扎在撑筋环上，撑筋环的间距为 0.5～1.0m，这样锚固段就形成一连串的菱形，使钢丝束与锚固体砂浆的接触面积增大，增强了黏结力，内层钢丝则从撑筋环的中间穿过。

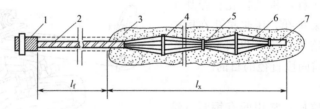

图 3-54　钢丝束拉杆的撑筋环

1—锚头；2—自由段及防腐层；3—锚固体砂浆；
4—撑筋环；5—钢丝束结；6—锚固段
的外层钢丝；7—小竹筒

3. 钢绞线拉杆

钢绞线拉杆的柔性更好，向钻孔中沉放更容易，因此应用得比较多，一般用于承载能力大的土层锚杆。钢绞线锚杆杆体绑扎时，钢绞线应平行、间距均匀；杆体插入孔内时，为避免钢绞线在孔内弯曲或扭转，钢绞线拉杆需用特制的定位架。

锚固段的钢绞线要仔细清除其表面的油脂，以保证与锚固体砂浆有良好的黏结。自由段的钢绞线要套以聚丙烯防护套等进行防腐处理。

（四）压力灌浆

压力灌浆是土锚施工中的一个重要工序。施工时，应将有关数据记录下来，以备将来查用。灌浆的作用是：①形成锚固段，将锚杆锚固在土层中；②防止钢拉杆腐蚀；③充填土层中的孔隙和裂缝。

1. 注浆液规定

注浆液采用水泥浆时，水灰比宜取 0.50～0.55；采用水泥砂浆时，水灰比宜取 0.40～0.45，灰砂比宜取 0.5～1.0，拌和用砂宜选用中粗砂。水泥浆或水泥砂浆内可掺入能提高注浆固结体早期强度或微膨胀的外掺剂，其掺入量宜按室内试验确定。考虑钢拉杆防腐蚀问题，在水泥和水的选用上要注意尽量避免氯化物腐蚀。

2. 灌浆方法

灌浆方法有一次灌浆法和二次灌浆法两种。二次灌浆法可以显著提高土锚的承载能力。

注浆管端部至孔底的距离不宜大于 200mm；注浆及拔管过程中，注浆管口应始终埋入注浆液面内，应在水泥浆液从孔口溢出后停止注浆；注浆后，当浆液液面下降时，应进行孔口补浆。

一次灌浆法只用一根灌浆管，利用泥浆泵进行灌浆，灌浆管端距孔底 10～20cm，待浆液流出孔口时，用水泥袋纸等捣塞入孔口，并用湿黏土封堵孔口，严密捣实，再以 2～4MPa 的压力进行补灌，要稳压数分钟后灌浆才告结束。

二次灌浆法要用两根灌浆管（图 3-55），当采用二次压力注浆工艺时，注浆管应在锚杆末端的 $l_a/4～l_a/3$（l_a 为锚杆的锚固段长度）范围内设置注浆孔，孔间距宜用 500～800mm（图 3-56），每个截面的注浆孔宜取 2 个；二次压力注浆液宜采用水灰比为 0.50～0.55 的水泥浆；二次注浆管应固定在杆体上，注浆管的出浆口应有逆止构造；二次压力注浆应在水泥浆初凝后、终凝前进行，终止注浆的压力不应小于 1.5MPa。当采用分段二次劈裂注浆工艺时，注浆宜在固结体强度达到 5MPa 后进行，注浆管的出浆孔宜沿锚固段全长设置，注浆顺序应由内向外分段依次进行。

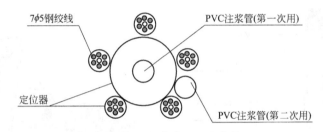

图 3-55　锚杆定位器及注浆管

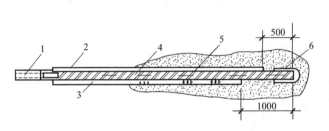

图 3-56　二次灌浆法灌浆管的布置
1—锚头；2—第一次灌浆用灌浆管；3—第二次灌浆用灌浆管；4—粗钢筋锚杆；5—定位器；6—塑料瓶

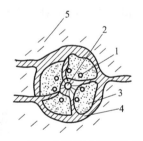

图 3-57　第二次灌浆后锚固体的截面
1—钢丝束；2—灌浆管；3—第一次灌浆体；4—第二次灌浆体；5—土体

基坑采用截水帷幕时，地下水位以下的锚杆注浆应采取孔口封堵措施；寒冷地区在冬期施工时，应对注浆液采取保温措施，浆液温度应保持在 5℃以上。

国外对土层锚杆进行二次灌浆多采用堵浆器。我国是采用上述方法进行二次灌浆，由于第一次灌入的水泥砂浆已初凝，在钻孔内形成"塞子"，借助这个"塞子"的堵浆作用，就可以提高第二次灌浆的压力。

对于二次灌浆，国内外都试用过化学浆液（如聚氨酯浆液等）代替水泥浆，这些化学浆液渗透能力强，且遇水后产生化学反应，体积可膨胀数倍，这样既可提高土的抗剪能力，又形成如树根那样的脉状渗透。第二次灌浆后锚固体的截面示意图如图 3-57 所示。

（五）养护

注浆后自然养护不少于 7d。土锚灌浆后，待锚固体强度大于 15MPa 并达到设计强度等级的 75％以上，便可对土锚进行张拉和锚固。在灌浆体硬化之前，不能承受外力或由外力引起的锚杆移动。

（六）张拉和锚固

张拉前先在支护结构上安装围檩。张拉用设备与预应力结构张拉所用设备相同。

拉力型钢绞线锚杆宜采用钢绞线束整体张拉锁定的方法。锚杆锁定前，应按规范规定的张拉值进行锚杆预张拉；锚杆张拉应平缓加载；在张拉值下的锚杆位移和压力表压力应保持稳定；当锚头位移不稳定时，应判定此根锚杆不合格；锁定时的锚杆拉力应考虑锁定过程的预应力损失量；预应力损失量宜通过对锁定前、后锚杆拉力的测试确定；缺少测试数据时，锁定时的锚杆拉力可取锁定值的 1.1～1.15 倍；锚杆锁定尚应考虑相邻锚杆张拉锁定引起的预应力损失，当锚杆预应力损失严重时，应进行再次锁定；锚杆出现锚头松弛、脱落、锚具失效等情况时，应及时进行修复并对其进行再次锁定；当锚杆需要再次张拉锁定时，锚具外杆体的长度和完好程度应满足张拉要求。图 3-58～图 3-60 为锚头装置示意图。

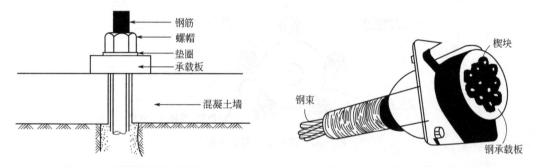

图 3-58　钢筋锚杆锚头装置　　　　　图 3-59　多根钢束锚杆锚头装置

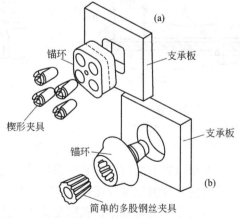

图 3-60　钢绞线及钢丝索锚夹具示意

五、土锚试验

土层锚杆的承载力尚无完善的计算方法，主要根据经验或通过试验确定，试验项目包括极限抗拔试验、性能试验和验收试验。

（一）极限抗拔试验

为了验证设计的锚固长度是否足够安全，需测定锚固体与地基之间的极限抗拔力，求出引起锚杆周围地基破坏，周边摩擦力消失或使锚杆拉出所需施加的荷载，用以检验所采用的土质参数是否合理。试验应于施工前的工地（相同地质条件）进行。

在现场钻孔灌浆后的锚杆，待浆液达到 75% 以上的强度后才能进行抗拔试验。试验步骤如下：

（1）安装支架及千斤顶；

（2）试验开始时按事先预计极限荷载的 1/10 施加荷载，最终每级按预计极限荷载的 1/15 施加荷载直至破坏；

（3）加荷后每隔 5~10min 测读一次变位数值，每级加载阶段内记录不少于三次；

（4）在某级荷载作用下，连续三次变位值不超过 0.1mm 即视为稳定，可施加下一级荷载；

（5）在某级荷载作用下，变位值不断增加直至两小时仍不能稳定即认为已达极限破坏，并转入卸荷试验；

（6）卸荷分级为加荷的 2~4 倍，每次卸荷后视土层情况 10~30min 记录一次变位量，完全卸荷后再读 2~3 次，读完残余变位后试验才告全部结束。

（二）性能试验

试验方法与抗拔试验相同，但张拉试验只做到 1.0~1.2 倍设计荷载。这样做是为了取得锚杆变位性状的数据，进一步核定锚杆是否已达到设计预定的承载能力。

（三）验收试验

验收试验是以张拉试验所获得的变位特性为依据，取锚杆总数的 5% 进行张拉试验，并与张拉试验资料比较，确认设计荷载的安全性，这种试验也称确认试验，一般以 0.8~1.0 倍设计荷载为张拉力一次加荷，如果在所定的荷载时间内变位不见增加，而且塑性变化与张拉试验时大体相同或更小即认为合格。

第八节　土钉墙施工

一、概述

（一）土钉墙的定义

土钉墙出现于 20 世纪 70 年代，1972 年法国承包商在法国凡尔赛市铁路边坡开挖进行了成功应用。1979 年巴黎国际土加固会议之后在西方得到广泛应用，1990 年在美国召开的挡土墙国际学术会议上，土钉墙作为一个独立的专题与锚杆挡墙并列，使它成为一个独立的土加固学科分支。由于土钉支护经济、适用、可靠且施工快速简便，已在我国得到迅速推广和应用。在基坑开挖中，土钉支护现已成为重力式水泥土墙、支挡式支护结构之后又一项较为成熟的支护技术（见图 3-61）。

土钉墙是一种原位土体加筋技术，是将基坑边坡通过由筋体制成的土钉进行加固，在边坡表面铺设一道钢筋网再喷射一层混凝土面层和土方边坡相结合的边坡加固型支护施工方法。其构造为设置在坡体中的加筋杆件与其周围土体牢固黏结形成的复合体，以及面层所构成的类似重力挡土墙的支护结构。

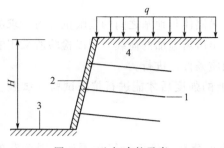

图 3-61 土钉支护示意

1—土钉体；2—支护面层；
3—基坑底面；4—支护土体

（二）土钉墙的分类

按土钉墙结构型式不同可分为单一土钉墙和复合土钉墙（土钉墙复合水泥土桩、微型桩或预应力锚杆）。

复合土钉墙常用类型有下列六种：前三种分别是土钉墙与水泥土桩、微型桩或预应力锚杆单独复合，后三种如图 3-62 所示。

土钉墙按施工方法不同可分为钻孔注浆型土钉、直接打入型土钉、打入注浆型土钉。本节重点介绍"钻孔注浆型钢筋钉"和"打入注浆型钢管钉"。

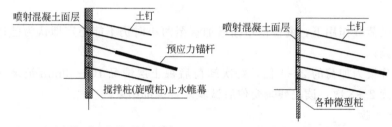

(a) 土钉墙+止水帷幕+预应力锚杆   (b) 土钉墙+微型桩+预应力锚杆

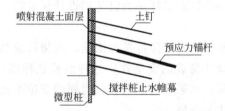

(c) 土钉墙+止水帷幕+微型桩+预应力锚杆

图 3-62　复合土钉墙

（三）土钉墙支护的特点

（1）能合理地利用土体的自承能力，将土体作为支护结构不可分割的部分。

（2）结构轻，柔性大，有良好的抗震性和延性。

（3）施工便捷、安全。土钉的制作与成孔简单易行、灵活机动，便于根据现场监测的变形数据和特殊情况，及时变更设计。

（4）施工不需单独占用场地，对于施工场地狭小、放坡困难、有相邻建筑、大型护坡施工设备不能进场时，该技术显示出独特的优越性。

（5）密封性好，完全将土坡表面覆盖，没有裸露土方；稳定可靠，支护后边坡位移小。

（6）总工期短，可以随开挖随支护，基本不占用施工工期。

（7）费用低，经济，与其他支护类型相比，工程造价一般比其他类型支挡结构低 1/5～1/3 左右。

二、土钉墙支护的应用范围与适用条件

（一）土钉墙支护的应用范围

（1）土体开挖时的临时支护，如建筑深基坑开挖、下结构施工开挖、土坡开挖等。

（2）永久挡土结构。这类工程一般与施工开挖时的临时支护结合，如隧道洞口端部挡墙。

（3）现有挡土结构和支护的修理，改建与抢修加固等。

（4）边坡稳定，用于加固可能失稳的堤坡。

（二）适用条件

土钉墙支护一般适用于地下水位以上或进行人工降水后的可塑、硬塑或坚硬的黏性土，胶结或弱胶结（包括毛细水粘接）的粉土、砂土和角砾、填土；随着土钉墙理论与施工技术的不断成熟，在经过大量工程实践后，土钉墙支护在杂填土、松散砂土、软塑或流塑土、软土中也得以应用，并与水泥土桩、微型桩、锚杆等形成复合土钉墙，进一步扩大了土钉墙支护的使用范围。采用土钉墙支护的基坑，其深度不宜超过18m。在软土中采用复合土钉墙，其开挖深度不宜超过6m。

三、土钉墙的构造

土钉墙一般由土钉、面层、泄排水系统等三部分组成。设计及构造应符合下列规定：

（1）土钉墙、预应力锚杆复合土钉墙的坡度不宜大于1∶0.2；当基坑较深、土的抗剪强度较低时，宜取较小的坡度（坡度指土钉墙垂直高度与水平宽度的比值）。

对砂土、碎石土、松散填土，确定土钉墙坡度时尚应考虑开挖时坡面的局部自稳能力。微型桩、水泥土桩复合土钉墙，应采用微型桩、水泥土桩与土钉墙面层贴合的垂直墙面。

（2）对较好的土层，宜采用成孔的钢筋土钉。对易塌孔的松散或稍密的砂土、稍密的粉土、填土，或易缩径的软土宜采用打入式钢管土钉。成孔可采用洛阳铲成孔或机械成孔。

（3）土钉水平间距和竖向间距宜为1～2m；当基坑较深、土的抗剪强度较低时，土钉间距应取小值。土钉倾角宜为5°～20°。土钉长度应按各层土钉受力均匀、各土钉拉力与相应土钉极限承载力的比值近于相等的原则确定。

（4）钻孔注浆型钢筋钉的构造应符合下列要求：

1）成孔直径宜取70～120mm；

2）土钉钢筋宜采用HRB400、HRB500级钢筋，钢筋直径应根据土钉抗拔承载力设计要求确定，且宜取16～32mm；

3）应沿土钉全长设置对中定位支架，其间距宜取1.5～2.5m，土钉钢筋保护层厚度不宜小于20mm（见图3-63）；

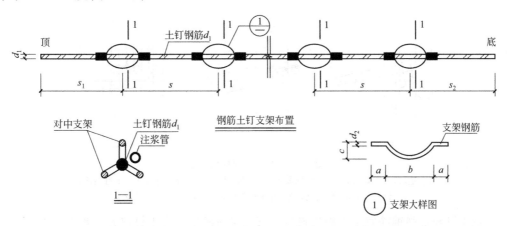

图 3-63　钢筋土钉支架布置示意图

4) 土钉孔注浆材料可采用水泥浆或水泥砂浆，其强度不宜低于 20MPa；

（5）打入注浆型钢管钉的构造应符合下列要求：

1) 钢管的外径不宜小于 48mm，壁厚不宜小于 3mm；钢管的注浆孔应设置在钢管末端 $L/2\sim2L/3$ 范围内（L 为钢管土钉的总长度）；每个注浆截面的注浆孔宜取 2 个，且应对称布置，注浆孔的孔径宜取 5～8mm，注浆孔外应设置保护倒刺（见图 3-64）；

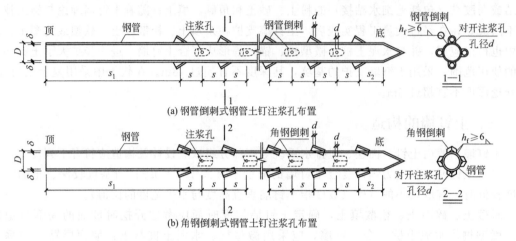

(a) 钢管倒刺式钢管土钉注浆孔布置

(b) 角钢倒刺式钢管土钉注浆孔布置

图 3-64 钢管土钉注浆管布置示意图

2) 钢管土钉的连接采用焊接时，接头强度不应低于钢管强度；可采用数量不少于 3 根、直径不小于 16mm 的钢筋沿截面均匀分布拼焊；双面焊接时钢筋长度不应小于钢管直径的 2 倍。

（6）土钉墙高度不大于 12m 时，喷射混凝土面层的构造要求应符合下列规定：

1) 喷射混凝土面层厚度宜取 80～100mm；

2) 喷射混凝土设计强度等级不宜低于 C20；

3) 喷射混凝土面层中应配置钢筋网和通长的加强钢筋，钢筋网宜采用 HPB300 级钢筋，钢筋直径宜取 6～10mm，钢筋网间距宜取 150～250mm；钢筋网间的搭接长度应大于 300mm；加强钢筋的直径宜取 14～20mm；当充分利用土钉杆体的抗拉强度时，加强钢筋的截面面积不应小于土钉杆体截面面积的二分之一。如图 3-65 所示为土钉与面层的连接详图。

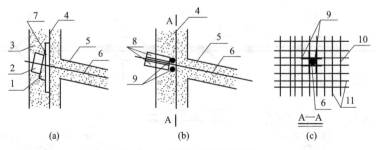

图 3-65 土钉与面层的连接

1—垫块；2—螺母；3—喷射混凝土；4—钢筋网；5—土钉钻孔；6—土钉钢筋；
7—钢垫板；8—锁定筋；9—井字形钢筋；10—网筋；11—纵横主筋

（7）土钉与加强钢筋宜采用焊接连接，其连接应满足承受土钉拉力的要求；当在土钉拉力作用下，喷射混凝土面层的局部受冲切承载力不足时，应采用设置承压钢板等加强措施。

（8）当土钉墙墙后存在滞水时，应在含水土层部位的墙面设置泄水孔或其他疏水措施。

四、土钉墙施工

土钉墙施工之前先确定基坑开挖线、轴线定位点、水准基点、变形观测点等，并妥善保护；编制好基坑支护施工组织设计，周密安排支护施工与基坑土方开挖、出土等工序的关系，使支护施工与土方开挖密切配合；准备土钉等有关材料和施工机具。

由于土钉墙钢筋筋材不同，可分为采用钢筋、钢绞线等的成孔注浆土钉和采用钢管、型钢的打入型材土钉，它们的工艺有所不同。

钻孔注浆型钢筋钉的施工工艺流程如下：

开挖工作面→修整边坡→喷射第一层混凝土→钻孔→安设钢筋土钉→注浆→绑扎钢筋网→喷射第二层混凝土→下一工作面→……开挖到坑底→施工地表及基坑排水系统施工。

打入注浆型钢管钉的施工工艺流程如下：

开挖工作面→修整边坡→喷射第一层混凝土→打入钢管土钉→绑扎钢筋网→喷射第二层混凝土→注浆→下一工作面→……开挖到坑底→施工地表及基坑排水系统施工。

土钉墙还可与水泥土搅拌桩、微型桩及锚杆等进行复合形成复合土钉墙，其受力性能更好。

（一）钻孔注浆型钢筋钉施工

1. 土钉墙工作面开挖

土钉墙是先开挖后支护，要保持边坡在施工中的稳定性，必须控制土方开挖的层高与挖段长度。当有地下水时，对易产生流砂或塌孔的砂土、粉土、碎石土等土层，应通过试验确定土钉施工工艺和措施。基坑要按设计要求严格分层分段开挖，在完成上一层作业面土钉与喷射混凝土面层达到设计强度的70%以前，不得进行下一层土层的开挖。如图3-66为某工程现场土钉墙施工照片。

二维码 3.6

二维码 3.7

图 3-66　某工程现场土钉墙施工照片

每层开挖的水平分段宽度也取决于土壁自稳能力，且与支护施工流程相互衔接，一般多为 10～20m 长。当基坑面积较大时，允许在距离基坑四周边坡 8～10m 的基坑中部自由开挖，但应注意与分层作业区的开挖相协调。

挖方要选用对坡面土体扰动小的挖土设备和方法，严禁边壁出现超挖或造成边壁土体松动。坡面经机械开挖后要采用小型机械或铲锹进行切削清坡，以使坡度及坡面平整度达到设计要求。

为防止基坑边坡的裸露土体塌陷，对于易塌的土体可采取下列措施：

(1) 对修整后的边坡，应及时进行钻孔；

(2) 在作业面上先构筑钢筋网喷射混凝土面层，然后进行钻孔和设置土钉；

(3) 在水平方向上分小段间隔开挖；

(4) 先将作业深度上的边壁做成斜坡，待钻孔并设置土钉后再清坡；必要时需用复合土钉墙。

2. 喷射第一道面层

每步开挖后应尽快做好面层喷射混凝土作业应符合下列规定：

(1) 细骨料宜选用中粗砂，含泥量应小于 3%；

(2) 粗骨料宜选用粒径不大于 20mm 的级配砾石；

(3) 喷射混凝土设计强度等级不宜低于 C20；

(4) 使用速凝剂等外掺剂时，应做外加剂与水泥的相容性试验及水泥净浆凝结试验，并应通过试验确定外掺剂掺量及掺入方法；

(5) 喷射作业应分段依次进行，同一分段内喷射顺序应自下而上均匀喷射，一次喷射厚度宜为 30～60mm；

(6) 喷射混凝土时，喷头与土钉墙墙面应保持垂直，其距离宜为 0.6～1.0m；

(7) 喷射混凝土终凝 2h 后应及时喷水养护；

(8) 钢筋与坡面的间隙应大于 20mm。

3. 钻孔、安设土钉、注浆、安设连接件、绑扎钢筋网

土钉的设置，对于钢筋钉通常是先在土体中成孔，然后置入土钉钢筋并沿全长注浆。

(1) 钻孔

1) 土钉成孔前，应按设计要求定出孔位并作出标记和编号。成孔过程中遇有障碍物需调整孔位时，应由设计出变更通知。

2) 钢筋土钉成孔时应符合下列要求：

① 土钉成孔范围内存在地下管线等设施时，应在查明其位置并避开后，再进行成孔作业；

② 应根据土层的性状选择洛阳铲、螺旋钻、冲击钻、地质钻等成孔方法，采用的成孔方法应能保证孔壁的稳定性、减小对孔壁的扰动；

③ 当成孔遇不明障碍物时，应停止成孔作业，在查明障碍物的情况并采取针对性措施后方可继续成孔；

④ 对易塌孔的松散土层宜采用机械成孔工艺，成孔困难时，可采用注入水泥浆等方法进行护壁；

⑤ 钻孔不得扰动周围地层；钻孔后清孔采用高压风吹 2～3min，把孔内渣土吹干净，对孔中出现的局部渗水塌孔或掉落松土应立即处理。成孔后应及时安设土钉钢筋并注浆。

3) 成孔过程中应做好成孔记录，按土钉编号逐一记载取出的土体特征、成孔质量、事故处理等。应将取出的土体与初步设计时所认定的加以对比，有偏差时应及时反馈设计单

位，由设计单位修改土钉的设计参数，出设计变更通知。

（2）插入土钉钢筋　土钉钢筋采用螺纹钢，置入孔中前，应先设置定位支架，保证钢筋处于钻孔的中心部位，支架沿钉长的间距为 2～3m，支架的构造应不妨碍注浆时浆液的自由流动，支架材料为金属或塑料件。

钢筋土钉杆体的制作安装时应符合下列要求：

1）钢筋使用前，应调直并清除污锈；

2）当钢筋需要连接时，宜采用搭接焊、帮条焊、双面焊，双面焊的搭接长度或帮条长度应不小于主筋直径的 5 倍，焊缝高度不应小于主筋直径的 0.3 倍；

3）对中支架的断面尺寸应符合土钉杆体保护层厚度要求，对中支架可选用直径为 6～8mm 的钢筋焊制；

4）土钉成孔后应及时插入土钉杆体，遇塌孔、缩径时，应在处理后再插入土钉杆体。

（3）注浆　钢筋土钉注浆时应符合下列规定：

1）注浆材料可选用水泥浆或水泥砂浆；水泥浆的水灰比宜取 0.5～0.55；水泥砂浆的水灰比宜取 0.40～0.45，同时，灰砂比宜取 0.5～1.0；拌和用砂宜选用中粗砂，按重量计的含泥量不得大于 3%；

2）水泥浆或水泥砂浆应拌和均匀，一次拌和的水泥浆或水泥砂浆应在其初凝前使用；

3）钻孔型土钉墙注浆前应将孔内残留的虚土清除干净；

4）注浆时，宜采用将注浆管与土钉杆体绑扎、同时插入孔内并由孔底注浆的方式；注浆管端部至孔底的距离不宜大于 200mm；注浆及拔管时，注浆管口应始终埋入注浆液面内，应在新鲜浆液从孔口溢出后停止注浆；注浆后，当浆液液面下降时，应进行补浆。

（4）安装连接件　土钉钢筋端部通过锁定筋与面层内的加强筋及钢筋网连接时，其相互之间应可靠焊牢。当采用钢管杆体时，钢管通过锁定筋与加强筋焊接。

（5）绑扎钢筋网

1）钢筋网可采用绑扎固定；钢筋连接宜采用搭接焊，焊缝长度不应小于钢筋直径的10 倍。

2）钢筋网应在喷射一层混凝土后铺设，钢筋保护层厚度不小于 20mm，钢筋网应延伸至地表面，并伸出边坡线 0.5m。采用双层钢筋网时，第二层钢筋网应在第一层钢筋网被喷射混凝土覆盖后铺设。

4．喷射第二层混凝土

喷射第二层混凝土面层应在经验收确认钢筋网敷设、连接均符合要求后，进行喷混凝土面层至设计厚度，其工艺要求与喷第一层混凝土的要求相同。

5．地表排水、基坑排水系统施工

（1）基坑四周支护范围内的地表应加以修整，构筑排水沟和水泥砂浆或混凝土地面，防止地表降水向地下渗透。靠近基坑坡顶宽 2～4m 的地面应适当垫高，并且里高外低，便于水流远离边坡。

（2）为了排除积聚在基坑内的渗水和雨水，应在坑底设置排水沟及集水坑。排水沟及集水坑宜用砖砌并用砂浆抹面以防止渗漏，坑中积水应及时抽出。

（3）在支护面层背部应插入长度为 400～600mm、直径不小于 40mm 的水平排水管，其外端伸出支护面层，间距可为 1.5～2m，以便将喷射混凝土面层后的积水排出（如图 3-67所示）。

二维码3.8

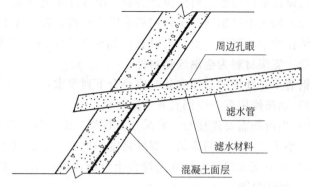
图 3-67　面层背部排水

（二）打入注浆型钢管钉施工

与钻孔注浆型钢筋钉施工不同，打入注浆型钢管钉施工是先把钢管钉打入土体，后安装连接件、绑扎钢筋网，在喷射第二层混凝土后再注浆。

钢管上每隔 300mm 钻直径 8～10mm 的出浆孔（简称钢花管），孔在钢管长度方向上错开 120°，呈梅花形布置，并在出浆孔边焊 ϕ16 短钢筋，防止打管时土粒堵塞出浆孔（钢管做法如图 3-68 所示），利用空气压缩机带动冲击器将加工好的钢管分段焊接，并按设计角度打入土层。

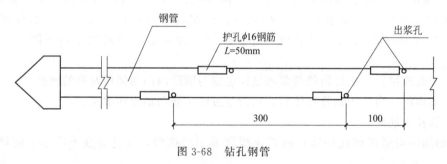
图 3-68　钻孔钢管

打入式钢管土钉施工时应符合下列规定：

（1）钢管端部应制成尖锥状；顶部宜设置防止钢管顶部施打变形的加强构造；

（2）注浆材料应采用水泥浆；水泥浆的水灰比宜取 0.5～0.6；

（3）注浆压力不宜小于 0.6MPa；应在注浆至管顶周围出现返浆后停止注浆；不出现返浆时，可采用间歇注浆的方法。

五、土钉墙的质量检测

土钉墙的质量检测应符合下列规定：

（1）应对土钉的抗拔承载力进行检测，抗拔试验可采用逐级加荷法；土钉的检测数量不宜少于土钉总数的 1%，且同一土层中的土钉的检测数量不应少于 3 根；试验最大荷载不应小于土钉轴向拉力标准值的 1.1 倍。检测土钉应按随机抽样的原则选取，并应在土钉固结体强度达到设计强度的 70% 后进行试验。

（2）土钉墙面层喷射混凝土应进行现场试块强度试验，每 500m² 喷射混凝土面积试验数量不应少于一组，每组试块不应少于 3 个。

（3）应对土钉墙的喷射混凝土面层厚度进行检测，每 500m² 喷射混凝土面积检测数量不应少于一组，每组的检测点不应少于 3 个；全部检测点的面层厚度平均值不应小于厚度设计值，最小厚度不应小于厚度设计值的 80%。

（4）复合土钉墙中的预应力锚杆，应按现行规范规定进行抗拔承载力检测。

六、案例：钢管锚钉在基坑支护中的应用

（一）钢管钉布置及设计参数

（1）土钉采用 $\phi 48 \times 3.5$ 钢管，土钉水平安放角为 $10°$、$20°$，根据开挖深度布置土钉的排数，垂直方向间距为 0.9m、0.93m、1.0m、1.1m、1.2m、1.4m、1.5m，水平方向为 1m，均采用梅花布置，如图 3-69 所示。

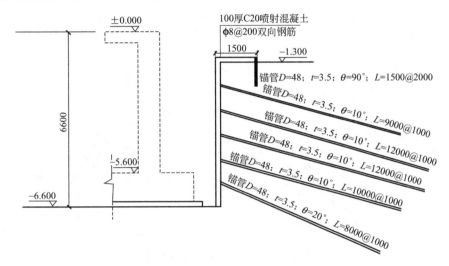

图 3-69　钢管钉竖向布置图

（2）注浆材料：注浆采用低压注浆，注浆压力控制在 0.4～0.6MPa。注浆采用普通硅酸盐水泥 32.5 水泥，水灰比为 0.5，注浆量不少于 20kg/m，水泥浆应拌和均匀，做到随拌随用，一次拌和的水泥浆在初凝前用完。

（3）喷射混凝土强度为 C20，厚度为 100mm，混凝土配合比为水泥∶砂∶石＝1∶2∶2，喷射混凝土中添加 5%～6% 的速凝剂。钢筋网规格为 $\phi 8 @ 200$ 双向，加强筋规格为 $2\phi 14$。

（二）施工机具设备

施工机具设备见表 3-7 所列。

表 3-7　施工机具设备

序　号	设 备 名 称	序　号	设 备 名 称
1	空压机	4	钢管冲击机
2	混凝土喷射机	5	电焊机
3	注浆机	6	搅拌机

（三）施工工艺

（1）放线：先用测量仪器准备定出地下室外墙轴线位置，预留操作面，用木楔和白灰作出开挖线标志。

（2）土方开挖：基坑放线后即可开挖。边开挖边支护，每层开挖深度为 1.50m，分层

开挖，分层支护，挖完亦支护完。

（3）修坡：土方开挖后，按照设计剖面坡度修理基坑边坡，要求坡面修理平整，确保喷射混凝土质量。

（4）土钉制作、安放：土钉第一根末端封闭，做成尖端，在土钉四周开注浆小孔，小孔直径为5~8mm，小孔在土钉上呈螺旋状布置，间距为500mm。土钉口部2.5m范围内不设置注浆孔。采用钢管冲动机将加工好的土钉按照设计标高、间距打入土体内。如深度不够需加接土钉时，土钉与土钉的联结部位采用钢筋焊接，搭接长度为30cm。如遇建筑物基础和管线障碍，应设法避开。边坡顶部垂直土钉距基坑边1.5m、土钉长度1.50m，间距2m。

（5）编织钢筋网：钢筋网片一般要求为$\phi 8@200$双向，为加强面层与土钉协调受力，使钢筋网牢固地固定在边壁上，增加$\phi 14mm$的联筋，焊成"♯"字形，将土钉与井字架焊牢。接头部分要预留一定的搭接长度。如图3-70所示。

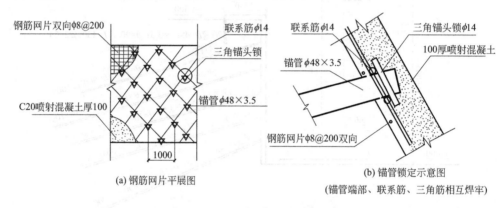

(a) 钢筋网片平展图 (b) 锚管锁定示意图
（锚管端部、联系筋、三角筋相互焊牢）

图 3-70　土钉墙平面图及节点图

（6）喷射混凝土：面层混凝土在钢筋网编焊工作完成后进行，喷射混凝土的射距在0.8~1.5m的范围内，从底部逐渐向上部喷射，射流方向一般应垂直喷射面。在施工搭接处应清除杂质，在喷射前用水润湿，确保喷射混凝土搭接良好，保证喷射混凝土质量，不发生渗水现象。

（7）土钉注浆：在面层喷射混凝土达到一定强度时才能注浆。注浆前先用高压水管插入管底部，冲洗钢管，直至出现清水。然后从钢管底部开始注浆，边注浆边拔管，再进行口部高压灌浆。土钉注浆通过两方面控制：一是注浆压力控制在0.4~0.8MPa；二是注浆量控制在40kg/m左右。为防止土钉端部发生渗水现象，在土钉成孔之后，喷射混凝土之前，将土钉周围用黏土及水泥袋填塞密实，注浆饱满，即可避免出现土钉头渗水现象。

第九节　加筋水泥土桩锚施工

一、加筋水泥土桩锚概述

（一）加筋水泥土桩锚工艺原理

加筋水泥土桩锚支护是一种新型的土体支护与加固技术。它是在锚杆支护、土钉墙支护的基础上发展起来的，结合了水泥搅拌桩和土钉墙两种成熟工艺的特点，目前主要用于深基坑及边坡支护。此技术对于淤泥、软土地基的基坑开挖支护，地下工程的防塌陷支护、超前支护和加固、淤泥软土地段的路基加固等，都十分有效。

加筋水泥土桩锚支护技术的特点是集旋喷桩与搅拌桩技术于一体，使成孔、注浆、搅拌、加筋等程序一次完成。孔径可达 20~100cm，加固深度可达 30m 以上。它既有常规断面又有扩大头；既可竖直成桩又可水平或任意倾斜成桩；既可代替常规锚杆、土钉，又可作为挡土、挡水的支护结构；既可用于软弱地基加固，又可用于隧道施工的超前水平土体拱棚支护，以确保地下工程开挖断面规则、稳定，地面不塌陷。

加筋水泥土桩锚是利用专用钻机在土体中按设计要求钻进成孔，同时利用钻杆将加筋体（钢绞线、钢管钻杆）带入土体，钻杆进入的同时（或者达到设计深度时）通过钻杆注入高压水泥浆液，通过钻头喷嘴形成的喷射流切削土体，并将水泥浆液与土体充分搅拌，形成较大直径的加筋水泥土体，从而形成由桩锚与岩土体组成的支护结构，并通过桩锚体提供的抗拔力维持支护桩墙稳定。

（二）加筋水泥土桩锚的特点

与常规土层锚杆及土钉墙技术比较，加筋水泥土锚桩具有如下特点和优点：

（1）由于采用的加筋水泥土锚桩是将钻孔、加筋（钢筋、钢绞线、钢管等）、高压旋喷注浆通过一次施工成型的，因此水泥土与加筋体结合密切；而常规土锚、土钉筋体与土体是通过注浆的浆液黏结的，其锚固力有限。

（2）采用加筋水泥土锚桩支护工艺制成的锚桩有很高的锚固力。该工艺由于是通过大直径的水泥土桩与土层之间产生很高的摩擦力，使加筋体与水泥土桩之间密切黏结，并在桩底端预加有锚头，所以水泥土桩与加筋体之间不可能产生滑动；而常规土锚的锚杆与土层间是通过浆液相黏合，由于注浆浆液流动的不可控性，这种黏结力很有限。

（3）对于软土，尤其是淤泥质土，加筋水泥土锚桩支护工艺制成的锚桩也有很高的锚固力。因为水泥土桩的桩径较大，且为变径，所以与土层的接触面积很大。另外，水泥土桩本身的重力对结构稳定性有利；而常规土层锚杆与软土之间的锚固力非常有限。

（三）加筋水泥土桩锚的分类

根据成型方向，加筋水泥土桩锚体可分为竖向、斜向或水平向三种形式（见图 3-71）。

二、加筋水泥土桩锚支护构造

应用加筋水泥土桩锚支护技术时，可根据工程的实际需要采用不同的组合形式：悬臂式加筋水泥土桩锚支护结构、人字形加筋水泥土桩锚支护结构、门架式加筋水泥土桩锚支护结构、复合式支护结构、加筋水泥土桩墙与多排加筋水泥土桩锚支护结构、后仰式锚拉钢桩支护结构、水平咬合加筋水泥土拱棚支护结构、多向加筋水泥土桩锚支护。

根据工程的具体要求和目的，可将加筋水泥土施作成任意方向的桩锚体。竖向主要用于加固地基，提高地基承载力，也可形成竖向挡土、止水桩墙；斜向和水平向主要用于加固土体、取代锚杆、土钉。

（一）悬臂式加筋水泥土桩锚支护

当场地为混合土层或砂性土层，基坑深度不大于 6m，基坑内墙脚处具备留土台条件时，可采用悬臂式加筋（预应力或非预应力）水泥土桩锚支护（见图 3-72）。

根据地质和场地条件以及基坑开挖深度等因素，可采用单排或多排咬合的悬臂式加筋水泥土桩墙支护。

（二）人字形加筋水泥土桩锚支护

当场地为软土、素填土、各类砂性土，基坑深度不大于 6m，基坑周围不具备放坡条件且地下水位较高时，可采用人字形加筋水泥土桩锚支护结构（见图 3-73）。

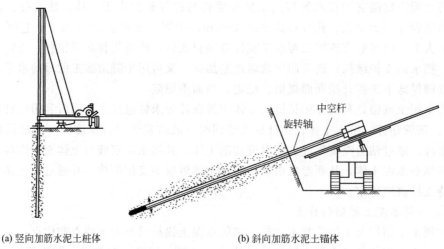

(a) 竖向加筋水泥土桩体   (b) 斜向加筋水泥土锚体

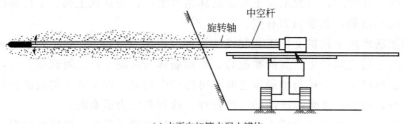

(c) 水平向加筋水泥土锚体

图 3-71 加筋水泥土桩锚体的形式

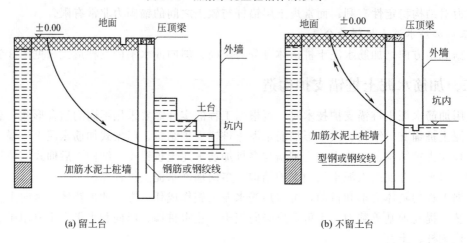

(a) 留土台   (b) 不留土台

图 3-72 悬臂式加筋水泥土桩锚支护

当人字形加筋水泥土桩锚支护结构具有挡土与止水的双重作用时，挡土结构可采用单排或多排咬合的加筋水泥土桩墙。

（三）门架式加筋水泥土桩锚支护

当基坑外有 2～3m 施工空间，且基坑深度为 6～10m 时，宜采用门架式加筋水泥土桩锚支护（图 3-74）。

根据基坑深度和土体性质，必要时可增设斜向加筋水泥土锚体，其间距可取 1.0～2.0m，直径宜为 0.35～0.60m。

86

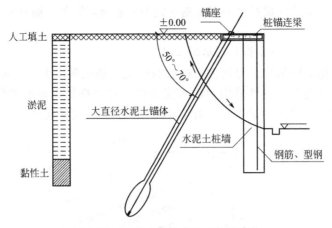

图 3-73　人字形加筋水泥土桩锚支护

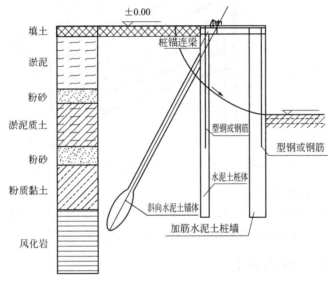

图 3-74　门架式加筋水泥土桩锚支护

（四）复合式支护

在较好的层状土层中，可采用土钉或锚杆与加筋水泥土桩墙相结合形成复合式支护结构（见图 3-75）。

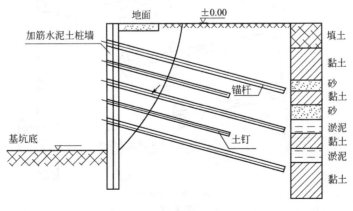

图 3-75　复合式支护结构

竖向加筋水泥土桩墙的插筋可采用型钢、钢筋或非金属筋等。筋材可插入水泥土桩体中间或边侧。

（五）加筋水泥土桩墙与多排加筋水泥土桩锚支护

当基坑边坡土体为流塑状态的软土或松散的砂土，基坑深度大于 10m 且小于 18m，基坑外地下允许桩锚体施工时，可采用加筋水泥土桩墙与多排斜向加筋水泥土桩锚支护结构（见图 3-76）。斜向加筋水泥土锚体可根据需要设置扩大头或变截面体。

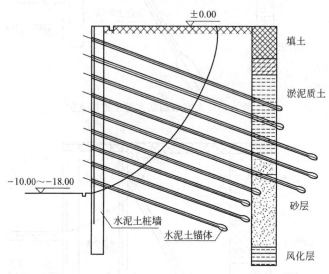

图 3-76 加筋水泥土桩墙与多排斜向加筋水泥土锚体支护

（六）后仰式锚拉钢桩支护

当场地为可塑直至硬塑的黏土层，基坑深度不大于 15m 时，可采用后仰式锚拉钢桩支护结构。当要求支护结构具有止水作用时，可增设止水帷幕（见图 3-77）。

三、加筋水泥土桩锚施工

加筋水泥土桩锚按照加筋体及桩锚的用途不同常分为土钉式桩（亦称为搅拌式土钉、搅

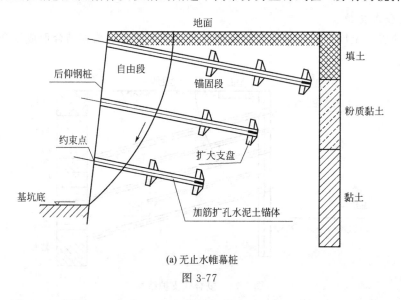

(a) 无止水帷幕桩

图 3-77

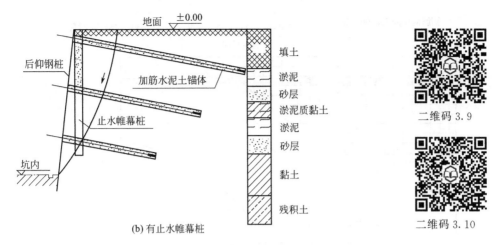

(b) 有止水帷幕桩

图 3-77 后仰式锚拉钢桩支护

二维码 3.9

二维码 3.10

拌式锚管)和土锚式桩锚(亦称为旋喷搅拌土锚)。土钉式桩锚常采用的加筋材料是钢管,土锚式桩锚常采用的加筋材料是钢绞线。

(一)不同桩锚区别

土钉式桩锚与土锚式桩锚施工工艺类似,这两种桩锚施工的主要不同之处如下。

1. 桩锚加筋材料不同

土钉式桩锚的钻杆一般采用的是钢管,此钢管既是钻杆又作为桩锚加筋,通常采用的规格是 $\Phi 48 \times 3.0$。图 3-78 为土钉式桩锚节点示意图。

土锚式桩锚钻杆也采用钢管,但是此钢管只是作为钻杆,而桩锚加筋采用的钢绞线,通常采用的规格是 3×15.2 钢绞线或者 2×15.2 钢绞线。钢绞线的进入是通过钻杆带入设计深度。图 3-79 为土锚式桩锚节点示意图。

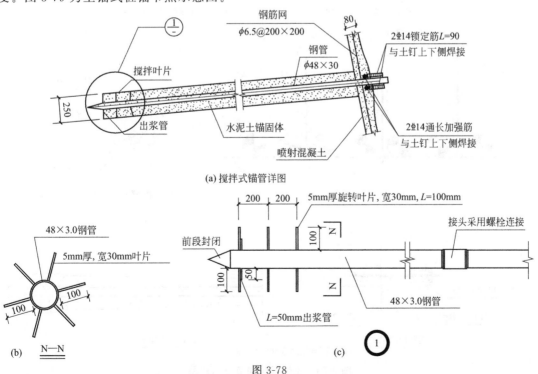

图 3-78

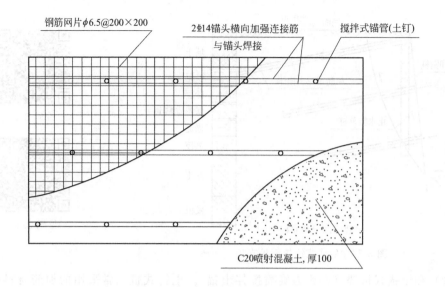

(d) 土钉墙面层立面构造

图 3-78　土钉式桩锚节点示意图

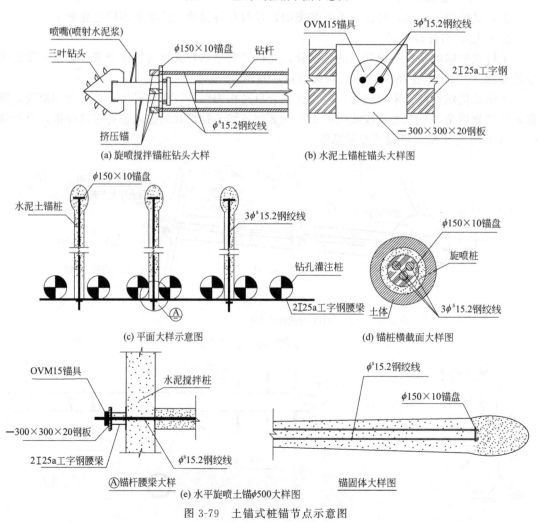

(a) 旋喷搅拌锚桩钻头大样

(b) 水泥土锚桩锚头大样图

(c) 平面大样示意图

(d) 锚桩横截面大样图

Ⓐ锚杆腰梁大样
(e) 水平旋喷土锚ϕ500大样图

锚固体大样图

图 3-79　土锚式桩锚节点示意图

2. 封锚不同

土锚式桩锚通常是预应力锚杆，封锚应按预应力相关要求封锚。土钉式桩锚一般是非预应力土钉，封锚方法应参照土钉墙封锚。

（二）加筋水泥土桩锚施工

1. 桩锚体的成形方法

加筋水泥土桩锚体是将钻孔、注浆、搅拌及加筋等工序一次完成，形成加筋水泥土桩锚支护结构，其成形方法主要有钢花管注浆法、高压旋喷加筋法、搅拌加筋法。其中，单管高压旋喷法工艺复杂、造价高；搅拌法加固深度限制于软土层，在一些硬土层中难以施工；钢花管注浆法宜在砂砾石层中采用。斜向桩锚体的倾角一般采用15°～70°之间。加筋水泥土桩墙体可进入强风化层1.5m。

2. 桩锚施工顺序

土钉式桩锚施工顺序如下：开挖工作面→修整边坡→喷射第一层混凝土→安设土钉（钻杆）、旋转钻孔、注浆→绑扎钢筋→喷射第二层混凝土→下一工作面施工→地表及基坑排水系统施工。

土锚式桩锚施工顺序如下：施工准备→移机就位→校正孔位调正角度→钻头牵引钢绞线固定→安螺旋钻杆边钻边喷浆→接螺旋钻杆→退旋螺钻杆→养护→上锚头→预应力张拉→紧螺栓→锚杆工序完毕→继续挖土，进行下一工作面。

3. 施工难点

（1）土锚式锚桩锚索打入　在高压旋喷钻头上安装锚索，沿预钻孔插管进入围护桩墙后，带浆低压钻进到设计桩锚末端。为保证锚索在桩锚内锚固可靠，锚索前端设计专用锚垫板，并与锚索可靠焊接，防止锚索受力过大时从锚体内拉出。如图3-80为某工程钻头及锚索照片。

图 3-80　某工程钻头及锚索照片

（2）成锚控制

1）水泥浆应拌和均匀，随拌随用，一次拌和的水泥浆应在初凝前用完。

2）桩锚施工作业点定位后进行设备就位，钻杆所在的竖向平面与围护桩墙壁垂直；钻杆与水平方向夹角以设计图纸为依据。

3）锚索安装完成，带浆喷进。扩大头的旋喷搅拌次数比桩身增加2次，以确保扩大头的直径。

图 3-81　某工程锚索的锚头安装固定照片

（3）成锚后封孔　高压旋喷喷浆完成后，钻杆退出锚孔，向孔内堵塞棉纱或水泥包装袋，防止因水泥浆外流而造成孔口空洞。对于孔口流水现象，可以设置引流管，必要的时候可采用坑外降水。

（4）预应力张拉、腰梁安装　预应力桩锚待水泥土达到设计强度 1MPa 后，方可进行张拉。按照设计要求安装腰梁，张拉桩锚至设计拉拔力的 1.2 倍，并做好张拉记录。图 3-81 为某工程锚索的锚头安装固定照片。图 3-82 为预应力桩锚安装完成后示意图。

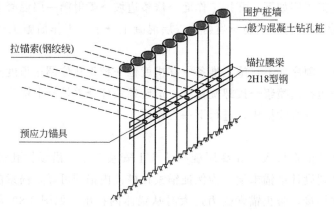

图 3-82　预应力桩锚安装完成后示意图

4. 施工质量验收

（1）锚体抗拉承载力极限值的平均值应大于先行规范规定的承载力设计值。锚体抗拉承载力极限值检测，要在每一检验批中随机抽取 3% 且不小于 3 根锚体做试验，取其实测平均值；对土体加固工程，必要时应做桩体抗压承载力极限值的平均值验收试验。

（2）每一桩锚体的注浆量不应小于理论计算量。检验方法：抽查注浆记录，每一检验批中随机抽取 20% 桩锚体，核对注浆量。

（3）基坑支护结构桩锚体的顶部位移、最大位移和地面最大沉降量应符合现行规范规定。检验方法：检查每个检测点的位移检测记录。

（4）基坑支护结构的表观效果应符合表 3-8 的要求。

表 3-8　基坑支护结构的表观效果要求

序号	项目	表观效果要求	检测方法
1	侧壁渗漏	仅有局部渗漏，无流沙	观察
2	坑底稳定	仅有局部渗漏，无塑性隆起	观察
3	环境影响	周围建筑差异沉降量未造成建筑物表观明显变化，未影响正常使用	观察

（5）水泥、钢材等原材料的技术性能应符合国家现行有关标准的规定。检验方法：检查每批产品的出厂合格证书，性能检测报告和进场验收记录。

（6）钢筋、型钢、钢管连接接头的外观质量应符合国家现行有关标准的规定。检验方法：每一检验批中随机抽取 20％接头，按现行有关标准的规定进行外观检查。

（7）桩锚体的几何尺寸和平面位置偏差应符合表 3-9 的规定。检验方法：抽查施工时的量测记录。

表 3-9　加筋水泥土桩锚体几何尺寸偏差限值

序号	项目	允许偏差		检测方法
		单位	数值	
1	桩锚体直径、长度	mm	＋50	钢尺量
2	加筋体长度	mm	±100	钢尺量
3	加筋体倾斜度	(°)	±1	经纬仪量测
4	加筋体平面位置	mm	±50	钢尺量
5	桩锚体倾斜度	(°)	±1	经纬仪量测钻机倾角

（8）桩锚体的预应力锁定力应符合设计要求。检验方法：抽查施工时的张拉记录。

第十节　水泥土墙施工

一、概述

水泥土墙是利用水泥材料为固化剂，采用特殊的拌和机械（如深层搅拌和高压旋喷机）在地基深处就地将原状土和固化剂强制拌和，经过一系列的物理化学反应，形成具有一定强度、整体性和水稳定性的加固土圆柱体，将其相互搭接，连续成桩形成具有一定强度和整体结构的水泥土墙，用以保证基坑边坡的稳定。

水泥土墙，主要是靠墙体的自重平衡墙后的土压力。因此常视其为重力式挡土支护。

水泥土墙的特点是：（1）施工时振动小，最大限度利用原状土，节省材料；（2）由于水泥土墙采用自立式，不需加支撑，所以开挖较方便；（3）水泥土加固体渗透系数比较小，墙体有良好的隔水性能；（4）水泥土墙工程造价较低，当基坑开挖深度不大时，其经济效益更为显著。

水泥土墙的缺点是：（1）由于水泥土墙属于重力式挡墙，其受力机理决定了其位移量比较大；（2）墙体材料强度受施工因素影响导致墙体质量离散性比较大。

水泥土墙适用范围：（1）基坑侧壁安全等级宜为二、三级；（2）较适用于软土地区，如淤泥质土、含水量较高的黏土、粉质黏土、粉质土等；但水泥土桩施工范围内地基土承载力也不宜大于 150kPa（此时施工机械注浆和搅拌都较困难）；（3）对以上各类土基坑深度不宜超过 6m。

二、水泥土墙构造

水泥土墙宜采用水泥土搅拌桩相互搭接形成的格栅状结构形式，也可采用水泥土搅拌桩相互搭接成实体的结构形式。水泥土搅拌桩的搭接宽度不宜小于 150mm。水泥土墙的基本平面类型见图 3-83。格构式水泥土墙（图 3-84）是目前较为常用的平面类型。

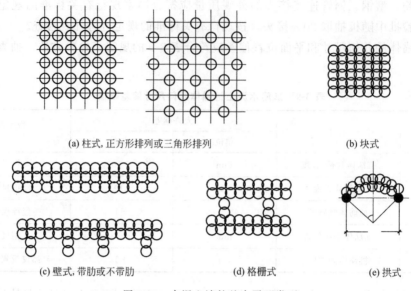

(a) 柱式,正方形排列或三角形排列　　　　　　　(b) 块式

(c) 壁式,带肋或不带肋　　　　　(d) 格栅式　　　　　(e) 拱式

图 3-83　水泥土墙的基本平面类型

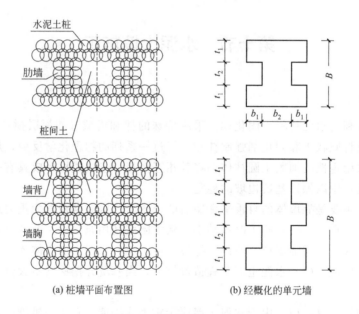

(a) 桩墙平面布置图　　　　　(b) 经概化的单元墙

图 3-84　格构式水泥土墙

重力式水泥土墙的嵌固深度，对淤泥质土不宜小于 $1.2h$，对淤泥不宜小于 $1.3h$；重力式水泥土墙的宽度（B），对淤泥质土不宜小于 $0.7h$，对淤泥不宜小于 $0.8h$；此处 h 为基坑深度。根据使用要求和受力特性，搅拌桩的水泥土墙挡土支护结构的断面形式如图 3-85 所示，其中（a）、（c）较为常用。

水泥土墙顶面宜设置混凝土连接面板，面板厚度不宜小于 150mm，混凝土强度等级不宜低于 C15。当需要增强墙身的抗拉性能时，可在水泥土桩内插入杆筋。杆筋可采用钢筋、钢管或毛竹。杆筋的插入深度宜大于基坑深度。杆筋应锚入面板内。

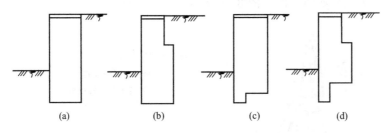

(a)　　　　(b)　　　　(c)　　　　(d)

图 3-85　水泥土墙挡土支护结构断面形式

三、水泥土墙施工

水泥搅拌桩按材料喷射状态可分为喷浆搅拌法（湿法）和粉体搅拌法（干法）两种。喷浆搅拌法以水泥浆为主，搅拌均匀，易于复搅，水泥土硬化时间较长；粉体搅拌法以水泥干粉为主，水泥土硬化时间较短，能提高桩间的强度，但搅拌均匀性欠佳，很难全程复搅。在基坑工程施工中一并都采用喷浆搅拌法（湿法）施工。

水泥搅拌桩按主要使用的施作方法分为单轴、双轴和三轴搅拌桩。宜优先选用喷浆型双轴深层搅拌机械。本教材主要讲述喷浆搅拌法（亦称为深层搅拌法）工艺。

（一）深层搅拌法概念

利用深层搅拌机械，将水泥浆等材料与土体强制搅拌，从而在土体内产生物理——化学反应，形成具有整体性、水稳定性和一定强度的增强体，和原土体构成复合地基、防渗墙或挡墙的施工方法。

（二）施工机具

1. 深层搅拌机

深层搅拌机是水泥土桩施工的主要机械。目前应用的有中心管喷浆方式和叶片喷浆方式两类。前者的输浆方式中的水泥浆是从两根搅拌轴之间的另一根管子输出，不影响搅拌均匀度，可适用于多种固化剂；后者是使水泥浆从叶片上若干个小孔喷出，使水泥浆与土体混合较均匀，适用于大直径叶片和连续搅拌，但因喷浆孔小易被堵塞，它只能使用纯水泥浆而不能采用其他固化剂。

用深层搅拌机采用深层搅拌法施工，具有高效无污染、成本低等优点，施工后可起到防渗防水挡土墙的作用，因而广泛用于土木工程各个领域。

2. 配套机械

主要包括灰浆搅拌机、集料斗、灰浆泵（见图 3-86）。

（三）施工工艺

水泥土墙应采用切割搭接法施工。应在前桩水泥土尚未固化时进行后序搭接桩施工。施工开始和结束的头尾搭接处，应采取加强措施，消除搭接沟缝。

深层搅拌施工应满足设计的搭接要求，每一施工段应连续施工，相邻桩体的施工间隔时间不宜超过 24h。施工开始和施工结束处的搭接应采取加强措施，设计要求插入型钢等材料时应在搅拌完成后及时插入型钢。为了保证桩的完整性和均匀性，应合理划分施工段，宜减少施工段数，缩短施工段之间的间隔时间。若间隔时间过长，应采取补桩或其他加强措施。

施工期间应对桩位、桩长、提升速度、水泥浆（粉）总用量等做出记录。深层搅拌法常用"2 搅 1 喷"、"2 搅 2 喷"、"4 搅 2 喷"、"4 搅 4 喷"等方法。水泥土挡墙的施工工艺流程

（以"4 搅 2 喷"为例）如图 3-87、图 3-88 所示。

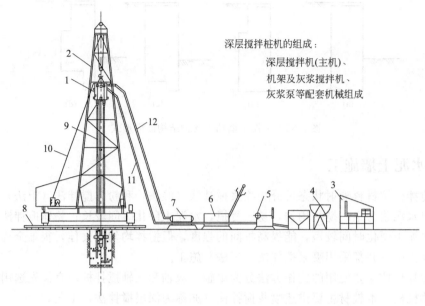

图 3-86　深层搅拌桩机机组

1—主机；2—机架；3—灰浆搅拌机；4—集料斗；5—灰浆泵；
6—贮水池；7—冷却水泵；8—道轨；9—导向管；
10—电缆；11—输浆管；12—水管

二维码 3.11

二维码 3.12

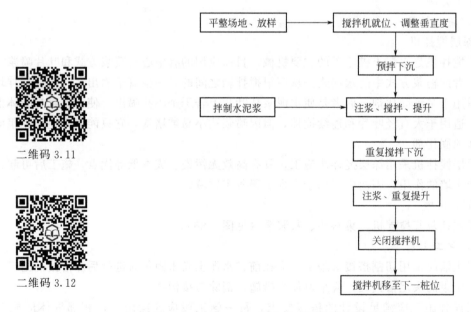

图 3-87　深层搅拌施工顺序

1. 定位

用起重机（或用塔架）悬吊搅拌机到达指定桩位，对中。

2. 预拌下沉

待深层搅拌机的冷却水循环正常后，启动搅拌机，放松起重机钢丝绳，使搅拌机沿导向架搅拌切土下沉。

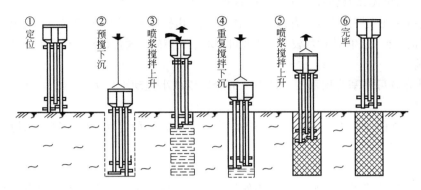

图 3-88 施工工艺流程

3. 制备水泥浆

待深层搅拌机下沉到一定深度时，即开始按设计确定的配合比拌制水泥浆，压浆前将水泥浆倒入集料斗中。

4. 提升、喷浆、搅拌

待深层搅拌机下沉到设计深度后，开启灰浆泵将水泥浆压入地基，且边喷浆、边搅拌，同时按设计确定的提升速度提升深层搅拌机。提升速度不宜大于 0.5m/min。

5. 重复上、下搅拌

为使土和水泥浆搅拌均匀，可再次将搅拌机边旋转边沉入土中，至设计深度后再提升出地面。桩体要互相搭接 200mm，以形成整体。相邻桩的施工间歇时间宜小于 10h。

6. 清洗、移位

向集料斗中注入适量清水，开启灰浆泵，清洗全部管路中残存的水泥浆，并将黏附在搅拌头的软土清洗干净；移位后进行下一根桩的施工。桩位偏差应小于 50mm，垂直度误差应不超过 1%。桩机移位，特别在转向时要注意桩机的稳定。

（四）水泥搅拌桩的实验要求

水泥土搅拌桩的强度以 28 天无侧限抗压强度 q_u 为标准，q_u 不应低于 0.8MPa。搅拌桩达到设计强度和养护龄期后方可开挖基坑。水泥土重力式围护墙中，兼作隔水帷幕的搅拌桩应满足自防渗要求。具体实验要求如下。

（1）施工前，应进行成桩试验，工艺性试桩数量不小于 3 根。通过成桩试验确定注浆流量、搅拌头或喷浆头下流和提升速度、注浆压力等参数。

（2）试块制作应采用 70.7mm×70.7mm×70.7mm 立方体试模，宜每个机械台班抽查 2 根桩，每根桩不应少于 2 个取样点；应在基坑坑底以上 1m 范围内和坑底以上最软弱土层处的搅拌桩内设置取样点。每个取样点制作 3 件水泥土试块。试块应在水下养护并测定 28 天龄期的无侧限抗压强度。

（3）搅拌桩龄期达到 28 天后，须进行实体检测，检测数量除符合相关规范及设计要求外，尚应符合以下规定：

1）动测法或轻便触探法检测其桩身完整性。动测法检测数量不少于总桩数的 10%，且不少于 5 根，轻便触探法不少于总桩数的 1%，且不少于 3 根。

2）应采用钻芯法检测水泥土搅拌桩的单轴抗压强度及完整性、水泥土墙的深度。进行单轴抗压强度试验的芯样直径不应小于 80mm。检测桩数不应少于总桩数的 1%，且不应少于 6 根。

（五）提高水泥土桩挡墙支护能力的措施

深层搅拌水泥土桩挡墙属重力式支护结构，主要由抗倾覆、抗滑移和抗剪强度控制截面和入土深度。目前这种支护的体积都较大，为此可采取下列措施，通过精心设计来提高其支护能力。

1. 卸荷

如条件允许可将基坑顶部的土挖去一部分，以减小主动土压力。

2. 加筋

可在新搅拌的水泥土桩内压入竹筋等，有助于提高其稳定性。但加筋与水泥土的共同作用问题有待研究。

3. 起拱

将水泥土桩挡墙做成拱形，在拱脚处设钻孔灌注桩，可大大提高支护能力，减小挡墙的截面。对于边长大的基坑，于边长中部适当起拱以减少变形。目前这种形式的水泥土桩挡墙已在工程中应用。

4. 挡墙变厚度

对于矩形基坑，由于边角效应，在角部的土体变形会有所减小。为此于角部可将水泥土桩挡墙的厚度适当减薄，以节约投资。

第十一节　型钢水泥搅拌墙施工

一、型钢水泥搅拌墙工艺原理

型钢水泥搅拌墙国外称为 SMW（Soil Mixing Wall 的缩写）。SMW 工法连续墙于 1976 年在日本问世。SMW 工法是以多轴型钻掘搅拌机在现场向一定深度进行钻掘，同时在钻头处喷出水泥系强化剂而与地基土反复混合搅拌，在各施工单元之间则采取重叠搭接施工，然后在水泥土混合体未结硬前插入 H 型钢或钢板作为其应力补强材，至水泥结硬，便形成一道具有一定强度和刚度的、连续完整的、无接缝的地下墙体（见图 3-89）。

图 3-89　加筋水泥土围护墙

1—插在水泥土桩中的 H 型钢；2—水泥土桩

型钢水泥搅拌墙最常用的是三轴型深层搅拌机，其中钻杆有用于黏性土及用于砂砾土和基岩之分，此外还研制了其他一些机型，用于城市高架桥下等施工，空间受限制的场合，或海底筑墙，或软弱地基加固。

二、型钢水泥搅拌墙施工工艺

型钢水泥搅拌墙的施工工艺流程图如图 3-90 所示。型钢水泥搅拌墙施工工序示意图如图 3-91 所示。

三、型钢水泥土搅拌墙主要特点

（1）施工不扰动邻近土体，不会产生邻近地面下沉、房屋倾斜、道路裂损及地下设施移位等危害。

（2）钻杆具有螺旋推进翼与搅拌翼相间设置的特点，随着钻掘和搅拌反复进行，可使水

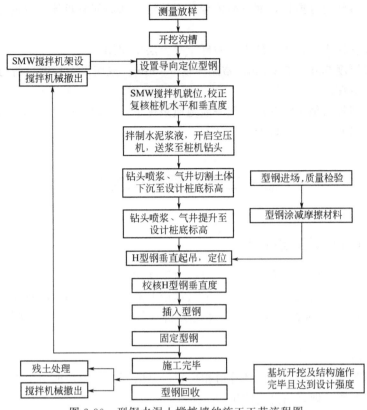

图 3-90　型钢水泥土搅拌墙的施工工艺流程图

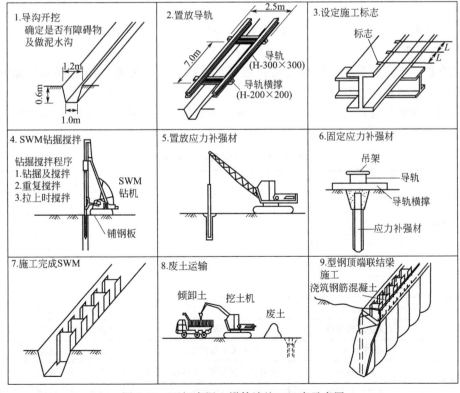

图 3-91　型钢水泥土搅拌墙施工工序示意图

泥系强化剂与土得到充分搅拌，而且墙体全长无接缝，从而使它可比传统的连续墙具有更可靠的止水性。

（3）它可在黏性土、粉土、砂土、砂砾土等土层中使用。

（4）可成墙厚度550～1300mm，常用厚度600mm；成墙最大深度目前为65m，视地质条件尚可施工至更深。

（5）所需工期较其他工法为短，在一般地质条件下，为地下连续墙的三分之一。

（6）型钢可以回收，造价较低。

第十二节　深基坑监测

一、监测项目与测点布置

基坑工程中支护结构的变形、受力、位移由于受地质条件、荷载条件、材料性质、施工条件和外界其他因素的复杂影响，很难单纯从理论上准确计算，而这些特征值又是影响基坑安全，施工安全的重要标志。因此，在理论分析指导下有计划地进行现场工程监测十分必要。

（一）监测目的

（1）将监测获取的数据与理论计算值相比较以判断原施工参数取值是否合理，以便调整下一步有关施工参数，做好信息化施工。

（2）将监测结果信息反馈优化设计，使之更符合实际，使支护结构设计更加经济、安全。

（3）积累基坑工程施工、设计优化的实际资料，用以指导今后设计、施工。

（二）监测项目

基坑支护设计应根据支护结构类型和地下水控制方法，按表3-10选择基坑监测项目，并应根据支护结构构件、基坑周边环境的重要性及地质条件的复杂性确定监测点部位及数量。选取的监测项目及其监测部位应能够反映支护结构的安全状态和基坑周边环境受影响的程度。

表 3-10　基坑监测项目选择

检测对象		监测项目	监测元件与仪器	支护结构的安全等级		
				一级	二级	三级
（一）	围护结构					
1	围护桩墙	支护结构顶部水平位移	经纬仪、水准仪	应测	应测	应测
2		支护结构深部水平位移	测斜仪	应测	应测	选测
3		挡土构件内力	钢筋应力传感器、频率仪	应测	宜测	选测
4		土压力	压力计	宜测	选测	选测
5		支护结构沉降	水准仪	应测	宜测	选测
6		孔隙水压力	孔隙水压力探头、频率仪	宜测	选测	选测
7	内支撑	支撑轴力	钢筋应力传感器、位移计、频率仪	应测	宜测	选测
8		支撑立柱沉降	水准仪	应测	宜测	选测

检测对象	监测项目	监测元件与仪器	支护结构的安全等级		
			一级	二级	三级
9 外拉锚	锚杆拉力	锚杆拉力检测仪	应测	应测	选测
10 坑内地下水	地下水位	观测井、孔隙水压力探头、频率仪	应测	应测	选测
(二) 相邻环境					
11	基坑周边建(构)筑物、地下管线、道路沉降	水准仪、水准仪	应测	应测	应测
12	坑边地面沉降	水准仪	应测	应测	宜测

注：表内各监测项目中，仅选择实际基坑支护形式所含有的内容。

安全等级为一级、二级的支护结构，在基坑开挖过程与支护结构使用期内，必须进行支护结构的水平位移监测和基坑开挖影响范围内建（构）筑物、地面的沉降监测。

工程结束时应提交完整的监测报告，报告内容包括：

(1) 监测项目和各测点的平面和立面布置图；

(2) 采用仪器的型号、规格和标定资料；

(3) 测试资料整理的计算方法；

(4) 监测值全部过程变化曲线；

(5) 监测最终结果评述。

二维码 3.13

在工程中选择监测项目时，应根据工程实际及环境需要而定。一般来说，大型工程均需测量这些项目，特别是位于闹市区的大中型工程；而中、小型工程则可选择其中几项监测项目。基坑工程中，测斜及支撑结构轴力的量测必不可少，因为它们能综合反映基坑变形、基坑受力情况，直接地反馈基坑的安全度。

（三）监测点布置（图 3-92）

支挡式结构顶部水平位移监测点的间距不宜大于 20m，土钉墙、重力式挡墙顶部水平位移监测点的间距不宜大于 15m，且基坑各边的监测点不应少于 3 个。基坑周边有建筑物的部位、基坑各边中部及地质条件较差的部位应设置监测点。

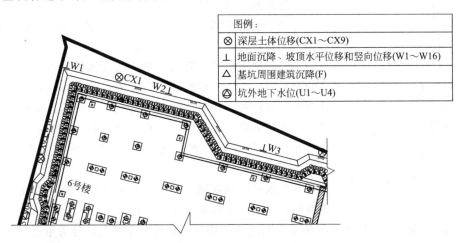

图 3-92 某高层基坑一角监测点布置

基坑周边建筑物沉降监测点应设置在建筑物的结构墙、柱上，并应分别沿平行、垂直于坑边的方向上布设。在建筑物邻基坑一侧，平行于坑边方向上的测点间距不宜大于15m。垂直于坑边方向上的测点，宜设置在柱、隔墙与结构缝部位。垂直于坑边方向上的布点范围应能反映建筑物基础的沉降差。必要时可在建筑物内部布设测点。

进行地下管线沉降监测时，当采用测量地面沉降的间接方法时，其测点应布设在管线正上方。当管线上方为刚性路面时，宜将测点设置于刚性路面下。对直埋的刚性管线，应在管线节点、竖井及其两侧等易破裂处设置测点。测点水平间距不宜大于20m。

道路沉降监测点的间距不宜大于30m，且每条道路的监测点不应少于3个。必要时，沿道路方向可布设多排测点。

对坑边地面沉降、支护结构深部水平位移、锚杆拉力、支撑轴力、立柱沉降、支护结构沉降、挡土构件内力、地下水位、土压力、孔隙水压力进行监测时，监测点应布设在邻近建筑物、基坑各边中部及地质条件较差的部位，监测点或监测面不宜少于3个。

坑边地面沉降监测点应设置在支护结构外侧的土层表面或柔性地面上。与支护结构的水平距离宜在基坑深度的0.2倍范围以内。有条件时，宜沿坑边垂直方向在基坑深度的1～2倍范围内设置多测点的监测面，且每个监测面的测点不宜少于5个。

采用测斜管监测支护结构深部水平位移时，对现浇混凝土挡土构件，测斜管应设置在挡土构件内，测斜管深度不应小于挡土构件的深度；对土钉墙、重力式挡墙，测斜管应设置在紧邻支护结构的土体内，其深度不宜小于基坑深度的1.5倍。测斜管顶部尚应设置用作基准值的水平位移监测点。

锚杆拉力监测宜采用测量锚头处的锚杆杆体总拉力的方式。对多层锚杆支护结构，宜在同一竖向平面内的每层锚杆上设置测点。

支撑轴力监测点宜设置在主要支撑构件、受力复杂和影响支护结构整体稳定性的支撑构件上。对多层支撑支护结构，宜在同一竖向平面的每层支撑上设置测点。

挡土构件内力监测点应设置在最大弯矩截面处的纵向受拉钢筋上。当挡土构件采用沿竖向分段配置钢筋时，应在钢筋截面面积减小且弯矩较大部位的纵向受拉钢筋上设置测点。如图3-93为某工程围护结构钢筋计和土压力计安装示意图。

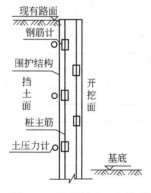

图 3-93　钢筋计和土压力计
安装示意图

支撑立柱沉降监测点宜设置在基坑中部、支撑交汇处及地质条件较差的立柱上。

当挡土构件下部为软弱持力土层，或采用大倾角锚杆时，宜在挡土构件顶部设置沉降监测点。

当监测地下水位下降对基坑周边建筑物、道路、地面等沉降的影响时，地下水位监测点应设置在降水井或截水帷幕外侧且宜尽量靠近被保护对象。基坑内地下水位的监测点可设置在基坑内或相邻降水井之间。当有回灌井时，地下水位监测点应设置在回灌井外侧。水位观测管的滤管应设置在所测含水层内。

各类水平位移观测、沉降观测的基准点应设置在变形影响范围外，且基准点数量不应少于两个。

在实际工程中，应根据工程施工引起的应力场、位移场分布情况，分清重点与一般，抓住关键部位，做到重点量测项目配套，量测数据与施工工况的具体施工参数配套，以形成有效的整个监测系统，使工程设计和施工设计紧密结合，以达到保证工程和周围环境安全和及时调整优化设计及施工的目的。

二、检测及预警

（一）仪器精度要求

基坑各监测项目采用的监测仪器的精度、分辨率及测量精度应能反映监测对象的实际状况，并应满足基坑监控的要求。各监测项目应在基坑开挖前或测点安装后测得稳定的初始值，且次数不应少于两次。

（二）检测频次

支护结构顶部水平位移的监测频次应符合下列要求：

（1）基坑向下开挖期间，监测不应少于每天一次，直至开挖停止后连续三天的监测数值稳定。

（2）当地面、支护结构或周边建筑物出现裂缝、沉降，遇到降雨、降雪、气温骤变，基坑出现异常的渗水或漏水，坑外地面荷载增加等各种环境条件变化或异常情况时，应立即进行连续监测，直至连续三天的监测数值稳定。

（3）当位移速率大于或等于前次监测的位移速率时，应进行连续监测。

（4）在监测数值稳定期间，尚应根据水平位移稳定值的大小及工程实际情况定期进行监测。支护结构顶部水平位移之外的其他监测项目，除应根据支护结构施工和基坑开挖情况进行定期监测外，尚应在出现下列情况时进行监测，直至连续三天的监测数值稳定：

1）出现支护结构顶部水平位移的监测频次为（2）、（3）款的情况时；

2）锚杆、土钉、挡土构件施工时，或降水井抽水等引起地下水位下降时，应进行相邻建筑物、地下管线、道路的沉降观测；

3）对基坑监测有特殊要求时，各监测项目的测点布置、量测精度、监测频度等应根据实际情况确定。

（5）在支护结构施工、基坑开挖期间以及支护结构使用期内，应随时对支护结构和周边环境的状况进行巡查，现场巡查时应检查有无下列现象及其发展情况：

1）基坑外地面和道路开裂、沉陷；

2）基坑周边建筑物开裂、倾斜；

3）基坑周边水管漏水、破裂，燃气管漏气；

4）挡土构件表面开裂；

5）锚杆锚头松动，锚杆杆体滑动，腰梁和锚杆支座变形，连接破损等；

6）支撑构件变形、开裂；

7）土钉墙土钉滑脱，土钉墙面层开裂和错动；

8）基坑侧壁和截水帷幕渗水、漏水、流砂等；

9）降水井抽水不正常，基坑排水不通畅。

（三）基坑支护预警

在工程监测中，每一测试项目都应根据实际情况的客观环境和设计计算书，事先确定相应的安全警戒值，以判断位移或受力状况是否会超过允许的范围，判断工程施工是否安全可靠，是否需调整施工步骤或优化原设计方案。因此，测试项目的安全警戒值的确定至关重要。一般情况下，每个警戒值应由两部分控制，即总允许变化量和单位时间内允许变化量。

安全警戒值确定的原则如下：

（1）满足设计计算的要求，不可超出设计值；

（2）满足测试对象的安全要求，达到保护目的；

（3）对于相同的保护对象，应针对不同的环境和不同的施工因素而确定；

（4）满足各保护对象的主管部门提出的要求；

（5）满足现行的相关规范、规程的要求；

（6）在保证安全的前提下，综合考虑工程质量和经济等因素，减少不必要的资金投入。

基坑监测数据、现场巡查结果应及时整理和反馈。当出现下列危险征兆时应立即报警：

（1）支护结构位移达到设计规定的位移限值，且有继续增长的趋势；

（2）支护结构位移速率增长且不收敛；

（3）支护结构构件的内力超过其设计值；

（4）基坑周边建筑物、道路、地面的沉降达到设计规定的沉降限值，且有继续增长的趋势；基坑周边建筑物、道路、地面出现裂缝，或其沉降、倾斜达到相关规范的变形允许值；

（5）支护结构构件出现影响整体结构安全性的损坏；

（6）基坑出现局部坍塌；

（7）开挖面出现隆起现象；

（8）基坑出现流土、管涌现象。

第十三节　深基坑施工技术案例

一、复杂土质条件下的深基坑施工技术

（一）工程概况

某市国际金融中心工程，包括 A 、B 区办公楼、裙楼和外扩地下室部分，建筑总面积为 49000m², 框架剪力墙结构，以桩和筏板为基础，且基础埋深为 9.3m；该建筑基坑大体上呈长方形，东西向长约为 200m，南北向宽度约为 50m，且围护的周长约为 250m，基地的开挖深度在 6.90～7.50m 范围内。该工程东部有一在运行的加油站，基坑地下车库的车道与加油站之间的距离约为 10m；基坑的北部和西部都是公路，距离基坑边线约 13m；基坑的南面则为一老旧的居民区。根据前期勘察，发现该工程建设范围内的土层分别为杂填土、粉质黏土、粉土、淤泥质粉质黏土，土质条件较为复杂，呈现出软土层分布广和土层差异大的特点，给深基坑的施工建设增加了难度。

（二）深基坑的施工技术分析

1. 基坑支护和土方开挖

（1）基坑支护施工。该工程基坑面积约为 10125m²，基坑的四周支护总长度为 520m，总的挖土方量约为 88000m³；基坑采用的是锚喷支护的方式，使用搅拌桩进行止水，并在东部的软土区域内设置内支撑；基坑顶部四周雨水向坑内进行排放，并在坑底设置明沟，通过集水井实现排水。水泥搅拌桩所使用的是直径为 700mm 的双头搅拌机，其有效的搭接长度为 250mm；固化剂使用的是普通的硅酸盐水泥，水泥用量 180kg/m，保证水灰比小于等于 0.5，无侧限抗压强度大于等于 10MPa。

基坑壁的开挖和锚喷支护的施工要相互配合，将一道锚杆作为一层的参照，对基坑进行分层和分段的挖掘。当基坑的东部挖土深度到达 -4.2m 时，要按照施工设计方案进行内支撑混凝土结构的施工；要保证钢柱按照实际要求锚入支撑梁，并用直径为 20mm 的钢筋将钢柱顶进行围通和焊接。在对锚喷支护的杆孔道内进行水泥浆的灌注时，要保证水泥砂浆的

强度达到 M20，并将第一次注浆的压力控制在 0.5～0.7MPa 范围之内，第二次的压力控制在 1～1.2MPa 范围之内，以提高锚杆的抗拔能力；预应力锚索则使用公称直径为 15.25mm 的钢绞线。

如图 3-94 所示，在进行具体施工的时候，要保证 AB、BB′ 段中的两个锚索和三锚杆之间的距离为 1600mm；B′C、CD 段中的两锚索和三锚杆之间的距离为 1500mm；DE、EE′ 段为双排灌注桩；E′F 段则为单排灌注桩，且三道预应力锚索之间的间隔距离为 2000mm；FG、FH 和 HA 段的两锚索和四锚杆之间的间隔距离为 1150mm。

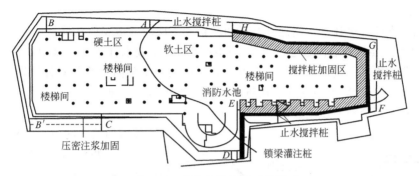

图 3-94　分段支护布置示意图

（2）挖土施工技术。挖土采用反铲挖掘机，将中间混凝土后浇带部位作为土块的分块线，使得先挖的土方要跨过后浇带 8m，并在土方垫层结束之后再进行钢筋工程的施工；如图 3-95 所示，土方开挖的顺序为由东向西，依次为 1 区、2 区和 3 区。其中，1 区在挖土分层中的第一层深在 -4.2～-6m 之间，第二层深度为 -6～-7.5m，第三层深度为 -7.5～-9.05m；2 区和 3 区在挖土分层中的第一层深为 -2.5～-4.2m，第二层深为 -4.2～-6m，第三层深为 -6～-7.5m，第四层深为 -7.5～-9.05m。

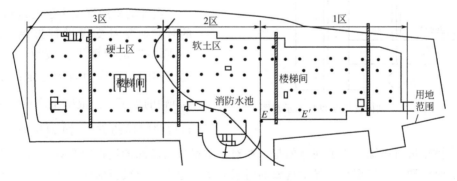

图 3-95　挖土分区示意图

基坑土方分段开挖的分层厚度控制在 1.5～2m 之内；当挖深至 -9.05m 左右的时候，要对基底标高进行测量，使用小挖掘机对基础承台进行开挖，并对排水沟进行辅助开挖，对预留桩间的土进行及时的清理；当遇到混凝土高桩的时候，在露出土方 500mm 的位置处进行截桩；当撑梁（柱）被挖出的时候，为了防止碎土落入到混凝土当中，要对附着在表面的土及时进行清除。

由于施工期是在夏季多雨时节，因此根据施工现场的实际情况设置了临时明沟和集水坑，并利用潜水泵进行积水的排放。在对明沟进行挖排的时候，在深基坑周边每间隔 30m 的位置处设置一个规格为 400mm×400mm×800mm 的集水井。

2. 换撑和土方回填

（1）回填土施工技术。在进行回填土施工之前，要保证地下室外墙的防水工程检验合格，且对外脚手架进行拆除，将杂物清理干净。回填土的顺序要按照由西向东的方向进行；基坑东部存在支撑的部位的回填土要分两次进行：第一次回填安排在换撑前，回填深度达到－5m，然后再对换撑板带进行浇筑；第二次安排在地表进行正常土方的回填，且回填土的土质要符合压实的实际要求。层厚为300mm的小面积回填可使用柴油打夯机进行夯实，层厚为500mm的大面积回填则要用挖掘机进行平整压实，并指派质检员进行现场检验。

（2）轴内支撑换撑技术。当地下2层的墙板和1层的梁板完成浇筑，且混凝土强度达到了50%的时候，要对外墙模板进行拆除，同时使用801胶水拌水泥砂浆对垫块和不平整的位置进行必要的修补，使墙面顺直、平整；之后使用聚氨酯防水涂料对外墙进行两侧涂抹，厚度要达到2mm，然后再使用砂浆在防水涂料层的外部粘贴厚度为50mm的聚苯乙烯塑料板，使得防水层不会被回填土破坏。

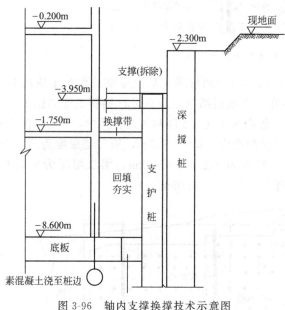

图3-96　轴内支撑换撑技术示意图

外墙回填土的施工同样按照回填土方案进行，并将50cm作为一层回填土的标准厚度；如图3-96所示，当回填土的回填深度达到－5m的时候，要在沿着地下室外侧在基坑围护周围浇筑厚度为20cm的C15混凝土，使得地下一层的梁板通过这一混凝土带和基坑四周的维护之间实现紧贴；对于基坑北部和地下室墙板之间的孔隙而言，则要使用C15混凝土一直灌实到－4.8m位置处。

当外墙板的混凝土强度达到了70%的时候，要对支撑进行拆除，并按照"一隔一"的原则进行破裂，以保证四周土体的实际撑力较为稳定；在(1-17)～(1-24)轴的地下一层混凝土浇筑结束之后，再按照同样的方法对(1-24)轴东部和西部的一条支撑梁进行破除。需要注意的是，在对支撑梁进行破除的过程中要对四周土体的稳定性进行实时监测，当发现存在异常现象的时候，要在地下一层梁板的外侧和上锁口梁的位置处增设工字钢进行加固斜撑，且要保证斜撑的角度小于等于35°。

二、某基坑支护及降水综合施工技术

（一）工程概况

某大剧院工程位于某城市商务区文化岛的中央，北邻图书馆，南邻科技馆，东面紧临汾河，地下水丰富。主要包括主剧场、音乐厅和小剧场（见图3-97、图3-98）。小剧场位于主剧场和音乐厅之间，地下2层，地上3层，基础板底标高－9.600m，承台底标高－10.870m，基坑开挖底标高－9.900m。局部开挖深度12m（集水坑、电梯并部分），距主剧场、音乐厅基础不足2m，本工程于2009年4月开工，由于受设计及工期制约，小剧场开工时，音乐厅、大剧场结构已施工至 3 层，正处于雨季，地下水位高。

图 3-97　大剧院效果

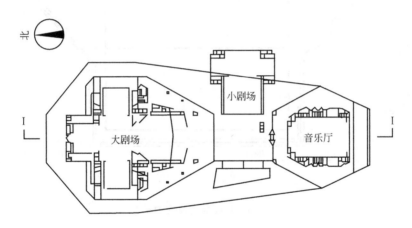

图 3-98　大剧院平面

该大剧院小剧场地下室基础承台底标高为－9.600m，集水坑、电梯井等局部基础底标高为－11.120m，现场场地标高约为－3.000m，基础开挖深度分别为 7.80～9.27m。第 1 层粉土层厚 0.30～5.50m，平均层厚 0.88m，层底高程 774.570～780.070m；第 2 层粉细砂层厚 5.10～9.70m，平均层厚 8.67m，局部有厚薄不等的淤泥层，层底埋深为 8.60～10.60m，层底高程为 768.130～769.890m；渗透系数为 0.5m/d；第 3 层细中砂层厚为 9.30～13.60m，平均层厚 11.50m，层底埋深为 19.10～23.60m，层底高程为 755.940～759.150m。场地地下水埋深为 3.5～5.7m，平均高程为 775.500m（约－4.8m）。基坑开挖支护结构安全等级为 2～3 级。

（二）基坑支护及降水方案选择

1. 基坑支护方案

基底标高及支护如图 3-99 所示。根据现场实际情况，本工程采用深层搅拌桩止水、土钉墙支护的复合土钉墙支护方案（见图 3-100）。深层搅拌桩设两排，深层搅拌桩直径 500mm，桩间距 350mm，总桩长度为 1086m；桩顶标高－2.500m，桩长 11m，采用强度等级 32.5MPa 矿渣硅酸盐水泥，用量为 60kg/m。

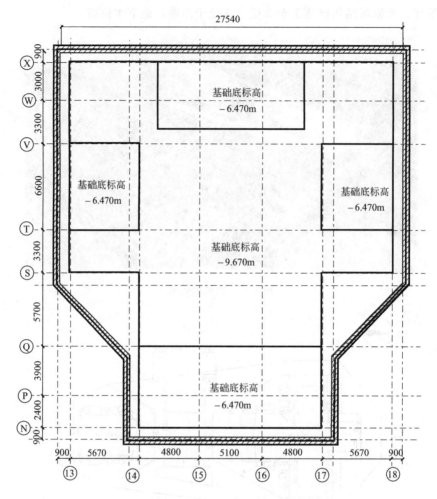

图 3-99　基底标高及支护示意

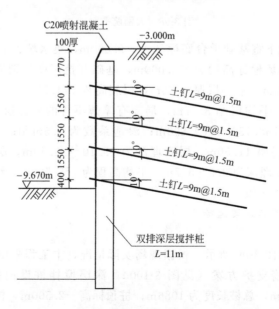

图 3-100　支护剖面

土钉墙采用打入钢管注浆工艺，打入钢管直径为48mm，钢管每500～800mm间设3个溢浆口，土钉与水平夹角为10°；注浆水泥采用强度等级为32.5MPa矿渣硅酸盐水泥，注浆量不少于30kg/m。

土钉头间连接加强筋采用φ14钢筋焊接，钢筋网片为φ6@200，外喷100mm厚C20素混凝土罩面。

2. 基坑降水方案

采取管径联合盲沟组合式降水方法施工，首先在设计图纸基坑最深处（集水坑）周围2～3m处布置管井，再遵循梅花形布置的原则布置其余管井。降水井成井直径600mm，井管使用无砂混凝土管，外径400mm。井管外侧50～100mm，以干净碎石回填，井深15m，井间距14～16m，井数7眼。随降水随开挖，遇渗透系数小的土层时，在已布置好的相邻两管井之间增设盲沟，缩短渗透系数小的土层的渗水路线，将水汇集到基坑周边布置的集水井或附近降水管井内。保持管井降水连续性工作，同时土方开挖与盲沟降水交替进行，盲沟始终位于开挖面以下0.5m，直至水位达到降水设定标高。

（三）主要技术措施

1. 深层搅拌止水帷幕桩施工

（1）施工工艺

1）施工工艺流程如图3-101所示。

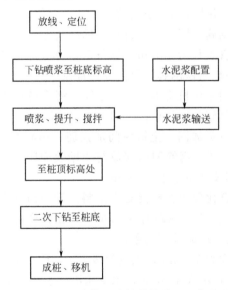

图3-101 深层搅拌止水帷幕桩施工工艺流程

2）深层搅拌桩采用湿法喷浆、四搅两喷施工工艺，施工机械有PH-5B型深层搅拌桩机、注浆泵、搅拌筒等。

（2）主要施工技术要点

1）喷浆水泥用量为60kg/m，水泥浆水灰比0.6～0.7。

2）严格控制桩位偏差小于50mm，搅拌桩搭接偏差小于30mm；成桩垂直度小于1%。防止土方开挖后帷幕桩间漏水现象发生。

3）桩机到达标定孔后对中、操平、校正垂直度，保证塔身与地面成90°，确保桩垂直度误差在1%以内。

4）制备水泥浆时严格按水泥浆配合比0.6～0.7搅拌水泥浆，待压浆前将水泥浆倒入集料斗。

5）预搅下沉：待搅拌机的冷却水循环正常后，启动搅拌机电机，放松起重机钢丝绳，使搅拌机沿导架搅拌切土下沉，下沉速度可由电机的电流监测表控制，工作电流不应大于40A。搅拌机下沉时开启灰浆泵，将水泥浆压入地基中，边喷边旋转。

6）提升喷浆搅拌：搅拌机下沉到达设计深度后，开启灰浆泵将水泥浆压入地基中，边喷边旋转，同时严格按照设计确定的提升速度提升搅拌机。

7）重复上、下搅拌：搅拌机提升至设计加固深度的顶面标高时，集料斗中的水泥浆应正好排空，为使软土和水泥浆搅拌均匀，再次将搅拌机边旋转边沉入土中，至设计加固深度后再将搅拌机提升出地面，搅拌过程同时喷水泥浆。

2. 土钉墙支护施工

（1）施工流程　第一层土方开挖→施工定位→钢管土钉加工→打入钢管土钉、土钉体注浆→安放钢筋网片、土钉头加固→喷射混凝土罩面→第一层土钉施工完毕→第二层土方开挖，循环上述过程直至全部土钉施工完毕。

（2）质量要求　土钉位置偏差小于±50mm，注浆水泥水灰比为0.6，混凝土强度等级为C20，厚度100mm。钻孔倾斜角10°，偏差范围±1°；钢筋网直径小于ϕ6@200×200。

（3）施工步骤

1）土方开挖应紧密配合土钉墙施工，采用分层、分段开挖，分段长度为15m。每层土方超挖深度在0.30m以内，并将施工场地平整。

2）土钉定位成孔：根据施工图测放土钉施工标高及土钉施工孔位。

3）钢管土钉加工：钢管直径为48mm，每隔500~800mm打3个3~5mm溢浆口，溢浆口用胶带缠绕，溢装口外焊角铁倒刺以保证成孔直径。

4）打入钢管土钉：利用空压机将钢管打入土体，钢管接头采用钢筋焊接连接。

5）土钉体注浆：将注浆管与钢管连接牢固，注浆采取压力注浆。

6）安放钢筋网片、土钉头加固。土钉体间加强筋采用ϕ14钢筋，与土钉体焊接连接牢固。钢筋网直径ϕ6@200×200。钢筋网格安放与土壁表面距离不小于30mm。边壁上的钢筋网应延伸至地表面，且其长度不小于500mm。

7）喷射混凝土：按配合比要求拌制混凝土干料。为使回弹率减少到最低限度，喷头与受喷面应保持垂直，喷头与作业面间距宜为0.6~1.0m。喷射顺序应自下而上，喷射时应控制用水量，使喷射面层无干斑或移流现象。

8）喷射混凝土罩面厚度为100mm，强度等级C20，严格按照实验室给定的配合比配制混凝土。混凝土骨料最大粒径不大于6mm，水灰比不大于0.45，砂率值为48%。每批留取试块进行强度测定。

9）喷射混凝土应分段进行，同一分段内喷射顺序应自下而上，依次喷射厚度为100mm。搭接处斜交，搭接长度不小于200mm。

3. 管径联合盲沟组合式降水施工

（1）施工工艺流程　用CAD计算定位技术设计管井、盲沟布置→钻机就位→钻机成孔、换浆→回填井底碎石层→安装井管→填滤料→下泵抽水→土方开挖至渗透系数小的土层→管井出水口增加回水阀，水回灌盲沟、集水井→盲沟、集水井砾料回填→土方开挖、盲沟、集水井循环至设计标高。

（2）管井降水

1）施工准备：施工人员认真熟悉图纸，运用CAD计算软件布置降水井，布置时要避开基础桩基及基础柱、梁等重要承重结构。在每个集水坑周围 2~3m 处分别设一口管井，其余管井呈梅花状布置，井距为 14~16m，井深低于降水面 8~10m，井点定位使用全站仪精确定位。

2）钻机成孔、换装、回填：井底碎石层降水井成井直径 600mm，采用泥浆护壁，成井深度 15m 左右。钻机成孔、换浆、回填井底碎石层，成井后及时调整井内泥浆比重及泥浆含砂率，泥浆比重不大于 1.1。成井后井底先回填 200mm 厚碎石层。

3）安装井管、填滤料：井管采用外径 $\phi 400$mm，壁厚 50mm 的无砂混凝土管作为滤水管，外缠一层 40目滤网，其中最下一节采用普通混凝土管作为沉砂管。井管接管时，无砂管周围用 3 根竹皮 10 号铅丝绑扎以保证上下无砂管轴心相对，井管外包裹 40 目滤网一层，并保证井管接触处连接严密。

降水井安放时，使井管高出场地地坪 0.3m 以上，并设醒目标志加以保护。降水井安放后立即组织回填滤料，滤料使用 5~10mm 清洁碎石，填料时要用铁锹沿井管四周缓慢填入，填至地面为止（见图 3-102）。

4）洗井井管下完滤料填满后，立即使用污水泵进行洗井作业，洗井时间为 2~3 台班。洗井结束后，随即进行抽水作业，将水排放到场外的排水沟内。

5）基坑开挖时，降水井周围采取人工开挖，井口要保护、覆盖，防止杂物掉入井内。

6）调整泵型号、管井增加回水网，调换涌水量大的管井中的潜水泵，由 40 泵换成 60 泵；同时在涌水量小的管井扬水管管口增加回水阀，将一部分水回灌至管井内，保证抽水连续进行，防止水泵空转烧坏。

（3）盲沟、集水井排水

1）人工开挖盲沟、集水井：在基坑底或开挖面，开挖排水盲沟以增加涌水量，盲沟间距为 10m，布置在相邻两管井之间，在基坑四角或坑边设置集水井，使地下水沿盲沟流入集水井中，抽水排出基坑外。

集水井设置在基础范围以外，集水井底比相连的盲沟低 1m，集水井直径（或边长）为 0.6~0.8m，沟底宽不少于 0.3m，纵向坡度为 3%~5%，沟底面比基坑底（或开挖面）低 0.5m，沟底铺 200mm 厚粒径为 20~40mm 的碎石。

2）下井、砾料回填：当集水井挖至设定标高时，坑底铺约 0.3m 厚的碎石滤层，随即放置钢筋过滤笼（过滤笼为直径 0.7m，钢筋笼外围 40 目滤网），同时将坑内过滤井周围用直径 20~40mm 碎石填满。

3）排水设备采用潜水泵、离心泵或污水泵，水泵的选型可根据排水量大小及基坑深度选用。

（4）管井及盲沟、集水井布置。

管井及集水井、盲沟布置示意如图 3-103、图 3-104 所示。

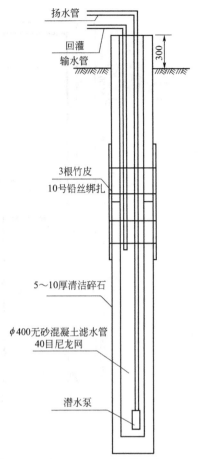

扬水管
回灌
输水管
300
3 根竹皮
10 号铅丝绑扎
5~10 厚清洁碎石
$\phi 400$ 无砂混凝土滤水管
40 目尼龙网
潜水泵

图 3-102　回灌管井示意

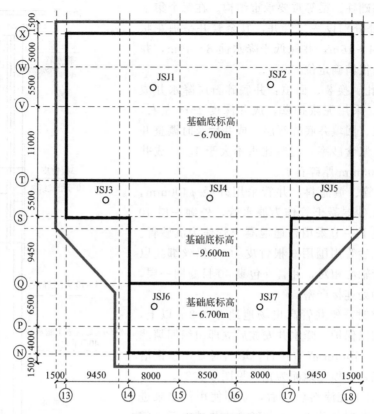

图 3-103 管井布置示意

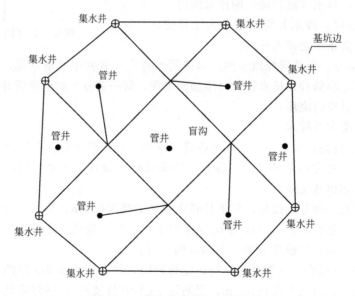

图 3-104 集水井及盲沟布置示意

（四）技术和经济效益

本大剧院多功能小剧场采用深层搅拌桩止水、土钉墙支护、管井联合盲沟组合式降水方法施工，提高施工效率，加快施工速度，节约投资，降低成本，顺利完成基坑开挖和结构底板施工，杜绝了突涌、地表塌陷、围护结构倾斜等工程事故，监测项目都控制在警戒范围内，与传统施工方法相比，在不增加降水井的情况下，加快降水速度，降水效果显著，取得了良好的经济和社会效益。

📖 自测题

1. 有支护开挖的情况下，基坑工程一般包括哪些内容？
2. 基坑支护结构设计的原则和方法有哪些？
3. 支护结构选型时，应综合考虑哪些因素？
4. 钢板桩的打设方法有哪些？各有什么优点？
5. 简述地下连续墙的工艺原理。
6. 地下连续墙的施工接头和结构接头分别有哪几类？各有什么特点？
7. 地下连续墙导墙的作用是什么？简述其施工顺序。
8. 泥浆的作用是什么？泥浆质量的控制指标有哪些？
9. 泥浆处理的方法有哪些？
10. 简述防止地下连续墙槽壁塌方的措施。
11. 简述沉渣的危害及清底的方法。
12. 简述"逆筑法"的原理及施工特点。
13. "逆筑法"地下室结构的浇筑方法有哪些，各有什么特点？
14. 内支撑结构的选型原则是什么？
15. 土层锚杆的工艺原理是什么？土层锚杆由哪几部分组成？
16. 土层锚杆的施工顺序是什么？
17. 土钉墙的工艺原理是什么？土钉墙按施工方法不同有哪些类型？
18. 普通土钉墙的工艺流程是什么？
19. 加筋水泥土桩锚工艺原理是什么？
20. 水泥土墙的工艺原理是什么？提高水泥土桩挡墙支护能力的措施有哪些？

第四章

高层建筑大体积混凝土施工

【知识目标】
- 了解大体积混凝土的定义
- 理解大体积混凝土温度裂缝产生的原因及大体积混凝土伸缩缝间距的计算方法
- 掌握温度裂缝控制的措施和方法

【能力目标】
- 能进行大体积混凝土温度裂缝控制措施方案的制订和应用

对于混凝土结构来说，当构件的体积或面积较大时在混凝土结构和构件内产生较大温度应力，如不采取特殊措施减小温度应力势必会导致混凝土开裂。温度裂缝的产生不单纯是施工方法问题，还涉及结构设计、构造设计、材料选择、材料组成、约束条件及施工环境等诸多因素。

关于大体积混凝土的定义，不同国家表述不一样。

日本建筑学会标准（JASS5）的定义是："结构断面最小尺寸在80cm以上，水化热引起混凝土内部的最高温度与外界气温之差预计超过25℃的混凝土，称为大体积混凝土。"美国混凝土协会（ACI 116R-00）的解释是：必须采取相应的预防措施，以最大限度地减少由于水泥水化热以及伴随产生的混凝土体积变化裂缝时，尺寸足够大的任何体量的混凝土均可成为大体积混凝土。我国行业标准《普通混凝土配合比设计规程》（JGJ 55—2011）的定义是："体积较大的、可能由胶凝材料水化热引起的温度应力导致有害裂缝的结构混凝土。"我国国家标准《大体积混凝土施工规范》（GB 50496—2009）的定义是："混凝土结构物实体最小几何尺寸不小于1m的大体量混凝土，或预计会因混凝土中胶凝材料水化引起的温度变化和收缩而导致有害裂缝产生的混凝土。"

第一节　大体积混凝土的温度裂缝

混凝土是多种材料组成的非匀质材料，它具有较高的抗压强度、良好的耐久性及抗拉强度低、抗变形能力差、易开裂等特性。大体积混凝土由于截面大、水泥用量大，水泥水化释放的水化热会产生较大的温度变化，由于混凝土导热性能差，其外部的热量散失较快，而内部的热量不易散失，造成混凝土各个部位之间的温度差和温度应力，从而产生温度裂缝。

一、裂缝的种类

按照不同的标准，大体积混凝土裂缝可分为不同的类型。

按产生原因一般可分为荷载作用下的裂缝（约占 10%）、变形作用下的裂缝（约占 80%）、耦合作用下的裂缝（约占 10%）。

按裂缝有害程度分有害裂缝、无害裂缝两种。有害裂缝是裂缝宽度对建筑物的使用功能和耐久性有影响。通常裂缝宽度略超规定 20% 的为轻度有害裂缝，超规定 50% 的为中度有害裂缝，超规定 100% 的（指贯穿裂缝和纵深裂缝）为重度有害裂缝。我国各种规范中允许的无害裂缝宽度一般为 0～0.3mm，其中预应力结构不允许有裂缝出现。

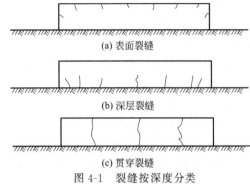

(a) 表面裂缝

(b) 深层裂缝

(c) 贯穿裂缝

图 4-1　裂缝按深度分类

按裂缝出现时间分为早期裂缝（3～28 天）、中期裂缝（28～180 天）和晚期裂缝（180～720 天，最终 20 年）。

按深度一般可分为表面裂缝、深层裂缝和贯穿裂缝三种，如图 4-1 所示。

二、裂缝产生的原因

大体积混凝土施工阶段产生的温度裂缝，是其内部矛盾发展的结果。一方面是混凝土由于内外温差产生应力和应变，另一方面是结构物的外约束和混凝土各质点的约束阻止了这种应变，一旦温度应力超过混凝土能承受的极限抗拉强度，就会产生不同程度的裂缝。总结大体积混凝土产生裂缝的工程实例，产生裂缝的基本原因有水泥水化热影响、内外约束条件的影响、外界气温变化的影响、混凝土收缩变形的影响等。常见的几种裂缝产生原因分析如下。

（一）表面裂缝

大体积混凝土浇筑初期，水泥水化热大量产生，使混凝土的温度迅速上升。但由于混凝土表面散热条件较好，热量可向大气中散发，其温度上升较少；而混凝土内部由于散热条件较差，热量不易散发，其温度上升较多。混凝土内部温度高、表面温度低，则形成温度梯度，使混凝土内部产生压应力，表面产生拉应力，当拉应力超过混凝土的极限抗拉强度时，混凝土表面就产生裂缝。

表面裂缝虽不属于结构性裂缝，但在混凝土收缩时，由于表面裂缝处的断面已削弱，易产生应力集中现象，能促使裂缝进一步开展。

国内外对裂缝宽度都有相应的规定，如我国的《混凝土结构设计规范》（GB 50010—2010），对于处于二 a 环境类别下，裂缝控制等级为三级的钢筋混凝土结构，最大裂缝宽度的限值为 0.20mm。

（二）深层裂缝

在全约束条件下，混凝土结构的变形应是温差和混凝土线膨胀系数的乘积，即：$\varepsilon = \Delta T \alpha$ ，当 ε 超过混凝土的极限拉伸值时，结构便出现裂缝。建筑或大型设备基础大体积混凝土与地基浇筑在一起，当温度变化时受到下部地基的限制，因而产生外部的约束应力。混凝土在早期温度上升时，产生的膨胀变形受到约束面的约束而产生压应力，此时混凝土的弹性模量很小，徐变和应力松弛大，混凝土与基层连接不太牢固，因而压应力较小。但当温度下降时，则产生较大的拉应力。若超过混凝土的抗拉强度，混凝土将会出现垂直裂缝。

基础约束范围内的混凝土，处在大面积拉应力状态，在这种区域若产生了表面裂缝，则极有可能发展为深层裂缝，甚至发展成贯穿性裂缝。深层裂缝部分切断了结构断面，具有很大的危害性，施工中是不允许出现的。如果设法避免基础约束区的表面裂缝，且混凝土内外温差控制适当，基本上可避免出现深层裂缝和贯穿裂缝。

（三）贯穿裂缝

大体积混凝土浇筑初期，混凝土处于升温阶段及塑性状态，弹性模量很小，变形变化所引起的应力很小，温度应力一般可忽略不计。

混凝土浇筑一定时间后，水泥水化热基本已释放，混凝土从最高温逐渐降温，降温的结果引起混凝土收缩，再加上混凝土多余水分蒸发等引起的体积收缩变形，受到地基和结构边界条件的约束，不能自由变形，导致产生拉应力，当该拉应力超过混凝土极限抗拉强度时，混凝土整个截面就会产生贯穿裂缝。

贯穿裂缝切断了结构断面，破坏了结构整体性、稳定性、耐久性、防水性等，影响正常使用。应当采取一切措施控制贯穿裂缝的开展。

三、控制裂缝开展的基本方法

从控制裂缝的观点来讲，表面裂缝危害较小，而贯穿性裂缝危害很大，因此，在大体积混凝土施工中，重点是控制混凝土贯穿裂缝的开展，常采用控制裂缝开展的基本方法有如下三种。

（一）"放"的方法

所谓"放"的方法，即减小约束体与被约束体之间的相互制约，设置永久性伸缩缝的方法。也就是将超长的现浇混凝土结构分成若干段，以期释放大部分热量和变形，减少约束应力。

（二）"抗"的方法

所谓"抗"的方法，即采取一定的技术措施，减小约束体与被约束体之间的相对温差，改善钢筋的配置，减少混凝土的收缩，提高混凝土的抗拉强度等，以抵抗温度收缩变形和约束应力。

（三）"放"、"抗"结合的方法

"放"、"抗"结合的方法，又可分为"后浇带"、"跳仓"和"水平分层间歇"等方法。

1. "后浇带"法

"后浇带"法是指现浇整体混凝土的结构中，在施工期间保留临时性温度、收缩的变形缝的方法。该缝根据工程的具体条件，保留一定的时间，再用混凝土填筑密实后成为连续、整体、无伸缩缝的结构。

在施工期间设置作为临时伸缩缝的"后浇带"，将结构分成若干段，可有效地削减温度收缩应力；在施工的后期，再将若干段浇筑成整体，以承受约束应力。在正常的施工条件下，"后浇带"的间距一般为20～30m，宽为1.0m左右；混凝土浇筑30～40d后用混凝土封闭。

2. "跳仓"法

"跳仓"法施工是指在高层和工业建筑的大面积、大厚度、超长基础底板或设备基础施工中，采取分区、分段间隔浇筑混凝土。此法是采用"抗放兼施，以抗为主，先放后抗"的原则进行施工，通过合理设置跳仓间距，将变形输给结构的总能量转化为弹性应变能、徐变消耗能、微裂耗散能和位移能释放。

"跳仓"法具有可进行流水作业施工，加快工程进度；避免结构产生有害裂缝，取消永久性伸缩缝、沉降缝及相关后浇带，省去地下结构外防水层；缩短建设工期，确保工程质量，降低施工费用和建设投资等优点。

在施工后期将跳仓部分浇筑上混凝土，将若干段浇筑成整体，再承受第二次浇筑的混凝土的温差和收缩。先浇与后浇混凝土两部分的温差和收缩应力叠加后应小于混凝土的设计抗拉强度，这就是利用"跳仓"法控制裂缝的目的。

跳仓的最大分块尺寸不宜大于40m。跳仓间隔施工时间不小于7d，相邻仓浇筑的时间一般为7～10d。图4-2为某工程跳仓施工示意图。

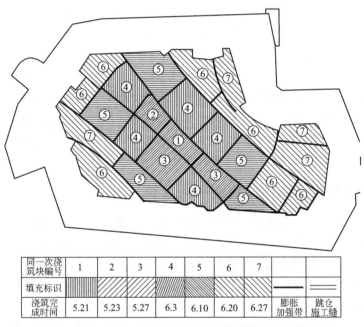

同一次浇筑块编号	1	2	3	4	5	6	7		
填充标识								—	═
浇筑完成时间	5.21	5.23	5.27	6.3	6.10	6.20	6.27	膨胀加强带	跳仓施工缝

图4-2　某工程跳仓施工示意图

3. "水平分层间歇"法

水平分层间歇法，即以减少混凝土浇筑厚度的方法来增加散热机会，以减小混凝土浇筑温度的上升，并使混凝土浇筑后的温度分布均匀。此法的实质是：当水化热大部分是从上层表面散热时，可以分为几个薄层进行浇筑。根据工程实践经验，水平分层厚度一般可控制在0.6～2.0m范围内，相邻两浇筑层之间的间隔时间，应以既能散发大量热量，又不引起较大约束应力为准，一般以5～7d为宜。

第二节　大体积混凝土的温度应力与裂缝控制

一、大体积混凝土温度应力与裂缝分析

大体积混凝土浇筑时的温度取决于它本身所储备的热能，在绝热条件下，混凝土内部的

最高温度是浇筑温度与水泥水化热温度的总和。但在实际情况下，由于混凝土的温度与外界环境有温差存在，而结构物四周又不可能做到完全绝热，因此，在新浇筑的混凝土与其四周环境之间，就会发生热能的交换。模板、外界气候（包括温度、湿度和风速）和养护条件等因素，都会不断改变混凝土所储备的热能，并促使混凝土的温度逐渐发生变动。因此，混凝土内部的最高温度，实际上是由浇筑温度、水泥水化热引起的绝对温升和混凝土浇筑后的散热温度三部分组成。

由于混凝土结构的热传导性能差，其周围环境气温以及日辐射等作用将使其表面温度迅速上升（或降低），但结构的内部温度仍处于原来状态，在混凝土结构中形成较大的温度梯度，因而使混凝土结构各部分处于不同的温度状态，由此产生了温度变形，当被结构的内、外约束阻碍时，会产生相当大的温度应力。混凝土结构的温度应力，实际上是一种约束应力，与一般荷载应力不同，温度应力与应变不再符合简单的胡克定律关系，而是出现应变小而应力大、应变大而应力小的情况；其次，由于混凝土结构的温度荷载沿板壁厚度方向的非线性分布，混凝土结构截面上的温度应力分布具有明显的非线性特征；另外，混凝土结构中的温度应力具有明显的时间性，是瞬时变化的。

建筑工程大体积混凝土结构的尺寸没有水利工程大体积混凝土结构那样厚大，因此，裂缝的出现不仅有水泥水化热的问题和外界气温的影响，而且还显著受到收缩的影响。建筑工程结构多为钢筋混凝土结构，一般不存在承载力的问题，因此，在施工阶段，结构产生的表面裂缝危害性较小，主要应防止贯穿性裂缝；而外约束不仅是导致裂缝的主要因素，同时也是决定伸缩缝间距（或裂缝间距）的主要条件。

二、大体积混凝土结构伸缩缝间距计算

合理设置伸缩缝（包括沉降缝）是防止混凝土和钢筋混凝土开裂的重要措施。钢筋混凝土结构的伸缩缝主要使结构不至于由于周围气温变化、水泥水化热温差及收缩作用而产生有害裂缝。在现行《混凝土结构设计规范》（GB 50010—2010）中，对伸缩缝的设定，例如挡土墙、地下室墙壁等，对室内或土中钢筋混凝土允许间距为 30m，素混凝土为 20m；对露天相应为 20m 和 10m。但是在某些情况下，例如在建筑物中不宜设置伸缩缝或规范附注中允许通过计算采取可靠措施扩大伸缩缝间距；或施工中需要调整伸缩缝位置；或结构在施工期处于不利的环境条件中时，常常需要对结构的伸缩缝间距进行必要的验算或计算。

地下钢筋混凝土（或混凝土）底板或长墙的最大伸缩间距（整体浇筑长度，下同）可按下式计算：

$$L_{\max} = 2\sqrt{\frac{HE}{C_x}} \, \mathrm{arch} \, \frac{|\alpha T|}{|\alpha T| - |\varepsilon_p|} \tag{4-1}$$

式(4-1)是按混凝土的极限拉伸推导的，是混凝土底板尚未开裂时的最大伸缩缝间距。一旦混凝土底板在最大应力处（结构中部）开裂，则形成两块板。这种情况下的最大伸缩缝间距只有式(4-1)求出的 1/2，此时伸缩缝间距称为最小伸缩缝间距，其值为：

$$L_{\min} = \frac{1}{2}[L_{\max}] = \sqrt{\frac{HE}{C_x}} \, \mathrm{arch} \, \frac{|\alpha T|}{|\alpha T| - |\varepsilon_p|} \tag{4-2}$$

在计算时，一般多采用两者的平均值，即以平均的最大伸缩缝间距 L_{cp} 作为控制整体浇筑长度的依据，如超过 $[L_{cp}]$ 则表示需要留伸缩缝，不超过，就可整体浇筑，不留伸缩缝。故地下钢筋混凝土（或混凝土）底板或长墙的平均最大伸缩缝间距可按下式计算：

$$L_{cp} = 1.5\sqrt{\frac{\overline{H}E_{(t)}}{C_{xl}}} \, \text{arch} \, \frac{|\alpha T|}{|\alpha T| - |\varepsilon_p|} \qquad (4\text{-}3)$$

式中　　L_{cp}——板或墙允许平均最大伸缩缝间距；

　　　　$\overline{H}$——板厚或墙高的计算厚度或计算高度；当实际厚度或高度 $H \leqslant 0.2L$ 时，取 $\overline{H} = H$，即实际厚度或实际高度；当 $H > 0.2L$ 时，取 $\overline{H} = 0.2L$；

　　　　L——底板或长墙的全长；

　　　　$E_{(t)}$——混凝土的弹性模量；

$$E_{(t)} = \beta E_c (1 - e^{-0.09t}) \qquad (4\text{-}4)$$

　　　　E_c——混凝土的最终弹性模量，N/mm^2；可近似取 28d 的混凝土弹性模量，可按表 4-1 取用；

表 4-1　混凝土的弹性模量

混凝土强度等级	C15	C20	C25	C30	C35	C40	C45	C50	C55	C60	C65	C70	C75	C80
$E_c/(\times 10^4 N/mm^2)$	2.20	2.55	2.80	3.00	3.15	3.25	3.35	3.45	3.55	3.60	3.65	3.70	3.75	3.80

注：1. 当有可靠试验依据时，弹性模量值也可根据实测数据确定；

2. 当混凝土中掺有大量矿物掺合料时，弹性模量可按规定龄期根据实测值确定。

　　　　e——常数，为 2.718；

　　　　t——龄期，d；

　　　　β——混凝土中掺合料对弹性模量的修正系数，$\beta = \beta_1\beta_2$；

　　　　β_1，β_2——分别为混凝土中掺粉煤灰和矿渣粉的掺量对应的弹性模量修正系数。当掺量分别为 0、20%、30%、40% 时，β_1（掺粉煤灰）为 1、0.99、0.98、0.96；β_2（掺矿渣粉）为 1、1.02、1.03、1.04。

　　　　C_{xl}——反映地基对结构约束程度的地基水平阻力系数，可按表 4-2 取；

表 4-2　地基水平阻力系数 C_{xl}

项次	地基条件	承载力/(kN/m²)	$C_{xl}/(N/mm^2)$	$C_{xl}/(10^{-2}N/mm^2)$
1	软黏土	80～150	0.01～0.03	1～3
2	一般砂质黏土	250～400	0.03～0.06	3～6
3	坚硬黏土	500～800	0.06～0.10	6～10
4	风化岩、低强度混凝土垫层	5000～10000	0.60～1.00	60～100
5	C10 以上混凝土垫层	5000～10000	1.00～1.50	100～150

　　　　T——结构相对地基的综合温差，包括水化热温差、气温差和收缩当量温差，当截面厚度小于 500mm 时，不考虑水化热的影响；

$$T = T_{y(t)} + T_2 + T_3$$

　　　　$T_{y(t)}$——收缩当量温差；由收缩相对变形求得：

$$T_{y(t)} = -\frac{\varepsilon_{y(t)}}{\alpha}$$

　　　　α——混凝土的线膨胀系数，$1/℃$，1.0×10^{-5}（$1/℃$）；

　　　　$\varepsilon_{y(t)}$——各龄期混凝土的收缩变形值；按下式计算求得：

$$\varepsilon_{y(t)} = 3.24 \times 10^{-4} \times (1 - e^{-0.01t}) \times M_1 \times M_2 \times \cdots \times M_n$$

M_1、M_2、$\cdots$、M_n——不同条件影响系数，按表 4-3 取用；

表 4-3 混凝土收缩值不同条件影响修正系数

水泥品种	M_1	水泥细度/(m³/kg)	M_2	水胶比	M_3	胶浆量/%	M_4	养护时间/d	M_5	环境相对湿度/%	M_6	$\bar{r}$	M_7	$\dfrac{E_sA_s}{E_eA_e}$	M_8	减水剂	M_9	粉煤灰掺量/%	M_{10}	矿物粉掺量/%	M_{11}
矿渣水泥	1.25	300	1.00	0.3	0.85	20	1.00	1	1.11	25	1.25	0	0.54	0.00	1.00	无	1.00	0	1.00	0	1.00
低热水泥	1.10	400	1.13	0.4	1.00	25	1.20	2	1.11	30	1.18	0.1	0.76	0.05	0.86	有	1.30	20	0.86	20	1.01
普通水泥	1.00	500	1.35	0.5	1.21	30	1.45	3	1.09	40	1.10	0.2	1.00	0.10	0.76	—	—	30	0.89	30	1.02
火山灰水泥	1.00	600	1.58	0.6	1.42	35	1.75		1.07	50	1.00	0.3	1.03	0.15	0.68	—	—	40	0.90	40	1.03
抗硫酸盐水泥	0.78	—	—	—	—	40	2.10	5	1.04	60	0.88	0.4	1.20	0.20	0.61						
—		—		—		45	2.55	7	1.00	70	0.77	0.5	1.31	0.25	0.55						
—		—		—		50	3.03	10	0.95	80	0.70	0.6	1.40								
								14~180	0.93	90	0.54	0.7	1.43								

注：1. $\bar{r}$ 为水力半径的倒数，构件截面周长（L）与截面积（A）之比，$\bar{r}=L/A(\text{cm}^{-1})$。

2. E_sA_s/E_eA_e 为广义配筋率，E_s、E_e 为钢筋、混凝土的弹性模量（N/mm²），A_s、A_e 为钢筋、混凝土的截面积（mm²）。

3. 粉煤灰（矿渣粉）掺量指粉煤灰（矿渣粉）掺合料重量占胶凝材料总重的百分数。

T_2——水化热引起的温差；$T_2=T_b-\dfrac{2}{3}\Delta T_1$；

T_b——保温养护条件下混凝土的表面温度，℃；

ΔT_1——混凝土截面中心与表面之间的温差，℃；ΔT_1 的值无实测资料时可按照混凝土水化热绝热温升值计算；

T_3——气温差；$T_3=T_0-T_h$；

T_0——混凝土浇筑、振捣完毕开始养护时的温度，℃；

T_h——混凝土浇筑完达到稳定时的温度，一般根据历年气象资料取当年平均气温，℃；

arch——双曲余弦函数的反函数，可用下式计算求得：$\text{arch}x=\ln(x\pm\sqrt{x^2-1})$。

ε_p——混凝土的极限拉伸值，由瞬时极限拉伸值 ε_{pa} 和徐变变形 ε_n（与 ε_{pa} 近似相等，若为了安全考虑取值 $\varepsilon_n=1.5\varepsilon_{pa}$）两部分组成，一般取 $\varepsilon_p=\varepsilon_{pa}+\varepsilon_n=2\varepsilon_{pa}$；$\varepsilon_{pa}=0.5f_{tk(t)}\left(1+\dfrac{\rho}{d}\right)\times10^{-4}\dfrac{\ln t}{\ln 28}$；

ρ——截面配筋率；

d——钢筋直径，mm；

$f_{tk(t)}$——混凝土龄期为 t 时的抗拉强度标准值，N/mm²；

$$f_{tk(t)}=f_{tk}(1-e^{-\gamma t}) \tag{4-5}$$

f_{tk}——混凝土抗拉强度标准值，N/mm^2；可按表 4-4 取值；

γ——系数，应根据所用混凝土试验确定；当无试验数据时，可取 0.3。

表 4-4　混凝土抗拉强度标准值

符号	混凝土强度等级			
	C25	C30	C35	C40
$f_{tk}/(N/mm^2)$	1.78	2.01	2.20	2.39

【例 4-1】　现浇钢筋混凝土矩形底板，厚度 1.2m，沿底板横向配置受力筋，纵向配置 Φ14mm 螺纹筋，间距 150mm，配筋率 0.205%；混凝土强度等级采用 C30，地基为坚硬黏土；施工条件正常（用 32.5 级普通硅酸盐水泥配置，水泥用量为 345kg/m^3，粉煤灰掺量 3.45kg/m^3，水灰比为 0.52，混凝土坍落度 180～200mm，机械振捣，混凝土养护良好；假定 15d 龄期时混凝土表层温度为 15℃，混凝土中心最高温度与混凝土表层温度之差为 15℃），试计算早期（15d）不出现贯穿性裂缝的允许间距。

【解】　分析题意知：求出 $L_{cp}=1.5\sqrt{\dfrac{\overline{H}E_{(t)}}{C_{x1}}}\ \mathrm{arch}\ \dfrac{|\alpha T|}{|\alpha T|-|\varepsilon_p|}$ 即可

（1）求出 $\overline{H}$。

因为实际厚度或高度 $H\leqslant0.2L$ 时，取 $\overline{H}=H$，即实际厚度或实际高度；

所以，$\overline{H}=1.2\mathrm{m}$

（2）求出 15d 时的 $E_{(t)}$。

15d 混凝土的弹性模量由公式（4-4）得：

$E_{(15)}=3.0\times10^4\times(1-e^{-0.09t})=3.0\times10^4\times(1-e^{-0.09\times15})=2.22\times10^4$（N/mm^2）

（3）求出 C_{x1}

据表 4-2 取 $C_{x1}=80\times10^{-3}$N/mm^2

（4）求出综合温差 T。

$$T=T_{y(t)}+T_2+T_3$$

1）求 T_2

$$T_2=T_b+\frac{2}{3}\Delta T_1=15+\frac{2}{3}\times15=25\ （℃）$$

2）求 T_3

由于时间短、养护较好，气温差忽略不计。所以取 $T_3=0$。

3）求 $T_{y(t)}$

由表 4-3 知，$M_1=1.0$，M_4、M_7 均为 1，$M_2=1.06$，$M_3=1.25$，$M_5=0.93$，$M_6=0.7$，$M_8=0.95$。

则混凝土的收缩变形值为：

$$\begin{aligned}\varepsilon_{y(15)}&=\varepsilon_y^0(1-e^{-0.01t})\times M_1\times M_2\times M_3\times\cdots\times M_n\\&=3.24\times10^{-4}\times(1-2.718^{-0.15})\times1.06\times1.25\times0.93\times0.7\times0.95\\&=0.369\times10^{-4}\end{aligned}$$

收缩当量温度：

$$T_{y(15)}=-\frac{\varepsilon_{y(15)}}{\alpha}=\frac{0.369\times10^{-4}}{1\times10^{-5}}=3.69\approx4\ （℃）$$

4）求 T

$$T = T_{y(t)} + T_2 + T_3 = 4 + 25 + 0 = 29 \text{（℃）}$$

（5）混凝土的极限拉伸值 ε_p。

因为

$$f_{tk(15)} = f_{tk}(1 - e^{-\gamma t}) = 2.01 \times (1 - 2.718^{-0.3 \times 15}) = 1.99 \text{（N/mm}^2）$$

$$\varepsilon_p = 2.0\varepsilon_{pa} = 2.0 \times 0.5 f_{tk(t)} \left(1 + \frac{\rho}{d}\right) \times 10^{-4} \times \frac{\ln t}{\ln 28}$$

$$= 2.0 \times 0.5 \times 1.99 \times \left(1 + \frac{0.205\%}{0.014}\right) \times 10^{-4} \times \frac{\ln 15}{\ln 28}$$

$$= 1.87 \times 10^{-4}$$

（6）求伸缩缝允许最大间距 L_{cp}。

由公式（4-2）伸缩缝允许最大间距为：

$$L_{cp} = 1.5\sqrt{\frac{HE_{(t)}}{C_{x1}}} \text{arch} \frac{|\alpha T|}{|\alpha T| - |\varepsilon_p|}$$

$$= 1.5 \times \sqrt{\frac{1200 \times 2.22 \times 10^4}{80 \times 10^{-3}}} \times \text{arch} \frac{|1.0 \times 10^{-5} \times 29|}{|1.0 \times 10^{-5} \times 29| - |1.026 \times 10^{-4}|}$$

$$= 1.5 \times 18.25 \times 10^3 \times \text{arch} 1.547 = 27648.75(\text{mm}) \approx 27.6(\text{m})$$

$$[\text{arc} 1.547 = \ln(1.547 + \sqrt{1.547^2 - 1}) = \ln 2.737 \approx 1.01]$$

由计算知，板允许最大伸缩缝间距为 27.6m，板纵向长度小于 27.6m 可以避免裂缝出现，如超过 27.6m，则需在中部设置伸缩缝或"后浇缝"。

【例 4-2】 地下箱形基础，底板已浇筑完毕，后浇侧墙，纵向长 60m，高 13m，壁厚 300mm，混凝土强度等级 C30，沿长墙纵向配置双层直径 10mm 构造钢筋，间距 150mm。采用大开挖施工，底板处于土中，长侧墙长期不回填土而处于大气中，长墙与基础有相对温差及收缩差，设平均降温差为 15℃，平均收缩当量温差为 20℃，试验算长墙的温度伸缩缝间距。

【解】 本工程为一般施工条件，

综合温差 $T = T_{y(t)} + T_2 + T_3 = 20 + 15 = 35$ （℃）

构造配筋率 $\rho = 0.35\%$

混凝土的极限拉伸：

$$\varepsilon_p = 2\varepsilon_{pa} = 2 \times 0.5 f_{tk(t)} \left(1 + \frac{\rho}{d}\right) \times 10^{-4}$$

$$= 2 \times 0.5 \times 2.01 \times \left(1 + \frac{0.35\%}{0.1}\right) \times 10^{-4} = 1.93 \times 10^{-4}$$

墙体计算高度 $\overline{H}$ 的确定：

当墙体的实际高度 $H \leqslant 0.2L$ 时，$\overline{H} = H$

本例 $H = 13 > 0.2L = 0.2 \times 60 = 12$ （m），则取：

墙体计算高度 $\overline{H} = 0.2L = 12$ （m），据表 4-2 取 $C_{x1} = 1000 \times 10^{-3}$ （N/mm^3）

允许平均最大伸缩缝间距：

$$L_{cp} = 1.5\sqrt{\frac{HE_{(t)}}{C_{x1}}} \text{arch} \frac{|\alpha T|}{|\alpha T| - |\varepsilon_p|}$$

$$=1.5\times\sqrt{\frac{12000\times3.0\times10^4}{1000\times10^{-3}}}\times\text{arch}\frac{|1.0\times10^{-5}\times35|}{|1.0\times10^{-5}\times35|-|1.93\times10^{-4}|}$$

$$=1.5\times18.97\times10^3\times1.44=40975(\text{mm})\approx41(\text{m})<60\text{m}$$

在长侧墙中部需设一条伸缩缝或"后浇缝"，才可避免出现裂缝。本例情况，亦可用于室外挡土墙、地下隧道、长通廊、长地沟等。

第三节　大体积混凝土温度裂缝的控制措施

防止产生温度裂缝是大体积混凝土研究的重点。我国自 20 世纪 60 年代开始进行相关研究，目前已积累了很多成功的经验。工程上常用的防止混凝土裂缝的措施主要有：①采用中低的水泥品种；②降低水泥用量；③合理分缝分块；④掺加外加料；⑤选择适宜的骨料；⑥控制混凝土的出机温度和浇筑温度；⑦预埋水管，通水冷却，降低混凝土的最高温升；⑧表面保护，保温隔热；⑨采取防止混凝土裂缝的结构措施等。

在结构工程的设计与施工中，对于大体积混凝土结构，为防止其产生温度裂缝，除需要在施工前进行认真计算外；还要做到在施工过程中采取有效的技术措施，根据我国的施工经验应着重从控制混凝土温升、延缓混凝土降温速率、减少混凝土收缩、提高混凝土极限拉伸值、改善混凝土约束程度、完善构造设计和加强施工中的温度监测等方面采取技术措施。以上这些措施不是孤立的，而是相互联系、相互制约的，施工中必须结合实际、全面考虑、合理采用，才能收到良好的效果。

一、混凝土原材料的选用

（一）水泥的选用

大体积混凝土结构引起裂缝的主要原因是：混凝土的导热性能较差，水泥水化热的大量积聚，使混凝土出现早期温升和后期降温现象。因此，控制水泥水化热引起的温升，即减小降温温差，对降低温度应力、防止产生温度裂缝能起到釜底抽薪的作用。

1. 水泥品种的选择

混凝土温升的热源是水泥水化热，故选用中低热的水泥品种，可减少水化热，使混凝土减少升温。配制大体积混凝土所用水泥的选择及其质量，应符合下列规定：

（1）应选用中、低热硅酸盐水泥或低热矿渣硅酸盐水泥，大体积混凝土施工所用水泥其 3 天的水化热不宜大于 240kJ/kg，7 天的水化热不宜大于 270kJ/kg；

（2）当混凝土有抗渗指标要求时，所用水泥的铝酸三钙含量不宜大于 8%；

（3）所用水泥在搅拌站的入机温度不应大于 60℃。

在结构施工过程中，由于结构设计的硬性规定极大地制约了材料的选择，混凝土强度不可能因为考虑到施工工作性能的优劣而有所增减，因此，在保证混凝土强度的前提下，如何尽可能地减小水化热这个问题就显得尤其重要。

2. 减少水泥用量，充分利用混凝土的后期强度

由于水泥水化热而导致的温度应力是地下室墙板产生裂缝的主要原因，且混凝土的强度、抗渗等级越高，结构产生裂缝的概率也越高。在地下室外墙施工中，除了在保证设计要求的条件下尽量降低混凝土的强度等级以减少水化热外，还应充分利用混凝土的后期强度。实验数据表明，每立方米的混凝土水泥用量每增（减）10kg，水泥水化热使混凝土的温度

相对升（降）达1℃。

一方面在满足混凝土温度和耐久性的前提下，尽量减少水泥用量，严格控制每立方米混凝土水泥用量不超过400kg；另一方面可根据结构实际承受荷载的情况，对结构的强度和刚度进行复算，并取得设计单位、监理单位和质量检查部门的认可后，采用f_{45}、f_{60}或f_{90}替代f_{28}作为混凝土的设计强度，这样可使每立方米混凝土的水泥用量减少40~70kg左右，混凝土的水化热温升相应降低4~7℃。

结构工程中的大体积混凝土，大多采用矿渣硅酸盐水泥，其熟料矿物含量比硅酸盐水泥的少得多，而且混合材料中活性氧化硅、活性氧化铝与氢氧化钙、石膏的作用，在常温下进行缓慢，早期强度（3d、7d）较低，但在硬化后期（28d以后），由于水化硅酸钙凝胶数量增多，使水泥石强度不断增长，最后甚至超过同标号的普通硅酸盐水泥，对利用其后期强度非常有利。

（二）外加剂的选用

工程实践证明，在施工中优化混凝土级配、掺加适宜的外加剂，以改善混凝土的特性，是大体积混凝土施工中的一项重要技术措施。常用的外加剂有微膨胀剂、减水剂、引气剂等。外加剂的选择除应满足国家规范、相关标准及有关环境规定外，尚应符合下列要求：

（1）外加剂的品种、掺量应根据工程所用胶凝材料经试验确定。

（2）应提供外加剂对硬化混凝土收缩等性能的影响。

由于大体积混凝土施工时所采用的外加剂对于硬化混凝土的收缩会产生很大的影响，所以对于大体积混凝土施工时采用的外加剂，必须将其收缩值作为一项重要指标加以控制。

以高效减水剂为例，掺入高效减水剂后的混凝土收缩值与所配制的混凝土强度等级、水泥品种、坍落度、高效减水剂的品种等因素有关。一般而言，掺入高效减水剂的混凝土与基准混凝土保持坍落度相同时，其收缩值比基准混凝土略有降低；而当坍落度增加时则有所增加，且增加的幅度不尽相同，一般在20%~30%，有些品种的外加剂其收缩值可达35%~40%。其主要原因是：高效减水剂的掺入使水泥的孔结构发生了改变，使毛细孔孔径变小，将增大孔中水分的内聚力，而导致收缩值增大。

（3）耐久性要求较高或寒冷地区的大体积混凝土，宜采用引气剂或引气减水剂。

（三）骨料的选择

大体积混凝土砂石料的重量约占混凝土总重量的85%，正确选用砂石料对保证混凝土质量、节约水泥用量、降低水化热数量、降低工程成本是非常重要的。骨料的选用应根据就地取材的原则，首先考虑选用生产成本低、质量优良的天然砂石料。根据国内外对人工砂石料的试验研究和生产实践，证明采用人工骨料也可以做到经济实用。

1. 粗骨料的选择

为了达到预定的要求，同时又要发挥水泥最有效的作用，粗骨料有一个最佳的最大粒径。但对于结构工程的大体积混凝土，粗骨料的规格往往与结构物的配筋间距、模板形状以及混凝土的浇筑工艺等因素有关。

结构工程的大体积混凝土，宜优先采用以自然连续级配的粗骨料配制。这种用连续级配粗骨料配制的混凝土，具有较好的和易性、较少的用水量和水泥用量，以及较高的抗压强度。粗骨料选取在满足规范及相关标准的条件下还需满足如下要求。

（1）粗骨料宜选用粒径在5~31.5mm范围内，并连续级配，含泥量不大于1%。

（2）应选用非碱活性的粗骨料。但是如使用了无法判定是否是碱活性骨料或有碱活性的骨料时，应采用《通用硅酸盐水泥》(GB 175—2007) 等水泥标准规定的低碱水泥，并按照表 4-5 控制混凝土碱含量；也可采用抑制碱骨料反应的其他措施。

表 4-5　混凝土碱含量限值

反应类型	环境条件	混凝土最大碱含量(按 Na_2O 当量计)/(kg/m^3)		
		一般工程环境	重要工程环境	特殊工程环境
碱硅酸盐反应	干燥环境	不限制	不限制	3.0
	潮湿环境	3.5	3.0	2.0
	含碱环境	3.0	用非活性骨料	

（3）当采用非泵送施工时，粗骨料的粒径可适当增大。

选用较大骨料粒径，不仅可以减少用水量，使混凝土的收缩和泌水随之减少，也可减少水泥用量，从而使水泥的水化热减小，最终降低混凝土的温升。但是，骨料粒径增大后，容易引起混凝土的离析，影响混凝土的质量。因此，进行混凝土配合比设计时，不要盲目选用大粒径骨料，必须进行优化级配设计，施工时加强搅拌、浇筑和振捣等工作。

2. 细骨料的选择

大体积混凝土中的细骨料，宜采用中砂，其细度模数宜大于 2.3，含泥量不大于 3%。骨料中含泥量偏大时，会造成很多问题。例如：混凝土的坍落度降低、坍落度损失较大、早期和后期裂缝增加、混凝土强度降低等。

二、外部环境的影响

（一）加强混凝土浇筑与振捣

底板大体积混凝土宜采用斜面式分层浇捣，利用自然流淌形成斜坡，由远到近自下而上逐层沿混凝土的流淌方向连续浇筑。通过减小浇筑层的厚度和采用合理的浇筑顺序，来加快混凝土在凝结初期的水泥水化热的散失，从而降低混凝土的中心温度。

为预防早期塑性裂缝的产生，可采用二次振捣和表面修整的方法。二次振捣的时间在初次振捣后 0.5h 左右，即混凝土尚处于塑性状态时。再根据振捣环境条件的不同控制及时把握二次振捣的时机；此方法可以提高混凝土的浇筑密度，尽量多的消除结构构件四周的水泡和缩水裂缝。浇筑后通过及时排除表面积水，加强早期养护，加强混凝土的浇灌振捣，可达到提高混凝土密实度和提高混凝土早期或相应龄期的抗拉强度和弹性模量的效果。

另外，对浇筑后的混凝土进行二次振捣，能排除混凝土因泌水而在粗骨料、水平钢筋下部生成的水分和空隙，提高混凝土与钢筋的握裹力，防止因混凝土沉落而出现的裂缝，减小内部微裂，增加混凝土密实度，使混凝土的抗压强度提高 10%～20%，从而提高抗裂性。混凝土二次振捣的恰当时间是指混凝土经振捣后还能恢复到塑性状态的时间，一般称为振动界限，在实际工程中应由试验确定。由于采用二次振捣的最佳时间与水泥的品种、水灰比、坍落度、气温和振捣条件等有关，同时，在确定二次振捣时间时，既要考虑技术上的合理，又要满足分层浇筑、循环周期的安排，在操作时间上要留有余地，避免由于这些失误而造成"冷接头"等质量问题。

（二）控制混凝土浇筑温度

混凝土从搅拌机出料后，经过运输、泵送、浇筑、振捣等工序后的温度称为混凝土的浇筑温度。由于浇筑温度过高会引起较大的干缩，因此应适当地限制混凝土的浇筑温度，一般情况下，建议混凝土的最高浇筑温度应控制在 30℃ 以下。

（三）混凝土的养护控制措施

在混凝土浇筑之后，应采取长时间的养护。规定合理的拆模时间，延缓降温的时间和速度，从而充分发挥混凝土的"应力松弛效应"；加强对混凝土温度的监测与管理，实行信息化控制，随时对混凝土内的温度变化进行控制，使其内外温差控制在 25℃ 以内，基面温差和基底面温差均控制在 20℃ 以内；同时调整保温及养护措施，使混凝土的温度梯度和湿度不致过大，以便有效的控制结构裂缝的出现；浇筑完成的混凝土应尽可能晚拆模，且拆模后的混凝土表面温度不应在短时间内下降 15℃ 以上。

（四）防风和回填

外部气候也是影响混凝土裂缝发生和开展的因素之一，其中，风速对混凝土的水分蒸发有直接的影响。基础完成后应及时回填土，以避免其侧面长期暴露。土是最佳的养护介质，地下室外墙混凝土施工完毕后，在条件允许的情况下也应尽快回填。

三、改善边界约束和构造设计

（一）合理设置后浇带

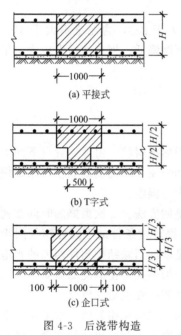

(a) 平接式

(b) T字式

(c) 企口式

图 4-3　后浇带构造

后浇带的间距由最大整浇长度的计算确定，一般正常情况下由计算确定，其间距为 20～30m。用后浇带分段施工时，其计算是将降温温差和收缩分为两部分，在第一部分内结构被分成若干段，使之能有效地减小温度和收缩应力；在施工后期再将这若干段浇筑成整体，继续承受第二部分降温温差和收缩的影响。这两部分降温温差和收缩作用下产生的温度应力叠加，其值应小于混凝土的设计抗拉强度，此即是利用后浇带控制产生裂缝并达到不设永久性伸缩缝的原理。

后浇带的构造有平接式、T字式、企口式三种，如图 4-3 所示。后浇带的宽度应考虑施工方便，避免应力集中，宽度可取 700～1000mm。当地上、地下都为现浇钢筋混凝土结构时，在设计中应标明后浇带的位置，并应贯通地上和地下整个结构，但钢筋不应截断。后浇带的保留时间一般不宜少于 40d，在此期间，早期温差及 30% 以上的收缩已经完成。在填筑混凝土之前，必须将整个混凝土表面的原浆凿清形成毛面，清除垃圾及杂物，并隔夜浇水浸润。填筑的混凝土可采用膨胀混凝土，要求混凝土强度比原结构提高 5～10N/mm^2，并保持不少于 14d 的潮湿养护。

（二）合理配筋

在构造设计方面进行合理配筋，对混凝土结构的抗裂有很大作用。工程实践证明，当混凝土墙板的厚度为 400～600mm 时，采取增加配置构造钢筋的方法，可使构造筋起到温度筋的作用，能有效提高混凝土的抗裂性能。

配置的构造筋应尽可能采用小直径、小间距。例如配置直径 6～14mm、间距控制在 100～150mm。按全截面对称配筋比较合理，这样可大大提高抵抗贯穿性开裂的能力。进行全截面配筋，含筋率应控制在 0.3%～0.5% 之间为好。

对于大体积混凝土，构造筋对控制贯穿性裂缝作用不太明显，但沿混凝土表面配置钢筋，可提高面层抗表面降温的影响和干缩。

（三）设置滑动层

由于边界条件在约束下才会产生温度应力，因此，在与外约束的接触面上设置滑动层可以大大减弱外约束。可在外约束两端各 1/5～1/4 的范围内设置滑动层；对约束较强的接触面，可在接触面上直接设滑动层。

滑动层的做法有铺设一层刷有两道热沥青的油毡，或铺设 10～20mm 厚的沥青砂，或铺设 50mm 厚的砂或石屑层。

（四）设置缓冲层

在高、低底板交接处和底板地梁等处，用 30～50mm 厚的聚苯乙烯泡沫塑料做垂直隔离层，如图 4-4 所示，以缓冲基础收缩时的侧向压力。

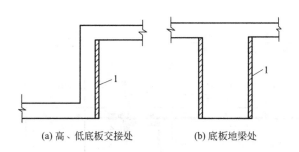

(a) 高、低底板交接处　　　(b) 底板地梁处

图 4-4　缓冲层示意图
1—聚苯乙烯泡沫塑料

（五）设置应力缓和沟

日本清水建筑公司曾成功研制在大体积混凝土表面设置应力缓和沟的办法，并已成功在工程中应用。这种方法是在混凝土建筑物表面每隔一定距离，按其厚度的 20% 左右，设置一应力缓和沟（有放射状、圆周状、格子状、组合状等），见图 4-5。此应力缓和沟可将混凝土表面的拉应力抵消 20%～50%。该法不需特殊设备，只需在混凝土浇灌前安装应力缓和沟的模板即可。

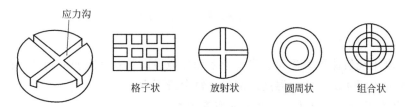

应力沟

格子状　　　放射状　　　圆周状　　　组合状

图 4-5　应力缓和沟设置方法

（六）避免应力集中

在孔洞周围、基础底板断面变化部位、转角处等，由于温度变化和混凝土收缩，会产生应力集中而导致混凝土裂缝。为此，可在孔洞四周增配斜向钢筋、钢筋网片；在变断面处避免断面突变，可作局部处理使断面逐渐过渡。同时增配一定量的抗裂钢筋（见图 4-6），这对防止裂缝产生是有很大作用的。

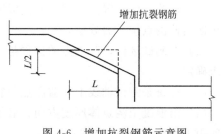

增加抗裂钢筋

图 4-6　增加抗裂钢筋示意图

四、加强温控施工监测

在大体积混凝土的凝结硬化过程中，随时摸清大体积混凝土不同深度温度场升降的变化规律，及时监测混凝土内部的温度情况，对于有的放矢地采取相应的技术措施，确保混凝土不产生过大的温度应力，具有非常重要的作用。

目前工程上常用的混凝土测温仪器是电子混凝土测温仪，主机一般是便携式，且可分别与测温探头或测温线连接构成测温系统。预埋式测温线（图4-7）由插头、导线和温度传感器制成，适合测量混凝土内部温度，每支测温线可测一点温度，在施工中可任意布置测温点。

测试过程中一般能及时描绘出各点的温度变化曲线和断面的温度分布曲线；发现温控数值异常并能及时报警。

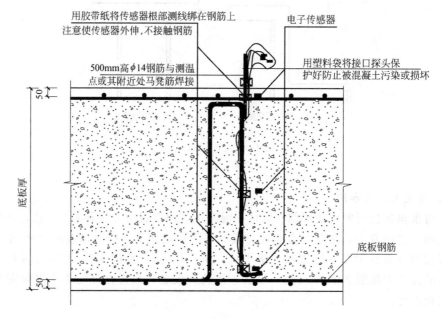

图4-7 预埋式测温线埋设示意图

（一）温控检测规定

大体积混凝土浇筑体里表温差、降温速率和环境温度及温度应变的测试，在混凝土浇筑后，每昼夜不应少于4次；入模温度的测量，每台班不少于2次。

（二）大体积混凝土浇筑体内监测点的布置方式

大体积混凝土浇筑体内监测点的布置，应真实地反映出混凝土浇筑体内最高温升、里表温差、降温速率及环境温度，可按下列方式布置：

（1）监测点的布置范围应以所选混凝土浇筑体平面图对称轴线的半条轴线为测试区，在测试区内监测点按平面分层布置；

（2）在测试区内，监测点的位置与数量可根据混凝土浇筑体内温度场分布情况及温控的要求确定；

（3）在每条测试轴线上，监测点位宜不少于4处，应根据结构的几何尺寸布置；

（4）沿混凝土浇筑体厚度方向，必须布置外面、底面和中间温度测点，其余测点宜按测点间距不大于600mm布置；

（5）保温养护效果及环境温度监测点数量应根据具体需要确定；

（6）混凝土浇筑体的外表温度，宜为混凝土外表以内 50mm 处的温度；

（7）混凝土浇筑体底面的温度，宜为混凝土浇筑体底面上 50mm 处的温度。

（三）测温元件的选择规定

（1）测温元件的测温误差不应大于 0.3℃（25℃环境下）；

（2）测试范围：−30～150℃；

（3）绝缘电阻应大于 500MΩ。

（四）温度和应变测试元件的安装及保护

温度和应变测试元件的安装及保护，应符合下列规定：

（1）测试元件安装前，必须在水下 1m 处经过浸泡 24h 不损坏；

（2）测试元件接头安装位置应准确，固定应牢固，并与结构钢筋及固定架金属体绝热；

（3）测试元件的引出线宜集中布置，并应加以保护；

（4）测试元件周围应进行保护，混凝土浇筑过程中以及下料时不得直接冲击测试元件及其引出线；振捣时，振捣器不得触及测试元件及引出线。

第四节　大体积混凝土施工

一、基本要求

（一）大体积混凝土的施工组织设计

施工组织设计是指导建筑工程施工全过程的纲领性文件。大体积混凝土与普通混凝土施工有较大区别，由于水泥用量大、水泥水化所释放的水化热会产生较大的温度变化和收缩作用，措施不当易产生有害裂缝。根据大体积混凝土的特点和工程实践经验，对大体积混凝土的施工组织设计规定了九个方面的内容，且有关安全管理与文明施工还应遵守国家现行的有关规定。

大体积混凝土的施工组织设计应包括下列主要内容：

（1）大体积混凝土浇筑体温度应力和收缩应力的计算。

（2）施工阶段主要抗裂构造措施和温控指标的确定。

施工阶段的温控指标包括：温升峰值、里表温差、降温速率、混凝土表面与大气温差等。

施工阶段目前应用较成熟的主要抗裂构造措施包括但不限于：

1）结合大体积混凝土的施工方法配置控制温度和收缩的构造钢筋；

2）大体积混凝土置于岩石类地基上时，宜在混凝土垫层上设置滑动层；

3）对大模板、桩基和已有混凝土等外部较强约束的情况下，可在其周边结合模板构造设置聚苯板等缓冲层，改善对混凝土块体的约束条件；

4）采用二次振捣和二次压光工艺，增加混凝土的密实度，减少沉缩变形所引起的表面裂缝；

5）因地制宜地优选原材料和施工方法，如降低水化热和采取跳仓法、留置施工缝等。

（3）原材料优选、配合比设计、制备与运输计划。

（4）混凝土主要施工设备和现场总平面布置。

由于大体积混凝土施工的混凝土用量大，目前绝大多数采用的是商品混凝土或现场自备搅拌站。故而大体积混凝土施工设备主要包括混凝土搅拌运输车、混凝土泵车、地泵、布料机、振捣设备、现场搅拌站等。

大体积混凝土施工时，其现场总平面布置应该考虑：

1）预拌混凝土的卸料点至浇筑处尽量靠近；若地点较远，可考虑地泵，但应注意地泵的长度不宜过长，以免压力不足，造成混凝土离析。

2）便于混凝土搅拌运输车行走、错车、喂料，当使用地泵时，泵管布设合理有序，接、拆布料操作方便，并符合从远到近、退管施工的原则。

3）应保障混凝土施工时水、电的供应，尽量避免施工过程中突然停水、停电。

（5）温控监测设备和测试布置图。

（6）混凝土浇筑顺序和施工进度计划。混凝土的浇筑顺序主要是根据采用分层间歇浇筑施工、推移式连续浇筑施工或跳仓法的不同而确定。确定浇筑顺序和施工进度计划有利于劳动力的准备、现场施工设备的确定、原材料的选择和混凝土的制备、配套系统的协调等，以确保混凝土浇筑的连续性和施工质量。

（7）混凝土保温和保湿养护方法，其中保温覆盖层的厚度可根据温控指标的要求计算。

（8）主要应急保障措施。主要应急保障措施是针对在施工过程中可能突然出现的停水、停电、混凝土运输车辆交通受阻、现场施工设备出现故障时，如何保证大体积混凝土的制备、运输、浇筑和混凝土浇筑质量。

（9）特殊部位和特殊气候条件下的施工措施。

（二）温度控制

大体积混凝土工程施工前，宜对施工阶段大体积混凝土浇筑体的温度、温度应力及收缩应力进行试算，并确定施工阶段大体积混凝土浇筑体的升温峰值、里表温差及降温速率的控制指标，制定相应的温控技术措施。

温控指标宜符合下列规定：

（1）混凝土浇筑体在入模温度基础上的温升值不宜大于50℃；

（2）混凝土浇筑块体的里表温差（不含混凝土收缩的当量温度）不宜大于25℃；

（3）混凝土浇筑体的降温速率不宜大于2.0℃/d；

（4）混凝土浇筑体表面与大气温差不宜大于20℃。

大体积混凝土施工前，应做好各项施工前准备工作，并与当地气象台、站联系，掌握近期气象情况。必要时，应增添相应的技术措施；在冬期施工时，还应符合国家现行有关混凝土冬期施工的标准。

二、大体积混凝土结构施工

（一）钢筋工程

大体积混凝土结构的钢筋，一般具有数量多、直径大、分布密、上下层钢筋高差大等特点。

为使钢筋网片的网格方整划一、间距正确，在进行钢筋绑扎或焊接时，可采用4～5m长卡尺限位绑扎。即根据钢筋间距在卡尺上设置缺口，绑扎时在长钢筋的两端角卡尺缺口卡住钢筋，待绑扎牢固后拿去卡尺，这样既能满足钢筋间距的质量要求，又能加快绑扎的速度。钢筋的连接，可采用气压焊、对接焊、螺纹和套筒挤压连接等方法，见图4-8。

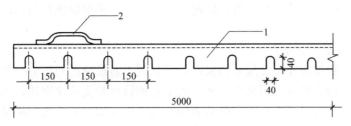

图 4-8　绑扎钢筋用角钢卡尺

1—角钢卡 L63×6；2—把手（φ12 把手）

大体积混凝土结构由于厚度大，多数设计为上、下两层钢筋。为保证上层钢筋的标高和位置准确无误，应设立支架支撑上层钢筋。过去多用钢筋支架，不仅用钢量大，稳定性差，操作不安全，而且难以保持上层钢筋在同一水平上。因而目前一般采用角钢焊制的支架来支承上层钢筋的重量、控制钢筋的标高、承担上部操作平台的全部施工荷载。钢筋支架立柱应经过设计确定，其上部用横楞和铺脚手板组成浇筑混凝土用的操作平台，见图 4-9。

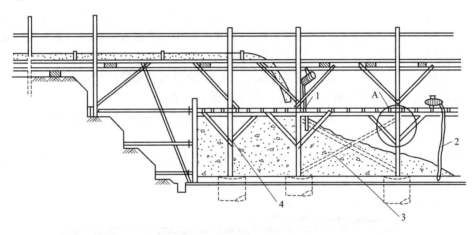

图 4-9　钢筋支架与操作平台

1—二次振捣；2—初次振捣；3—剪刀撑；4—钢筋支架

钢筋网片和骨架多在钢筋加工厂加工成型，运到施工现场进行安装。工地要设简易的钢筋加工成型机械，以便对钢筋整修和临时补缺加工。

（二）模板工程

1. 基本规定

（1）大体积混凝土的模板和支架系统应按国家现行有关标准的规定进行强度、刚度和稳定性验算，同时还应结合大体积混凝土的养护方法进行保温构造设计。

（2）模板和支架系统在安装、使用和拆除过程中，必须采取防倾覆的临时固定措施。本条为强制性条文，应严格执行。

（3）后浇带或跳仓法留置的竖向施工缝，宜用钢板网、铁丝网或小板条拼接支模，也可用快易收口网进行支挡；后浇带的垂直支架系统宜与其他系统分开。

（4）大体积混凝土的拆模时间，应满足国家现行标准对混凝土的强度要求，混凝土浇筑体表面与大气温差不应大于 20℃；当模板作为保温养护措施的一部分时，其拆模时间应根据现行规范规定的温控要求确定。

（5）大体积混凝土宜适当延迟拆模时间，拆模后，应采取措施预防寒流袭击、突然降温和剧烈干燥等。

2. 大体积混凝土模板施工技术

模板是保证工程结构外形和尺寸的关键，而混凝土对模板的侧压力是确定模板尺寸的依据。大体积混凝土的浇筑常采用泵送工艺，该工艺的特点是浇筑速度快，浇筑面集中。由于泵送混凝土的操作工艺决定了它不可能做到同时将混凝土均匀地分送到浇筑混凝土的各个部位，所以，往往会使某一部分的混凝土升高很大，然后才移动输送管，依次浇筑另一部分的混凝土。因此，采用泵送工艺的大体积混凝土的模板，绝对不能按传统、常规的办法配置。而应当根据实际受力状况，对模板和支撑系统等进行认真计算，以确保模板体系具有足够的强度、刚度和稳定性。

（1）泵送混凝土对模板侧压力计算 泵送混凝土对模板的最大侧压力值，可参考《土木工程施工》教材有关模板侧压力计算章节。

（2）侧模及支撑 根据以上计算的混凝土最大侧压力值，可确定模板体系各部件的断面和尺寸，在侧模及支撑设计与施工中（见图4-10），应注意以下几方面。

1）由于大体积混凝土结构基础垫层面积较大，垫层浇筑后其面层可能不在同一水平面上。较常见的做法是在钢模板的下端统长铺设小方木，用水平仪找平调整，确保安装好的钢模板上口能在同一标高上。另外，沿基础纵向两侧及横向混凝土浇筑最后结束的一侧，在小方木上开设排水栅，以便将大体积混凝土浇筑时产生的泌水和浮浆排出坑外。

2）基础钢筋绑扎结束完成后，需进行模板的最后校正。

3）为了确保模板的整体刚度，在模板外侧布置统长横向围檩，并与竖向肋用连接件固定。

4）由于泵送混凝土浇筑速度快，对模板的侧向压力也相应增大，所以，为确保模板的安全和稳定，在模板外侧另加若干木支撑。

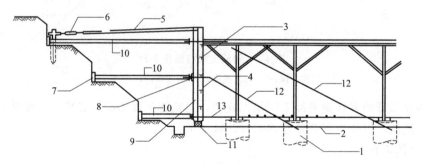

图 4-10　侧模支撑示意图

1—钢管桩；2—混凝土垫层面；3—L40×4角钢搁栅；4—5mm钢模板板面；
5—L50×5，每模板2根（校正模板上口位置）；6—花篮螺栓；7—通长木垫头枋；
8—2根 [8通长槽钢腰梁；9—2根 [8@1000；10—75mm×75mm方木@1000；
11—50mm×100mm小方木；12—ϕ22拉杆；13—拉杆与受力钢筋焊接

（三）混凝土工程

高层建筑基础大体积混凝土数量大，很多高层建筑的基础达数千立方米甚至一万立方米以上，如上海中心大厦的地下室底板混凝土达到 $6100m^3$。对于这些大体积混凝土的浇筑，应采用集中搅拌站供应商品混凝土，搅拌车运送到施工现场，由混凝土泵（泵车）进行浇筑。

采用预拌混凝土，这是一个全盘机械化的混凝土施工方案，其关键是如何使这些机械相互协调，做施工部署。

1. 施工平面布置

混凝土泵送能否顺利进行，在很大程度上取决于合理的施工平面布置、泵车的布局以及施工现场道路的畅通。

（1）混凝土泵车的布置

1）根据混凝土的浇筑计划、顺序和速度等要求来选择混凝土泵车的型号、台数，确定每一台泵车负责浇筑的范围。

2）在泵车布置上，应尽量使泵车靠近基坑，使布料杆扩大服务半径，并尽量减少用90°的弯管。

3）严格施工平面管理和道路交通管理，抓好施工道路的质量，确保料车、搅拌运输车正常运输。因此，各种作业场地、机具和材料都要按划定的区域和地点操作或堆放，车辆行驶路线也要分区规划安排，以保证行车的安全和畅通。

（2）防止泵送堵塞的措施

1）泵送前应检查泵机运行情况，确保运行正常。空转正常后，应先泵送适量的水，润湿混凝土的料斗、活塞及输送管内壁等直接与混凝土接触的部位。

2）泵机料斗上要有筛网，并派专人值班，监视出料情况，当发现大块物料时，应立即拣出。

3）泵送混凝土前，经泵水确认管道内无异物后，应泵送与混凝土内砂浆成分相同的水泥砂浆，砂浆的量不要太多，能够润滑整个管道即可。使输送管壁处于充分滑润状态，再开始泵送混凝土。砂浆泵送完毕后，随之应马上放入混凝土进行泵送，直至配管末端打出混凝土为止。

4）开始泵送时，混凝土泵应处于慢速、均匀并随时可反映泵的状态。泵送速度应先慢后快，逐步加速。

5）混凝土应保证连续供应，以确保泵送连续进行，尽可能防止停歇。万一不能连续供料，宁可放慢泵送速度，以保证连续泵送。当发生供应脱节不能连续泵送时，泵机不能停止工作，应每隔4～5min使泵正、反转两个冲程，把料从管道内抽回重新拌合，再泵入管道，以免管道内拌和结块或沉淀。同时开动料斗中的搅拌器，搅拌3～6转，防止混凝土离析。

6）泵送时，应随时观察泵送效果，若喷出混凝土像一根柔软的柱子，直径微微放粗，石子不露出，更不散开，证明泵送效果尚佳；若喷出一半就散开，说明和易性不好；喷到地面时砂浆飞溅严重，说明坍落度应再小些。

7）当输送管被堵塞无法泵送时，应采取下列方法排除：①重复进行正泵和反泵，逐步使堵塞部位的混凝土松动，实现可泵送。②用锤连续敲击，使之松动，再进行正反泵作业，排除堵塞。当上述两种方法均无效时，应首先反泵两次卸压，再将配管拆开，清除堵塞后，拧紧接头方可重新泵送。

2. 大体积混凝土的浇筑

大体积混凝土的浇筑类似普通混凝土，也包括搅拌、运送、浇筑入模、振捣及平仓等工序，其中浇筑方法可结合结构物大小、钢筋疏密、混凝土供应条件以及施工季节等情况加以选择。

（1）混凝土浇筑方法　为保证混凝土结构的整体性，混凝土应连续浇筑，要求在下层混凝土初凝前就被上层混凝土覆盖并捣实。根据结构特点不同，可分为全断面分层浇筑、分段分层浇筑和斜面分层浇筑等方案，常用的是斜面分层浇筑法，见图 4-11。

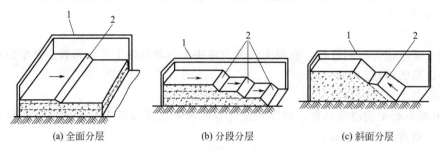

(a) 全面分层　　　　　(b) 分段分层　　　　　(c) 斜面分层

图 4-11　大体积混凝土基础浇筑方法

1—模板；2—新浇筑的混凝土

采用斜面分层浇筑方案时，斜面坡度取决于混凝土坍落度，一般为 1∶3～1∶7 混凝土浇筑厚度一般为 20～30cm，振捣工作应从浇筑层的下端开始。

（2）混凝土振捣　　根据混凝土泵送时会自然形成一个坡度的实际情况，在每个浇筑带的前、后布置两道振动器，第一次振动器布置在混凝土卸料点，主要解决上部混凝土的捣实；第二次振动器布置在混凝土坡脚处，以确保下部混凝土的密实。随着混凝土浇筑工作的向前推进，振动器也相应跟上，以保证整个高度混凝土的质量，见图 4-12。

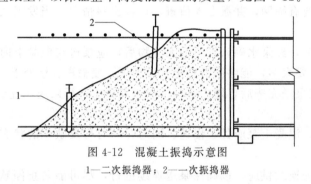

图 4-12　混凝土振捣示意图

1—二次振捣器；2—一次振捣器

3. 混凝土的泌水处理和表面处理

（1）混凝土的泌水处理　　大体积混凝土施工采用分层浇筑，上下层施工的间隔时间较长（一般为 1.5～3h），经过振捣后上涌的泌水和浮浆易顺混凝土坡面流到坑底。当采用泵送混凝土施工时，泌水现象尤为严重，解决的办法是在混凝土垫层施工时，预先在横向上做出高差的坡度；在结构四周侧模的底部开设排水孔，使泌水从孔中自然流出；少量来不及排除的泌水，随着混凝土浇筑向前推进被赶至基坑顶端，由顶端模板下部的预留孔排至坑外，见图 4-13。

当混凝土的坡脚接近顶端模板时，应改变混凝土的浇筑方向，即从顶端往回浇筑，与原斜坡相交成一个集水坑，然后用软轴泵及时将泌水排除。采用这种方法适用于排除最后阶段的所有泌水。

（2）混凝土的表面处理　　大体积混凝土（尤其是泵送混凝土），其表面水泥浆较厚，不仅会引起混凝土的表面收缩开裂，而且会影响混凝土的表面强度。因此，在混凝土浇筑结束后要认真进行表面处理。处理的基本方法是在混凝土浇筑 4～5h 左右，先初步按设计标高用长刮尺刮平，在初凝前（设初凝时间延长到 6～8h）用铁滚筒碾压数遍，再用木楔打磨压实、磨平，以闭合收水裂缝。经 12～14h 后，覆盖二层草袋（包）充分浇水润湿养护。

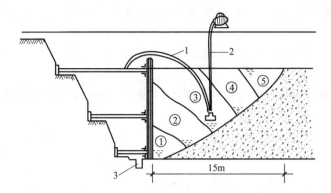

图 4-13　顶端混凝土浇筑方向及泌水排除

1—顶端混凝土浇筑方向（①、②、…表示分层浇筑流程）；2—软轴泵抽水机排除泌水；3—排水沟

第五节　大体积混凝土基础施工与温度控制技术案例

某广电中心项目一期建设工程分为东、西两区。东区主要包括主楼、裙楼、动力中心等。建筑面积为 $22.78 \times 10^4 m^2$，其中主楼地下 2 层，地上 46 层，建筑结构高度为226.700m，塔尖高度为 276.700m，结构体系采用框架—核心筒结构。主楼筒体承台基础（CT-1）形状为部分圆环形，内弧长49.715m，外弧长 76.799m，宽 17.378m，厚 3.5m，混凝土面标高为 -10.200m。混凝土强度等级均为 C35，抗渗等级为 P8，属大体积混凝土。

一、混凝土配合比及技术要求

选用大型搅拌站供应的预拌混凝土。配合比设计时尽量减小每立方米水泥用量和用水量。为确保底板混凝土浇筑时不出现冷缝，降低混凝土内部水化热、延缓水化热峰值，适当增加混凝土拌合物的凝结时间，改善混凝土的工作性能和可靠性。经过试配验证和水化热验算，最终选定混凝土配合比如表 4-6 所示。

表 4-6　基础承台 C35（P8）混凝土配合比

材料名称	水胶比	砂率	水泥	掺合料		石子 5～31.5mm	砂	外加剂		水
				矿粉	粉煤灰			CL-1	SY-G	
材料用量/(kg/m³)			298	48	52	1103	798	6.8	40	175
配合比	0.44	39%	1	12%	13%	2.77	2.00	1.7%	10%	0.44

二、施工方法

（一）基础承台 CT-1 混凝土浇筑工艺流程

测量放线→固定地泵、汽车泵→接泵管→浇筑混凝土→混凝土养护→测温。

（二）承台混凝土浇筑

CT-1 混凝土浇筑方案采用斜面分层，分层厚度不大于 0.5m，混凝土自然流淌角度为20°，斜面长度为 10.2m，宽度约为 17m，每层浇筑混凝土为 86.7m³。按常规一台输送泵每小时的混凝土浇筑量为 30m³，3 台输送泵并排浇筑，则每层混凝土浇筑完所需时间为 0.96h。

CT-1 及周边底板混凝土以后浇带为界，分两段浇筑，每段浇筑量约 3300m³，则每段浇筑时间为 36.7h。

混凝土浇筑的泵管布置及施工流向如图 4-14 所示。图中虚线为混凝土浇筑方向。

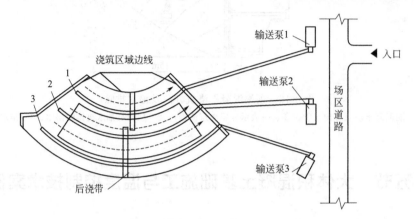

图 4-14 基础承台 CT-1 混凝土浇筑泵管布置及混凝土浇筑线路示意
1—泵管 1；2—泵管 2；3—泵管 3；- - - ►布置线路

（三）承台上部钢筋型钢支撑

承台上部钢筋网片采用 10 号槽钢支撑，在承台中部设有钢筋网片 Φ12@200×200 （图 4-15），防止混凝土内裂缝的产生。

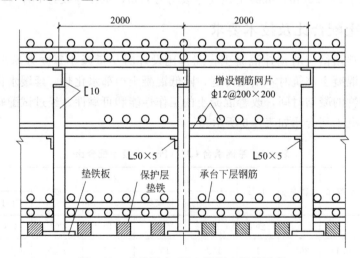

图 4-15 基础承台 CT-1 混凝土浇筑示意

三、混凝土温度监测

采用热敏电阻＋电子计算机的自动化测温方案，由测温软件自动记录，自动生成曲线，当混凝土内外温差超过施工规范要求的温差值时，系统即可自动报警。

测温点平面布置与混凝土浇筑方向平行纵向排列，根据 CT-1 平面尺寸，适宜布置 4 组测点，每组测点沿混凝土厚度在底部、中部和表面均匀布置 3 个测点，上测点距表面、下测点距底面均为 100mm，并须对保温层和大气层中的温度进行监测（图 4-16）。

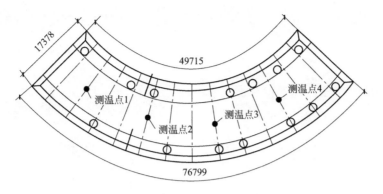

(a) 测温点平面布置

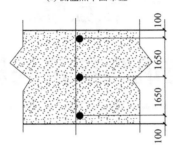

(b) 沿混凝土深度测温点布置

图 4-16　CT-1 测温点布置示意

四、实施效果

从整个温度监测结果（表 4-7）可看出，基础底板 4 组测温点分别在混凝土浇筑后 5～7d 温升至峰值温度；从各测点的降温曲线分析，降温过程平稳，降温速率平均控制在 1.5℃/d 内，各测试位置的相邻测温点温差均未超过监测报警温差（25℃），均在温控要求数值内，未产生较大的温度梯度。

表 4-7　现场计算机自动测温之最高温度及温差

测区	混凝土厚/m	中心最高温度/℃	中心与表面最大温差/℃	出现时间/h	结论
01	3.5	70.4	22.1	120	
02	3.5	71.2	19	123	≤25℃
03	3.5	67.6	23.2	112.5	
04	3.5	71.6	20.8	138.5	

自测题

1. 大体积混凝土的定义是什么？
2. 大体积混凝土控制裂缝开展的基本方法有哪些？
3. 工程上常用的防止混凝土裂缝的措施主要有哪些？
4. 简述改善大体积混凝土边界约束和构造设计的方法。
5. 大体积混凝土的施工组织设计应包括哪些主要内容？

第五章

高层建筑起重及运输机械

【知识目标】

• 了解施工外用电梯的特点；了解各类塔式起重机装拆程序及操作要求
• 理解泵送混凝土施工机械的原理；理解附着式塔式起重机的锚固要点
• 掌握如何选择塔式起重机

【能力目标】

• 能够正确选择高层建筑的施工运输机械

高层建筑施工有大量的建筑材料、半成品、成品要进行垂直运输，此外还有施工人员的上下，因此，起重运输机械的正确选择和使用非常重要。

高层建筑施工运输的主要特点是：①垂直运输量大、高度大；②结构、水电、装修齐头并进，交叉作业多运输多；③工期紧张；④施工人员上下频繁，人员交通量大；为了保证施工有条不紊，确保工程质量、工期经济效益的顺利实现，选择合理的垂直运输机械并加以合理运用是关键之一。

高层建筑施工常用的垂直运输机械有：塔式起重机、施工外用电梯、混凝土泵等。

第一节　起重运输体系的选择

一、高层建筑施工运输体系选择

目前，我国高层建筑工程最常见的结构形式为钢筋混凝土结构，其施工过程需要运输的物料主要是模板（滑模、爬模除外）、钢筋和混凝土，另外还有墙体材料、装饰材料以及施工人员的上下。

高层建筑施工运输体系主要有以下几种：

（1）塔式起重机＋施工电梯；

（2）塔式起重机＋混凝土泵＋施工电梯；

（3）塔式起重机＋快速提升机（或井架起重机）＋施工电梯。

第一种运输体系具有垂直运输的高度高、幅度大、垂直与水平能同时交叉立体作业等优点。但它一次性机械投资费用大，且受环境影响大（如大风、雨雪），同时由塔式起重机运输全部材料、设备，其作业量较大。

第二种采用混凝土泵车与塔式起重机具有很大优越性。首先，混凝土输送作业是连续的，输送效率高；其次，占用场地小，现场文明；此外，其作业安全，大风等环境因素对它的影响小。但它的设备投资大，机械使用台班费高。

第三种方法机械成本低，一次性投资少，制作简便，但在楼层需搭设高架车道，用手推车输送，劳动量大，机械化程度低。这种输送方法目前已较少采用。

二、选择运输体系时注意事项

在技术方面皆能满足高层建筑施工过程中运输需要的前提下，在进行选择时还应全面考虑下述几方面的问题。

1. 运输能力要能满足规定工期的要求

高层建筑施工的工期在很大程度上取决于垂直运输的速度，如一个标准层的施工工期确定后，则需选择合适的机械、配备足够的数量以满足要求。

2. 机械费用低

高层建筑施工应用的机械较多，所以机械费用较高，在选择机械类型和进行其配套时，应力求降低机械费用，这对于中、小城市中的非大型建筑施工企业尤为重要。

3. 综合经济效益好

因为机械费用的高低有时不能绝对地反映经济效益。例如，机械化程度高，势必机械费用也高，但它能加快施工速度和降低劳动消耗。因此，对于机械的选用和其配套要考虑综合经济效益，要全面地进行技术经济比较。目前，从国外及我国北京、上海、广州等大中城市一些高层建筑施工时选用的起重运输机械的现状及发展趋势来看，采用塔式起重机＋混凝土泵＋施工电梯方案者愈来愈多。

第二节　塔式起重机

一、概述

塔式起重机又称塔吊或塔机。塔式起重机的结构特点是有一个直立的塔身，起重臂安装在垂直塔身的上部，它是高层、超高层建筑施工的主要施工机械。随着现代新工艺、新技术的不断广泛使用，塔式起重机的性能和参数将不断提高。

塔式起重机由金属结构部分、机械传动部分、电气控制与安全保护部分以及与外部支承设施组成。

塔式起重机种类繁多，高层建筑施工中主要应用外部附着自升式和内爬式塔式起重机。

二、附着式塔式起重机

附着式塔式起重机是固定在建筑物近旁钢筋混凝土基础上的起重机，它是一种自升式塔式起重机。随建筑物的升高，利用液压自升系统逐步将塔顶顶升，塔身接高。为了保证塔身的稳定，每隔一定距离将塔身与建筑物用锚固装置水平联结起来，使起重机依附在建筑物上。

附着式塔式起重机的优点是：①建筑物只承受塔吊传递的水平载荷，即塔吊附着力。②附着在建筑物外部，附着和顶升过程可利用施工间隙进行，对于总的施工进度影响不大。③司机可以看到吊装全过程，对吊车操作有利。④其拆卸是安装的逆过程，比内爬式方便。其缺点：吊臂要长，且塔身高，所以塔吊的造价和重量都较高。

（一）基础

塔机的基础形式应根据工程地质、荷载大小与稳定性要求、现场条件、技术经济指标及塔机制造商提供的塔机使用说明书等条件确定。

附着式塔式起重机，一般采用固定式混凝土基础。基础形式常见的有板式［图 5-1(a)］、十字形［图 5-1(b)］、桩基［图 5-1(c)］及组合式基础［图 5-1(d)］。

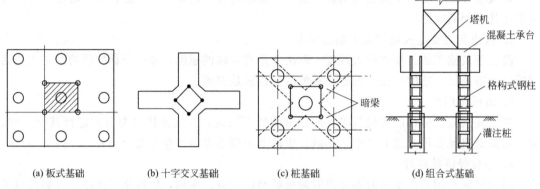

(a) 板式基础　　　(b) 十字交叉基础　　　(c) 桩基础　　　(d) 组合式基础

图 5-1　塔式起重机常见基础形式

塔机与混凝土基础的连接方式常见的有塔机基础节［图 5-2(a)］、塔机预埋节［图 5-2(b)］两种形式。

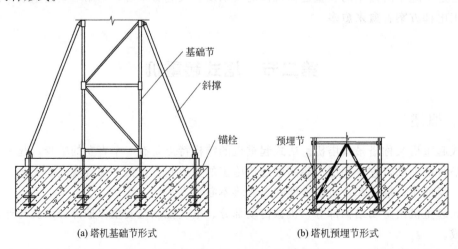

(a) 塔机基础节形式　　　(b) 塔机预埋节形式

图 5-2　塔机与混凝土基础的连接方式

（二）附着装置

附着式塔式起重机在塔身高度超过限定自由高度（一般为 30～40m）时，即应加设附着装置与建筑结构拉结。装设第一道附着装置后，每增高塔身 14～20m 应再加设一道，最上一道附着装置以上的塔身自由高度不应超过规定限值。

建筑结构的拉结支座，可套装在柱子上或埋在现浇混凝土墙板里面，锚固点应紧靠楼板，距离不宜大于 200mm。锚固支座如设在墙板上，应利用临时支撑与相邻墙板相连，以增强墙板刚度。

附着装置由锚固环箍和附着杆组成（见图 5-3）。锚固环箍由两块钢板或型钢组焊的 U 形梁拼装而成；附着杆可由型钢、无缝钢管组成，也可用型钢组焊成桁架式结构。在附着杆上应设置调节螺母、螺杆副，调节距离约 ±200mm，以便灵活调节塔身附着距离和塔身立于地面的垂直度。

塔机塔身与建筑物墙（柱）之间连接的附着杆（杆系）形式常用的有如图 5-4 所示几种，附墙距离一般 4.1～6.5m，距离大的可达 10m，个别情况也有达 15m 的。

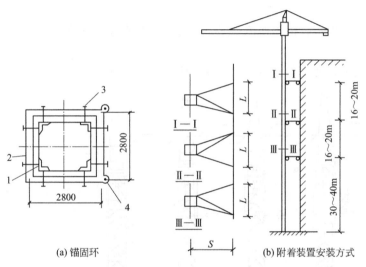

(a) 锚固环   (b) 附着装置安装方式

图 5-3　附着装置

1—塔身；2—锚固环；3—螺旋千斤顶；4—耳板

二维码 5.1

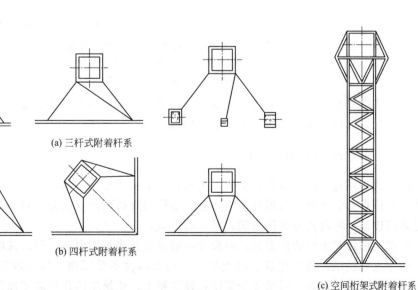

(a) 三杆式附着杆系

(b) 四杆式附着杆系

(c) 空间桁架式附着杆系

图 5-4　附着杆的布置形式

附着距离在 6.5～15m 的，也可采用图 5-4 所示布置形式，附着杆可借用标准附着件适当加长和加固，必要时在一附着点上下各设置一道附着杆。对 15m 或超过 15m 的附着杆，可采用三角截面空间桁架式附着杆系，如图 5-4(c) 所示，并可用作桁架，供司机登机操作之用。

（三）附着自升式塔式起重机的爬升与拆除

自升式塔式起重机的顶升接高系统由顶升套架、引进轨道及小车、液压顶升机组等三部分组成。其顶升接高的步骤如下：

（1）将标准节吊到摆渡小车上，将过渡节与塔身标准节相连的螺栓松开，见图 5-5(a)；

（2）开动液压千斤顶，将塔顶及顶升套架顶升到超过一个标准节的高度，然后用定位销将顶升套架固定，见图 5-5(b)；

（3）液压千斤顶回缩，借助手摇链轮将装有标准节的摆渡小车拉到套架中间的空间里，见图 5-5(c)；

（4）用液压千斤顶稍微提升标准节，退出摆渡小车，然后将标准节落在塔身上，并用螺栓加以联结，见图 5-5(d)；

（5）拔出定位销，下降过渡节，使之与新标准节联成整体，见图 5-5(e)。

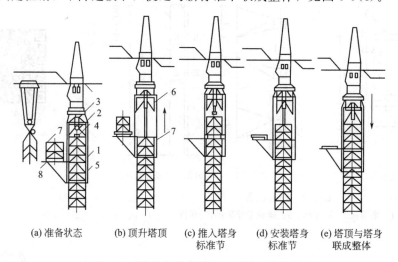

(a) 准备状态　(b) 顶升塔顶　(c) 推入塔身　(d) 安装塔身　(e) 塔顶与塔身
　　　　　　　　　　　　　　　标准节　　　　标准节　　　　联成整体

图 5-5　附着自升式塔式起重机爬升过程
1—顶升套架；2—液压千斤顶；3—承座；4—顶升横梁；5—定位销；
6—过渡节；7—标准节；8—摆渡小车

附着式塔式起重机拆卸方法要严格按产品说明书规定顺序和要求进行，一般与安装的工作程序相反，即后安装的先拆，先安装的后拆。

三、内爬式塔式起重机

内爬式塔式起重机是将塔身安装在建筑物的电梯井或特设的开间内，也可安装在筒形结构内，利用自身装备的液压顶升系统随建筑结构的升高而向上爬升。对于高度在 100m 以上的超高层建筑，可优先考虑用内爬式塔式起重机。

内爬式塔式起重机的优点是：内爬式一般布置在建筑物内部，所以其塔吊的工作半径较小，即起重臂较短；利用建筑物向上爬升，爬升高度不受限制，塔身较短。因此整体结构轻，造价低。其缺点是：塔吊要全部压在建筑物上，建筑结构往往需要加强，增加了建筑物造价；爬升必须与施工进度互相协调；司机不能直接看到吊装过程；施工结束后，需要用屋面起重机或其他设备将各部件拆除，然后再吊放到地面。

内爬式塔式起重机由塔吊标准节主体、塔臂、内爬框架、顶升横梁等组成（图5-6）。内爬式塔式起重机的三个爬升框架分别安置在三个不同楼层上。最下面的框架为支承底架，承受塔式起重机全部荷载并传递给建筑结构；上面两套框架用作爬升导向架和交替用作定位及支承底架。支撑用的框架可以附着固定在筒壁、梁或现浇板上。

内爬式塔式起重机露出结构外的自由高度一般为三个楼层高度，每次爬升1～2个楼层高度，在建筑物内的嵌固长度与露出结构的自由高度和其重量有关。但最少不得少于8m。

内爬式塔式起重机爬升（见图5-7）主要通过布置在塔吊标准节内的千斤顶和固定在上下套架之间的爬升梯的相对运动来实现。

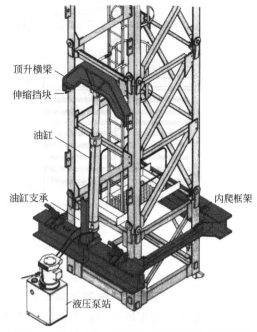

图 5-6　内爬式塔式起重机内爬框架及顶升设备

爬升时，必须使塔式起重机上部保持前后平衡。爬升之前，将爬升框架、支承梁及爬梯等安置好，必要时需对相应的楼层结构进行加固。

内爬式塔式起重机的拆除工序复杂且是高空作业，困难较多，必须周密布置和细致安

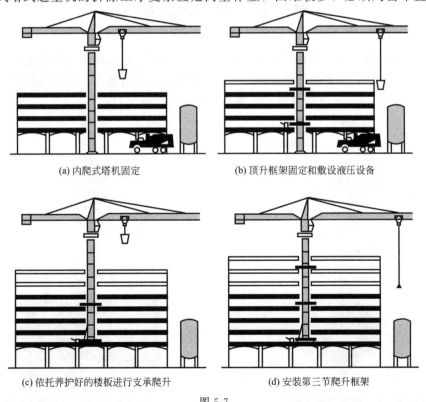

(a) 内爬式塔机固定　　　　　　　　　　(b) 顶升框架固定和敷设液压设备

(c) 依托养护好的楼板进行支承爬升　　　　(d) 安装第三节爬升框架

图 5-7

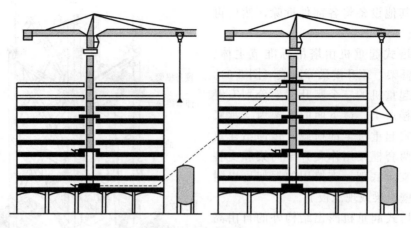

(e) 正常运行，重复顶升

图 5-7　内爬式塔式起重机爬升示意图

排。拆除所采用辅助的设备，如附着式重型塔式起重机、屋面吊和人字拔杆，视具体情况选用。

　　内爬式塔式起重机的拆除顺序与安装相反，拆除过程一般是：①开动液压顶升机组，降落塔吊，使起重臂落至屋顶层；②拆卸平衡重并逐块下放到地面运走；③拆卸起重臂，将臂架解体并分节下放到地面运走；④拆卸平衡臂，解体并分节下放到地面运走；⑤拆卸塔帽并下放到地面运走；⑥拆卸转台、司机室并下放到地面；⑦拆卸支承回转装置及承座并下放到地面运走；⑧逐节顶升塔身标准节，拆卸、下放到地面并运走作业。

第三节　外用施工电梯

　　外用施工电梯是一种安装在建筑物外部，施工期间用于运送施工人员及建筑器材的垂直提升机械。施工电梯的主要部件有基础、立柱导轨井架、带有底笼的平面主框架、梯笼和附墙支撑。如图 5-8、图 5-9 分别为施工电梯示意图和实物图。

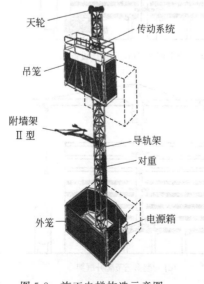

图 5-8　施工电梯构造示意图

图 5-9　施工电梯实物示意图

一、施工电梯的分类

施工电梯按施工电梯的动力装置可分为电动与电动-液压两种，电动-液压驱动电梯工作速度比电机驱动电梯工作速度快，可达 96m/min。

施工电梯按用途可划分为载货电梯、载人电梯和人货两用电梯。载货电梯一般起重能力较大，起升速度快，而载人电梯或人货两用电梯对安全装置要求高一些。目前，在实际工程中用得比较多的是人货两用电梯。

施工电梯按吊厢数量可分为单吊厢和双吊厢。

施工电梯按承载能力可分为两级：轻型施工电梯能载重物 1t 或人员 11～12 人；重型的施工电梯载重量为 2t 或载乘员 24 名。我国施工电梯用得比较多的是前者。

二、施工电梯的选用

高层建筑施工电梯的机型选择，应根据建筑体型、建筑面积、运输总量、工期要求以及施工电梯的造价与供货条件等确定。现场施工经验表明，为减少施工成本，20 层以下的高层建筑，采用绳轮驱动施工电梯，25～30 层以上的高层建筑选用齿轮齿条驱动施工电梯。

使用中应注意以下问题。

(1) 确定施工电梯位置 施工电梯安装的位置应尽可能满足：

1) 有利于人员和物料的集散；

2) 各种运输距离最短；

3) 方便附墙装置安装和设置；

4) 接近电源，有良好的夜间照明，便于司机观察。

(2) 加强施工电梯的管理 施工电梯全部运转时间中，输送物料的时间只占运送时间的 30％～40％，但在高峰期，特别在上下班时刻，人流集中，施工电梯运量达到高峰。应协调解决这一阶段施工电梯人货运输的矛盾。

第四节 混凝土泵和泵车

在混凝土结构的高层建筑中，混凝土的运输量非常大，因此在施工中正确的选择混凝土运输机械就尤为重要。高层建筑施工常见的混凝土运输机械有混凝土搅拌运输车、混凝土泵和混凝土泵车。

一、混凝土搅拌运输车

混凝土搅拌运输车由混凝土集中搅拌站将预拌混凝土装运到施工现场，并卸入料斗里，再由混凝土泵或塔式起重机输送到浇筑部位。混凝土搅拌运输车运输过程中，对混凝土进行低速搅动，以防混凝土在运输途中产生离析，并进一步改善混凝土拌合物的和易性和均匀性，从而提高混凝土的浇筑质量。混凝土搅拌运输车公称容量在 2.5m³ 以下者为轻型；4～6m³ 者属于中型；8m³ 以上者为大型。实践表明，容量 6m³ 的搅拌运输车经济效果最好。

混凝土搅拌运输车主要由底架、搅拌筒、发动机、静液驱动系统、加水系统、装料及进料系统、卸料溜槽、卸料振动器、操作平台、操纵系统及防护设备组成。如图 5-10、图 5-11 为常见搅拌输送车结构图和实物图。

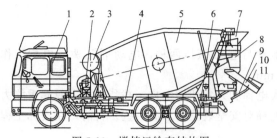

图 5-10 搅拌运输车结构图

1—底盘；2—液压系统；3—水路系统；4—机架；
5—搅拌装置；6—操纵系统；7—进料斗；8—出料斗；
9—升降装置；10—主楼；11—副楼

图 5-11 搅拌运输车实物图

混凝土搅拌输送车使用时应注意的事项：

（1）混凝土搅拌运输车在装料前，应先排净筒内的积水及杂物。

（2）应事先对混凝土搅拌运输车行经路线，如桥涵、洞口、架空管线及库门口的净高和净宽等设施进行详细了解，以利通行。

（3）混凝土搅拌运输车在运输途中，搅拌筒应以低速转动，到达工地后，应使搅拌筒全速（14~18r/min）转动 1~2min，并待搅拌筒完全停稳不转后，再进行反转出料。

（4）一般情况下，混凝土搅拌运输车运送混凝土的时间不得超过一小时，具体情况随天气的变化采取不同的措施进行处理，如添加缓凝剂可适当增加混凝土的运输时间。

（5）工作结束后，应按要求用高压水冲洗搅拌筒内外及车身表面，并高速转动搅拌筒 5~10min，然后排放干净搅拌筒里的水分。

（6）注意安全，不得将手伸入在转动中的搅拌筒内，也不得将手伸入主卸料溜槽与接长卸料溜槽的连接部位，以免发生安全事故。

二、混凝土泵

混凝土泵是在压力推动下沿管道输送混凝土的一种设备。它能连续完成高层建筑的混凝土的水平运输和垂直运输，配以布料杆还可以进行较低位置的混凝土的浇筑。近几年来，在高层建筑施工中泵送预拌混凝土应用日益广泛，主要原因是泵送预拌混凝土的效率高，质量好，劳动强度低。

（一）混凝土泵的分类

混凝土泵按驱动方式分为气压泵、活塞泵和挤压泵；按混凝土泵所使用的动力可分为机械式活塞泵和液压式活塞泵，目前用得较多的是液压式活塞泵。按混凝土泵的机动性分为固定式混凝土泵、拖式混凝土泵、车载式混凝土泵。固定式混凝土泵是安装在固定机座上的混凝土泵。拖式混凝土泵是安装在可以拖行的底盘上的混凝土泵。车载式混凝土泵是安装在机动车辆底盘的混凝土泵。

（二）液压式混凝土泵的工作原理

液压活塞泵是一种较为先进的混凝土泵，其工作原理见图 5-12。

活塞泵工作时，利用活塞的往复运动，将混凝土吸入或压出。将搅拌好的混凝土倒入料斗，一分配阀开启、另一分配阀关闭，液压活塞在液压作用下通过活塞杆带动活塞后移，料斗内的混凝土在重力和吸力作用下进入混凝土缸。然后，液压系统中压力油的进出方向相反，活塞右移，同时一分配阀关闭，而另一分配阀开启，混凝土缸中的混凝土拌和物被压入输送管，送至浇筑地点。由于有两个缸体交替进料和出料，因而能连续稳定地排料。

不同型号的混凝土泵，其排量不同，水平运距和垂直运距亦不同。通常，混凝土排量 $30\sim90m^3/h$，水平运距 $200\sim900m$，垂直运距 $50\sim300m$。目前我国已能一次垂直泵送达到 $500m$，当泵送高度不满足输送高度时可用接力泵送。

常用的混凝土输送管为钢管、橡胶和塑料管。直径为 $75\sim200mm$，每段长约 $3m$，还配有 $45°$、$90°$ 等弯管和锥形管，弯管、锥形管和软管的流动阻力大，计算输送距离时要换算成水平换算长度。垂直输送时，在立管的底部要增设逆流阀，以防止停泵时立管中的混凝土反压回流。

泵送混凝土工艺对混凝土的配合比提出了要求：碎石最大粒径与输送管内径之比不宜大于 $1:3$，卵石则不宜大于 $1:2.5$，泵送高度在 $50\sim100m$ 时不宜大于 $1:3\sim1:4$，泵送高度在 $100m$ 以上时不宜大于 $1:4\sim1:5$，以免

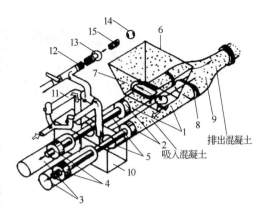

图 5-12　液压活塞式混凝土泵工作原理
1—混凝土缸；2—推压混凝土的活塞；3—液压缸；
4—液压活塞；5—活塞杆；6—料斗；7—吸入阀
门；8—排出阀门；9—丫形管；10—水箱；
11—水洗装置换向阀；12—水洗用高压
软管；13—水洗用法兰；
14—海绵球；15—清洗活塞

堵塞；如用轻骨料则以吸水率小者为宜，并宜用水预湿，以免在压力作用下强烈吸水，使坍落度降低而在管道中形成阻塞。砂宜用中砂，通过 $0.315mm$ 筛孔的砂应不少于 15%。砂率宜控制在 $40\%\sim50\%$，如粗骨料为轻骨料还可适当提高。水泥用量不宜过少，否则泵送阻力增大，最小水泥用量为 $300kg/m^3$。水灰比宜为 $0.4\sim0.6$。泵送混凝土的坍落度宜为 $80\sim180mm$。对不同泵送高度，入泵时混凝土的坍落度可参考表 5-1 选用。

表 5-1　不同泵送高度混凝土坍落度选用值

最大泵送高度/m	50	100	200	400	400 以上
入泵坍落度/mm	$100\sim140$	$150\sim180$	$190\sim220$	$230\sim260$	—
入泵扩展度/mm	—	—	—	$450\sim590$	$600\sim740$

三、混凝土泵车

混凝土泵车是将混凝土泵安装在汽车底盘上，利用柴油发动机的动力，通过动力分动箱将动力传给液压泵，然后带动混凝土泵进行工作。混凝土通过布料杆，可送到一定高度与距离。这种移动方便，在输送幅度与高度可以满足时，可节省大型起重机，在施工中很受欢迎。如图 5-13 所示。

在泵送混凝土施工过程中，混凝土泵车的停放位置不仅影响输送管的配置，也影响到能否顺利进行泵送施工。混凝土泵车的布置应考虑下列条件：

（1）力求距离浇筑地点近，使所浇筑的基础结构在布料杆的工作范围内，尽量减少泵车移动。

（2）多台混凝土泵或泵车同时浇筑时，选定的位置要使其各自承担的浇筑量接近，最好能使用多台同时浇筑完毕。

（3）混凝土泵或泵车的停放地点要有足够的场地，以保证运输预拌混凝土的搅拌运输供料方便，最好能有供 3 台搅拌运输车同时停放和卸料的场地条件。

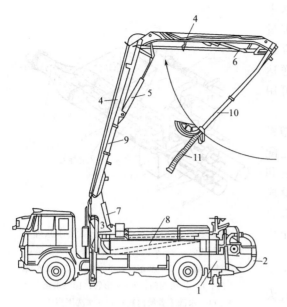

图 5-13　DC-S115B 型混凝土泵车

1—混凝土泵；2—混凝土输送管；3—布料杆支
承装置；4—布料杆臂架；5~7—油缸；
8~10—混凝土输送管；11—软管

（4）停放位置最好接近供水和排水设施，以便于清洗混凝土泵或泵车。

四、布料杆

布料杆是混凝土泵常用的重要附属设备，又称为混凝土布料杆（臂）。除前述在混凝土泵车上的那种布料杆外，还有若干形式各异的独立布料杆，常见的有移置式（水平折臂）、自升式（竖向折臂）以及管柱/塔架式，也有直接安装在塔式起重机上。它们是由支座或底座与固定在支架或底座上的可折叠、弯曲的管道组成的。管道的固定端与混凝土输送管道相连，管道的活动端可绕支架（底座）的轴旋转及前后移动，从而可在一定范围内摊铺浇筑混凝土。图 5-14 是一种移置式混凝土布料杆。图 5-15 是一种塔式混凝土布料机。图 5-16 表示安装在爬升式塔式起重机上的布料杆。

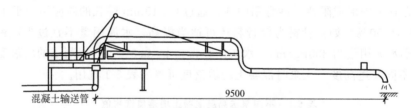

图 5-14　移置式混凝土布料杆

图 5-15　塔式混凝土布料机

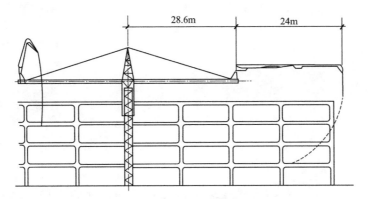

图 5-16　安装在爬升式搭式起重机上的布料杆

自测题

1. 高层建筑的运输体系有几种？选择时应该注意哪些问题？
2. 简述附着式塔式起重机的工艺原理及优缺点。
3. 简述内爬式塔式起重机的工艺原理及优缺点。
4. 施工电梯的选择与使用原则有哪些？

第六章

高层建筑脚手架工程

【知识目标】
- 了解钢管脚手架一些特殊构造
- 理解盘扣式钢管脚手架、附着升降式脚手架基本构造要求

【能力目标】
- 能够正确针对工程选用合适的脚手架
- 能够针对工程进行简单的脚手架方案设计

在高层施工中，脚手架使用量大，要求高，技术较复杂，对人员安全、施工质量、施工速度和工程成本影响较大。采用哪一种脚手架搭设极为重要，既要节省开支，又要牢固、安全可靠。

第一节　钢管脚手架

高层建筑施工中目前常用的钢管脚手架有扣件式钢管脚手架、碗扣式钢管脚手架、门式脚手架和承插型盘扣式脚手架等。本教材仅讲述承插型盘扣式钢管脚手架和钢管脚手架的一些特殊构造。

一、承插型盘扣式钢管脚手架

承插型盘扣式钢管支架由立杆、水平杆、斜杆、可调底座及可调托座等构配件构成。立杆采用套管或连接棒承插连接，水平杆和斜杆采用杆端扣接头卡入连接盘，用楔形插销快速连接，形成几何结构不变体系的钢管支架（简称速接架），根据其用途可分为脚手架与模板支架两类。本教材讲述脚手架的使用。

（一）盘扣式脚手架主要构配件

盘扣节点应由焊接于立杆上的连接盘、水平杆杆端扣接头和斜杆杆端扣接头组成

（图 6-1）。

（二）双排外脚手架构造要求

（1）用承插型盘扣式钢管支架搭设双排脚手架时，搭设高度不宜大于 24m。可根据使用要求选择架体几何尺寸，相邻水平杆步距宜选用 2m，立杆纵距宜选用 1.5m 或 1.8m，且不宜大于 2.1m，立杆横距宜选用 0.9m 或 1.2m。

（2）脚手架首层立杆宜采用不同长度的立杆交错布置，错开立杆竖向距离不应小于 500mm；当需设置人行通道时，立杆底部应配置可调底座。

（3）双排脚手架的斜杆或剪刀撑设置应符合下列要求：

沿架体外侧纵向每 5 跨每层应设置一根竖向斜杆（图 6-2）或每 5 跨间应设置扣件钢管剪刀撑（图 6-3），端跨的横向每层应设置竖向斜杆。

（4）承插型盘扣式钢管支架应由塔式单元扩大组合而成，拐角为直角的部位应设置立杆间的竖向斜杆。当作为外脚手架使用时，单跨立杆间可不设置斜杆。

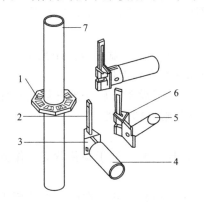 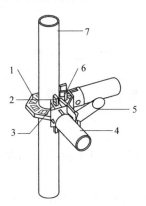

图 6-1　盘扣结点

1—连接盘；2—插销；3—水平杆杆端扣接头；4—水平杆；5—斜杆；6—斜杆杆端扣接头；7—立杆

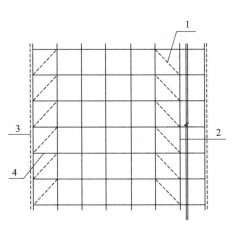 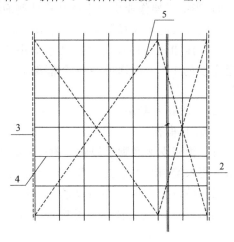

图 6-2　每 5 跨每层设斜杆

1—斜杆；2—立杆；3—两端竖向斜杆；

4—水平杆；5——扣件钢管剪刀撑

图 6-3　每 5 跨设扣件钢管剪刀撑

注：2～5 见图 6-2

（5）当设置双排脚手架人行通道时，应在通道上部架设支撑横梁，横梁截面大小应按跨度以及承受的荷载计算确定，通道两侧脚手架应加设斜杆；洞口顶部应铺设封闭的防护板，两侧应设置安全网；通行机动车的洞口，必须设置安全警示和防撞设施。

（6）对双排脚手架的每步水平杆层，当无挂扣钢脚手架板加强水平层刚度时，应每5跨设置水平斜杆（图6-4）。

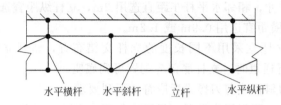

水平横杆　水平斜杆　立杆　水平纵杆

图6-4　双排脚手架水平斜杆设置

（7）连墙件的设置规定

1）连墙件必须采用可承受拉压荷载的刚性杆件，连墙件与脚手架立面及墙体应保持垂直；同一层连墙件宜在同一平面，水平间距不应大于3跨，与主体结构外侧面距离不宜大于300mm；

2）连墙件应设置在有水平杆的盘扣节点旁，连接点至盘扣节点距离不应大于300mm；采用钢管扣件作连墙杆时，连墙杆应采用直角扣件与立杆连接；

3）当脚手架下部暂不能搭设连墙件时，宜外扩搭设多排脚手架并设置斜杆形成外侧斜面状附加梯形架，待上部连墙件搭设后，方可拆除附加梯形架。

（8）作业层设置规定

1）钢脚手板的挂钩必须完全扣在水平杆上，挂钩必须处于锁住状态，作业层脚手板应满铺；

2）作业层的脚手板架体外侧应设挡脚板、防护栏杆，并应在脚手架外侧立面满挂密目安全网；防护上栏杆宜设置在离作业层高度距离为1000mm处，防护中栏杆宜设置在离作业层高度距离为500mm处；

3）当脚手架作业层与主体结构外侧面间隙较大时，应设置挂扣在连接盘上的悬挑三脚架，并应铺放能形成脚手架内侧封闭的脚手板。

（9）挂扣式钢梯宜设置在尺寸不小于0.9m×1.8m的脚手架框架内，钢梯宽度应为廊道宽度的1/2，钢梯可在一个框架高度内折线上升；钢架拐弯处应设置钢脚手板及扶手杆。

（三）搭设与拆除

1．施工准备

（1）模板支架及脚手架施工前应根据施工对象情况、地基承载力、搭设高度，按本规程的基本要求编制专项施工方案，经审核批准后实施。

（2）搭设操作人员必须经过专业技术培训和专业考试合格后，持证上岗。模板支架及脚手架搭设前，施工管理人员应按专项施工方案的要求对操作人员进行技术和安全作业交底。

（3）进入施工现场的钢管支架及构配件质量应在使用前进行复检。

（4）经验收后合格的构配件应按品种、规格分类码放，并应标挂数量规格铭牌备用。构配件堆放场地应排水畅通、无积水。

（5）当采用预埋方式设置脚手架连墙件时，应提前与相关部门协商，并应按设计要求预埋。

（6）模板支架及脚手架搭设场地必须平整、坚实、有排水措施。

2. 施工方案

专项施工方案包括的内容如下：

（1）工程概况、设计依据、搭设条件、搭设方案设计；

（2）搭设施工图，包括：

1）架体的平面、立面、剖面图和节点构造详图；

2）脚手架连墙件的布置及构造图；

3）脚手架转角、门洞口的构造图；

4）脚手架斜梯布置及构造图，结构设计方案；

5）基础做法及要求；

6）架体搭设及拆除的程序和方法；

7）季节性施工措施；

8）质量保证措施；

9）架体搭设、使用、拆除的安全措施；

10）设计计算书；

11）应急预案。

3. 地基与基础

（1）脚手架基础应按专项施工方案进行施工，并应按基础承载力要求进行验收。

（2）土层地基上的立杆应采用可调底座和垫板，垫板的长度不宜少于 2 跨。

（3）当地基高差较大时，可利用立杆的 0.5m 节点位差配合可调底座进行调整（图 6-5）。

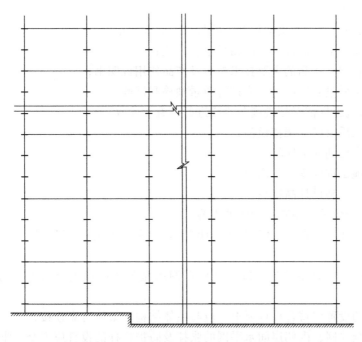

图 6-5　可调底座调整立杆连接盘示意

（4）脚手架应在地基基础验收合格后搭设。

4. 双排外脚手架搭设与拆除

（1）脚手架立杆应定位准确，并应配合施工进度搭设，一次搭设高度不应超过相邻连墙件以上两步。

（2）连墙件应随脚手架高度上升并在规定位置处设置，不得任意拆除。

（3）作业层设置要求

1）应满铺脚手板；

2）外侧应设挡脚板和防护栏杆，防护栏杆可在每层作业面立杆的 0.5m 和 1.0m 的盘扣节点处布置上、中两道水平杆，并应在外侧满挂密目安全网；

3）作业层与主体结构间的空隙应设置内侧防护网。

（4）加固件、斜杆应与脚手架同步搭设。采用扣件钢管做加固件、斜撑时应符合现行行业标准《建筑施工扣件式钢管脚手架安全技术规范》（JGJ 130—2011）的有关规定。

（5）当脚手架搭设至顶层时，外侧防护栏杆高出顶层作业层的高度不应小于 1500mm。

（6）当搭设悬挑外脚手架时，立杆的套管连接接长部位应采用螺栓作为立杆连接件进行固定。

（7）脚手架可分段搭设、分段使用，且应由施工管理人员组织验收，并确认符合方案要求后方可使用。

（8）脚手架应经单位工程负责人确认并签署拆除许可令后再进行拆除。

（9）脚手架拆除时应划出安全区，设置警戒标志，派专人看管。

（10）拆除前应清理脚手架上的器具、多余的材料和杂物。

（11）脚手架拆除应按后装先拆、先装后拆的原则进行，严禁上下同时作业。连墙件应随脚手架逐层拆除，分段拆除的高度差不应大于两步。如因作业条件限制，出现高度差大于两步时，应增设连墙件加固。

5. 检查与验收

（1）对进入现场的钢管支架构配件的检查与验收规定：

1）应有钢管支架产品标识及产品质量合格证；

2）应有钢管支架产品的主要技术参数及产品使用说明书；

3）当对支架质量有疑问时，应进行质量抽检和试验。

（2）脚手架应根据情况按进度分阶段进行检查和验收：

1）基础完工后及脚手架搭设前；

2）首段高度达到 6m 时；

3）架体随施工进度逐层升高时；

4）搭设高度达到设计高度后。

（3）对脚手架应重点检查和验收的内容：

1）搭设的架体三维尺寸应符合设计要求，斜杆和钢管剪刀撑设置应符合本规程规定；

2）立杆基础不应有不均匀沉降，立杆可调底座与基础面的接触不应有松动和悬空的现象；

3）连墙件的设置应符合设计要求，应与主体结构、架体可靠连接；

4）外侧安全立网、内侧层间水平网的张挂及防护栏杆的设置应齐全、牢固；

5）周转使用的支架构配件使用前应作外观检查，并应作记录；

6）搭设的施工记录和质量检查记录应及时、齐全。

（4）模板支架和双排外脚手架验收后应形成记录。

6. 安全管理与维护

（1）模板支架和脚手架的搭设人员应持证上岗。

（2）支架搭设作业人员应正确佩戴安全帽、安全带和防滑鞋。

（3）模板支架混凝土浇筑作业层上的施工荷载不应超过设计值。

（4）混凝土浇筑过程中，应派专人在安全区域内观测模板支架的工作状态，发生异常时观测人员应及时报告施工负责人，情况紧急时施工人员应迅速撤离，并应进行相应的加固处理。

（5）模板支架及脚手架使用期间，不得擅自拆除架体结构杆件。如需拆除时，必须报请工程项目技术负责人以及总监理工程师同意，确定防控措施后方可实施。

（6）严禁在模板支架及脚手架基础开挖深度影响范围内进行挖掘作业。

（7）拆除的支架构件应安全传递至地面，严禁抛掷。

（8）高支模区域内，应设置安全警戒线，不得上下交叉作业。

（9）在脚手架或模板支架上进行电气焊作业时，必须有防火措施和专人监护。

（10）模板支架及脚手架应与架空输电线路保持安全距离，工地临时用电线路架设及脚手架接地防雷击措施等应按现行行业标准《施工现场临时用电安全技术规范》（JGJ 46—2005）的有关规定执行。

二、钢管脚手架的一些特殊构造

高层建筑钢管脚手架常见的支撑方式为型钢悬挑支撑和型钢三脚架支撑，这两种方式都可以采用钢丝绳拉杆进行拉结。

（1）工字钢悬挑构造。

悬挑梁通常采用工字钢，通过锚环固定在现浇板上。图6-6为工字钢悬挑构造示意图。图6-7为柱子转角悬挑处理方法（柱角工字钢局部三脚架支承）。工字钢悬挑构造如下。

1）预埋锚固钢筋拉环宜采用 $\phi16$ 的圆钢进行制作，每根钢梁设两个，第一个距结构边250mm，第二个距结构边2000mm。拉环预埋至混凝土板底层钢筋位置，并与混凝土板底层钢筋焊接或绑扎牢固，钢筋拉环缝隙应用硬木楔楔紧。

2）悬挑钢梁宜采用16型工字钢。在楼板混凝土强度达到设计强度的50%时，方可开始安装16型工字钢，16型工字钢应与钢筋环卡紧。

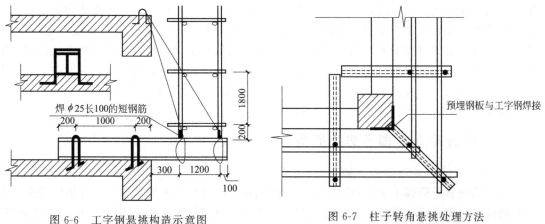

图6-6　工字钢悬挑构造示意图　　　　图6-7　柱子转角悬挑处理方法

3）悬挑 16 型工字钢安装前应在工字钢悬挑段竖立杆部位焊一根长 200mm 的 Φ25 短钢筋，以防止竖向钢管产生滑移。

（2）型钢三脚架支撑。

剪力墙边缘构件位置或框架柱等位置钢筋较密，悬挑钢梁无法通过，切断或移动钢筋对结构不利，这些位置可以采用三角形钢架作为脚手架支撑的形式，水平外伸工字钢锚固在预埋钢板上。三角形钢架与结构连接示意图如图 6-8 所示。

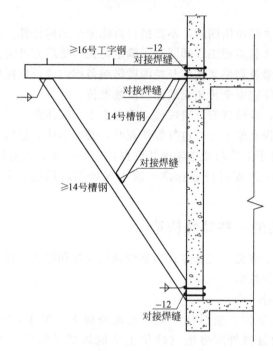

图 6-8　三角形钢架与结构连接示意图

第二节　附着升降式脚手架

在高层尤其是超高层建筑施工中，如采用落地式脚手架，则需用大量脚手架材料，且装、拆的工作量大，费用高，劳动量消耗大，也延长工期。因而出现了非落地脚手架，即附着升降式脚手架，效果非常好。它是一种分跨、不落地的工具型脚手架，高度一般为 4～6 步，利用附着装置将脚手架攀附在建筑的外墙上，依靠脚手架自身携带的提升设备按照施工需要向上提升或向下降落，可以满足结构工程和外墙施工对脚手架的要求，这种脚手架适用于现浇钢筋混凝土结构的高层建筑。但由于该种脚手架是处于高空作业，安全问题十分突出，因而需要配置防倾、防坠安全装置和控制设备。

一、附着升降式脚手架的类型

（一）套管式附着升降脚手架

套管式附着升降脚手架即由交替附着墙体结构的固定框架和滑动框架（可沿固定框架滑动）构成的附着升降脚手架，其构造如图 6-9 所示。固定框竖杆为 $\phi48\times3.5$mm 焊接钢管，活动框立管为 $\phi63.5\times4$mm 无缝钢管。脚手架单元长度不宜大于 4m，以使单元具有足够刚度。每个单元由 2 个升降框和连接 2 个升降框的纵横向水平杆、剪刀撑、脚手板、安全网等组成。

其爬升一个楼层需要 2 个爬升过程,如图 6-10 所示,每个爬升过程分 2 步:活动架爬升 1.4m、固定架爬升 1.4m,下降为反向操作。

（二）挑梁式附着升降脚手架

挑梁式附着升降脚手架,即架体悬吊于带防倾导轨的挑梁带（固定于工程结构）下并沿导轨升降的脚手架,其特点是脚手架的固定、升降依靠从柱或边梁伸出来的挑梁实现,如图 6-11 所示。

挑梁由型钢制作,通过穿墙螺栓或预埋件与结构相连,同时用斜拉杆件或钢丝绳与结构拉结。提升设备直接作用于承力托盘,托盘上搭设脚手架。脚手架高为 3.5～4.5 倍楼层高度,架宽 0.8～1.2m,其结构与普通脚手架同;但位于挑梁两侧的脚手架内排立杆之间的横杆在升降时会碰到挑梁或斜拉杆,应用短横杆,以便升降时拆除、升降后安装。导向轮可沿外墙或柱子滚动。导向杆固定于脚手架上部,在套环内升降;套环固定于房屋结构。

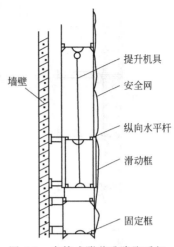

图 6-9 套管式附着升降脚手架

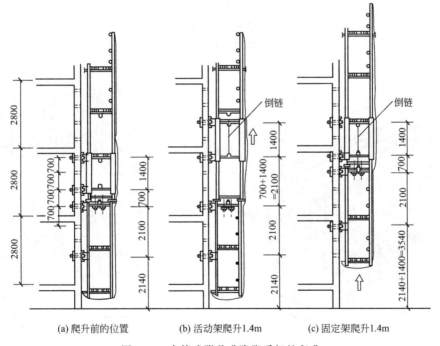

(a) 爬升前的位置   (b) 活动架爬升1.4m   (c) 固定架爬升1.4m

图 6-10 套管式附着升降脚手架的爬升

（三）导轨式附着升降脚手架

导轨式附着升降脚手架,即架体沿附着于墙体结构的导座升降的脚手架。其特点是脚手架的固定、升降、防坠落、防倾覆等靠导轨实现。如图 6-12 所示。

（四）互爬式附着升降脚手架

互爬式附着升降脚手架有甲、乙两类架体,甲与墙体固定后提升乙,然后乙与墙体固定

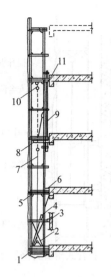

图 6-11　挑梁式附着升降脚手架

1—承力托盘；2—基础架（承力桁架）；
3—导向轮；4—可调拉杆；5—脚
手板；6—连墙件；7—提升设备；
8—提升挑梁；9—导向杆（导轨）；
10—小葫芦；11—导杆滑套

后再提升甲，即相互提升。下降原理相同，如图 6-13 所示。一次升降幅度不受限制。升降时 1 人指挥，2 人拉葫芦，2 人拆、安固定装置，共 5 人操作。相邻脚手架单元在不升降时用脚手板等连接。

二、附着升降式脚手架的装置

（一）防倾装置

防倾装置应用螺栓同竖向主框架或附着支承结构连接，不得采用钢管扣件或碗扣方式；在升降和使用两种工况下，位于在同一竖向平面的防倾装置均不得少于两处，并且其最上和最下一个防倾覆支承点之间的最小间距不得小于架全高的 1/3；防倾装置的导向间隙应小于 5mm。

（二）防坠落装置

防坠落装置应设置在竖向主框架部位，且每一竖向主框架提升设备处必须设置一个；防坠装置必须灵敏、可靠，其制动距离对于整体式附着升降脚手架不得大于 80mm，对于单片式附着升降脚手架不得大于 150mm；防坠装置应有专门详细的检查方法和管理措施，以确保其工作可靠、有效；防坠装置与提升设备必须分别设置两套附着支承结构上，若有一套失效，另一套必须能独立承担全部坠落荷载。

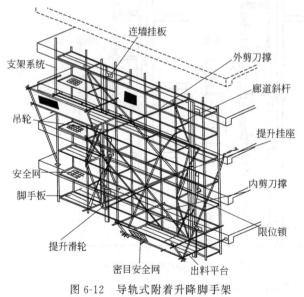

图 6-12　导轨式附着升降脚手架

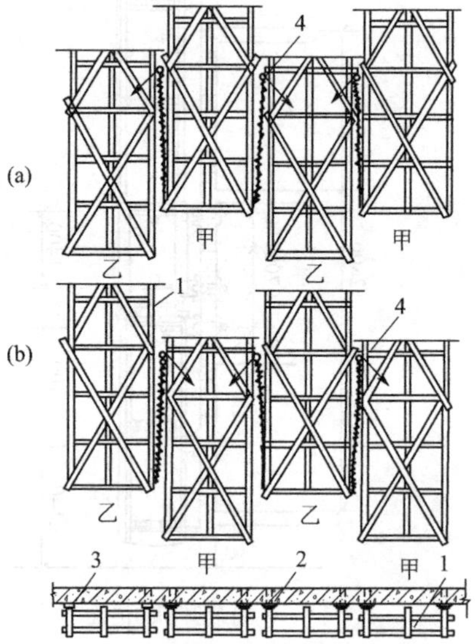

图 6-13　互爬式附着升降脚手架

1—提升单元；2—提升横梁；
3—连墙支座；4—手拉葫芦

（三）安全防护

架体外侧必须用密目安全网（≥800 目/100cm^2）围挡；密目安全网必须可靠固定在架体上；架体底层的脚手板必须铺设严密，且应用平网及密目安全网兜底。应设置架体升降时底层脚手板可折起翻板的构造，保持架体底层脚手板与建筑物表面在升降和正常使用中的间隙，防止物料坠落；在每一作业层架体外侧必须设置上、下两道防护栏杆（上杆高度1.2m，下杆高度0.6m）和挡脚板（高度180mm）；单片式和中间断开的整体式附着升降脚手架，在使用工况下，其断开处必须封闭并加设栏杆；在升降工况下，架体开口处必须有可靠的防止人员及物料坠落的措施。

　　附着式升降脚手架在升降过程中，必须确保升降平稳。升降吊点超过两点时，不能使用手拉葫芦。同步及荷载控制系统应通过控制各提升设备间的升降差和控制各提升设备的荷载来控制各提升设备的同步性，且应具备超载报警停机、欠载报警等功能。

　　遇五级（含五级）以上大风和大雨、大雪、浓雾和雷雨等恶劣天气时，禁止进行升降和拆卸作业，并应预先对架体采取加固措施。夜间禁止进行升降作业。当附着升降脚手架预计停用超过一个月时，停用前采取加固措施。当附着式升降脚手架停用超过一个月或遇六级以上大风后复工时，必须进行安全检查。

 自测题

1. 承插型盘扣式脚手架专项施工方案包括哪些内容？
2. 附着升降式脚手架的类型有哪些？

第七章
高层建筑现浇混凝土结构施工

【知识目标】

• 了解高强混凝土的施工工艺

• 理解各种组合式模板形式和混凝土泵送工艺

• 掌握粗钢筋的各种连接技术，掌握滑模和爬模工艺

【能力目标】

• 能够根据不同的工程正确选择合适的模板类型

• 能够正确选用合适的粗钢筋连接方法

高层建筑现浇混凝土结构施工，也是涉及模板、钢筋、混凝土三部分。本章详细介绍了钢筋工程的粗钢筋连接技术。模板工程中的组合模板、大模板、滑模、爬模等模板工艺。介绍了高强混凝土、高层泵送混凝土等施工技术。

第一节　模板工程

一、早拆模板体系

高层建筑的模板工程除了使用胶合板、工具式钢模板外，也使用了一些大型工具式模板，如大模板、滑模、爬模、台模等，更有一些使用了永久式模板。由于标准层的模板几乎一样，为了节省模板，高层建筑宜经常采用早拆模板体系工艺。

按照常规的支模方法，由于混凝土需达到规定强度才允许拆模，模板配置量需 3～4 楼层的数量，一次投入量大。

早拆模板体系即通过合理的支承模板，将较大跨度的楼盖，通过增加支撑点缩小楼盖的跨度（≤2m），这样混凝土达到设计强度的 50% 即可拆模，即早拆模板，后拆支柱，达到加快模板的周转，减少模板一次配置量，有很好的经济效益。

早拆模板体系包括模板系统和支撑系统两部分。其中模板系统由模板块、托梁、升降头组成，如图 7-1 所示。支撑系统可采用固定式的，也可采用其他形式，如用扣件式脚手架材料搭设。工具式支撑系统由可调钢支柱、横撑、斜撑组成，如图 7-2 所示。

早拆体系的关键技术是在支柱上加装早拆柱头（见图 7-2）。目前常用的早拆柱头有螺旋式、斜面自锁式、组装式和承插销板式（见图 7-3～图 7-6）。

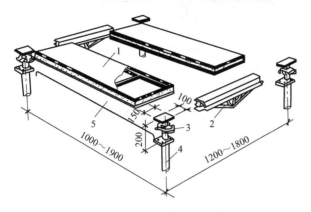

图 7-1　早拆模板体系全貌

1—模板块；2—托梁；3—升降头；

4—可调支柱；5—跨度定位杆

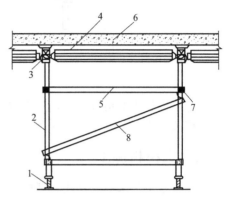

图 7-2　支撑系统示意图

1—底脚螺栓；2—支柱；3—早拆柱头；4—主梁；

5—水平支撑；6—现浇楼板；7—梅花接头；8—斜撑

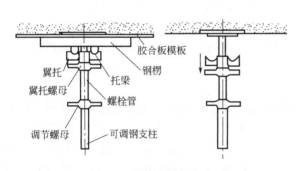

图 7-3　螺旋式早拆柱头

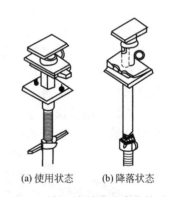

(a) 使用状态　　(b) 降落状态

图 7-4　斜面自锁式升降头外形

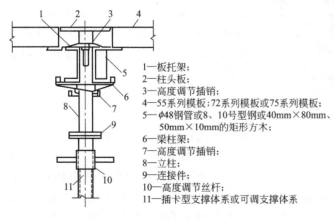

1—板托架；
2—柱头板；
3—高度调节插销；
4—55 系列模板、72 系列模板或 75 系列模板；
5—ϕ48 钢管或 8、10 号型钢或 40mm×80mm、50mm×10mm 的矩形方木；
6—梁柱架；
7—高度调节插销；
8—立柱；
9—连接件；
10—高度调节丝杆；
11—插卡型支撑体系或可调支撑体系

图 7-5　组装式早拆柱头节点

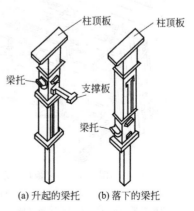

(a) 升起的梁托　　(b) 落下的梁托

图 7-6　承插销板式早拆柱头

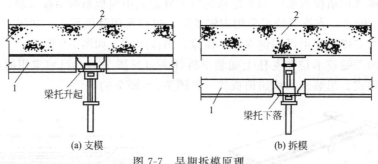

(a) 支模   (b) 拆模

图 7-7 早期拆模原理
1—模板主梁；2—现浇楼板

由于早拆柱头的构造不同，拆模方式亦不同，但总的说来使支托楼板模板的支托下落，使楼板模板随之下落就可以拆除，而支柱仍留在原位支承楼板（见图 7-7）。

二、大模板施工

大模板施工是采用工具式大型模板，配以相应的吊装机械，以工业化生产方式在施工现场安装混凝土模板。大模板的工艺特点是：以建筑物的开间、进深、层高的标准化为基础，以大型工业化模板为主要施工手段，以现浇钢筋混凝土墙体为主导工序，组织有节奏的均衡施工。采用这种施工方法，施工工艺简单、机械化程度高、速度快、结构整体性好、抗震性能强、装修湿作业少故具有良好的经济效益。因此，目前大模板施工工艺已成为高层和超高层建筑（剪力墙结构、框架-剪力墙结构、筒体结构和框架-筒体结构）主要的工业化施工方法之一，尤其是在高层住宅剪力墙结构中应用广泛。但是大模板工艺亦有其不足之处，如制作钢模的钢材一次性消耗量大；大模板的面积受到起重机械起重量的限制；大模板的迎风面较大，易受风的影响，在超高层建筑中使用受到限制；只宜用在 20 层以下的剪力墙高层建筑施工中；板的通用性较差等。

大模板建筑一般是横墙承重，故内墙一般均采用大模板现浇混凝土墙体，而楼梯、楼梯平台、阳台、分间墙板等可采用预制构件。按外墙施工方法不同，可将大模板结构施工工艺分为内墙现浇、外墙预制（内浇外挂），内墙现浇外墙砌筑（内浇外砌），内外墙全现浇三种。其中内浇外挂和内浇外砌多用于 12～16 层的不太高的建筑，内外墙全现浇结构可适用更高的建筑。

（一）大模板的构造

大模板由面板系统、支撑系统、操作平台和附件组成，如图 7-8 所示。

1. 面板系统

面板系统包括面板、横肋和竖肋等。其作用是使混凝土具有平整的外观，因此要求其表面平整、拼缝严密，它具有足够的刚度。其材料通常可以采用钢板、玻璃

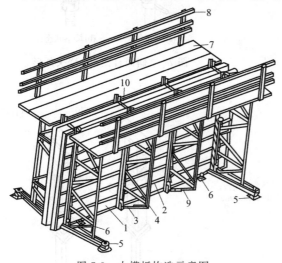

图 7-8 大模板构造示意图
1—面板；2—横肋；3—竖肋；4—支撑桁架；5—螺旋千斤顶（调整水平用）；6—螺旋千斤顶（调整垂直用）；7—脚手板；8—防护栏杆；9—穿墙螺栓；10—固定卡具

钢板、胶合板、木材等制作。钢板的厚度通常为 4～6mm，这种钢板具有良好的强度和刚度，能承受较大的混凝土侧压力及其他施工荷载，重复利用率高，一般周转次数在 200 次以上，但自重大，灵活性差。横肋和竖肋的作用是固定面板，并把混凝土侧压力传递给支撑系统，可采用型钢或冷弯薄壁型钢制作。木、竹胶合板自重轻，但其强度要大大低于钢板，周转次数相对少，约 20 次。

2. 支撑系统

支撑系统包括支撑架和地脚螺栓。每块大模板采用 2～4 榀桁架作为支撑机构，并用螺栓或焊接将其与竖肋连接在一起，主要承受水平荷载，以加强模板的刚度，防止模板倾覆，也可作为操作平台的支座，以承受施工荷载。

3. 操作平台

操作平台包括平台架、脚手板和防护栏杆。是施工人员操作的平台和运输的通道，平台架插放在焊于竖肋上的平台套管内，脚手板铺在平台架上。防护栏杆还可上下伸缩。

4. 附件

附件主要包括穿墙螺栓和上口铁卡子。穿墙螺栓的主要作用是加强模板刚度，以承受新浇混凝土的侧压力，并控制墙板的厚度，其一端制成螺纹，长 100mm，用以调节墙体厚度，另一端则采用钢销和键槽固定。墙体的厚度是由与墙厚相同的塑料套管来控制，拆模后穿墙螺栓可重复使用。

（二）大模板的类型及布置

大模板按形状划分有平模、小角模、大角模、筒模等。

1. 平模

平模尺寸是以一个整面墙的大小制作成的一块模板，其能较好地保证墙面的平整度。按拼装的方式可分为整体式、组合式和装拆式三种。

整体式平模是将板面、横肋和竖肋、支撑系统、操作平台和爬梯等组焊接成整体，所以其平整性特别好，再加上其需用小角模解决纵、横墙角部位模板的拼接处理，所以仅适用于大面积标准住宅的施工。

组合式平模是以建筑物常用的轴线尺寸作基数拼制模板，并将面板及骨架、支撑系统、操作平台三部分用螺栓连接而成，通过固定于大模板板面的角模把纵横墙的模板组装在一起，可以同时浇筑纵横墙的混凝土。为适应不同开间、进深尺寸的需要，组合式平模可利用模数加以调整，既方便施工又方便运输和堆放。

装拆式平模不仅将支撑系统、操作平台和竖肋用螺栓连接，而且板面与钢边框、横肋、竖肋之间也用螺栓连接，其灵活性比组合式大模板更强，也可减少因焊接而产生的模板变形。

2. 小角模

小角模是设置在平模转角处，可使内模形成封闭的支撑体系，其模板整体性好，组拆方便，墙面平整。小角模可将扁钢焊在角钢内，拆模后会在墙面形成突出的棱，如图 7-9（a）所示；也将扁钢焊在角钢外，拆模后会在墙面留下扁钢的凹印，如图 7-9（b）所示。

3. 大角模

大角模是由上下四个大合页连接起来的两块平模、三道活动支承和地脚螺栓等组成。采用大角模时，房间的纵横墙混凝土可同时浇筑，结构的整体性好，并且具有稳定、装拆方便、墙体阴角方整、施工质量好等特点，但大角模也存在加工要求精细、运转麻烦、接缝在墙的中部等缺点、墙的平整度难以保证，如图 7-10 所示。

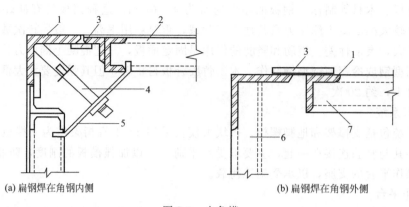

(a) 扁钢焊在角钢内侧 (b) 扁钢焊在角钢外侧

图 7-9 小角模

1—小角模；2—平模；3—扁钢；4—转动拉杆；5—压板；6—横墙平模；7—纵墙平模

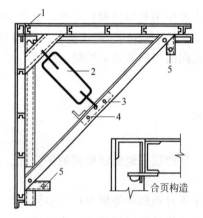

图 7-10 大角模

1—合页；2—花篮螺栓；3—固定销子；
4—活动销子；5—调整螺栓

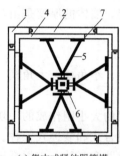

(a) 集中式紧伸器筒模

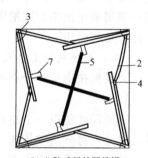

(b) 分散式紧伸器筒模

图 7-11 筒模构造示意图

1—固定角模；2—平面模板；3—活动角模；
4—肋板；5—紧伸器；6—调节螺杆；7—连接板

4. 筒模

筒模是指将一个房间的三面或四面现浇墙体的大模板通过挂轴悬挂在同一钢架上，墙角用小角模封闭而形成的一个筒形单元体。

采用筒模时，施工简单快速，它减少了模板的吊装次数，操作安全，劳动效率高；缺点是模板自重大，吊装时不够灵活。多用于电梯井和管道井等尺寸较小的筒形构件的内模支设，如图 7-11 所示。

（三）大模板工程的施工工艺

大模板工程的施工工艺：抄平放线→墙体扎筋→模板安装→混凝土的浇筑与养护→模板的拆除及维修保养。

1. 抄平放线

（1）轴线的控制和引测　在每幢建筑物的四个大角和流水段分界处设标准轴线控制桩，用其在山墙和对应的墙上用经纬仪引测控制轴线，然后根据控制轴线拉通尺放出其他轴线和墙体边线。

（2）水平标高的控制与引测　每幢建筑物设标准水平桩 1～2 个，并将水平标高引测到建筑物的第一层墙上，作为控制水平线。各楼层的标高均以此线为基线，用钢尺引测上去，每个楼层设两条水平线，一条离地面 50cm 高，供立口和装修工程使用；另一条距楼板下皮 10cm，用以控制墙体顶部的找平层和楼板安装标高。另外，有时候在墙体钢筋上亦弹出水平线，用以控制大模板安装的水平度。

2. 墙体扎筋

大模板施工的墙体宜用点焊钢筋网片，网片间的搭接长度和搭接部位都应符合设计规范的规定。

点焊钢筋网片运输、堆放和吊装过程中，要采取措施防止钢筋网片产生变形或焊点脱开，上、下层墙体钢筋的搭接部分应调直并绑扎牢固。双排钢筋网之间应绑扎定位用的连接筋；钢筋与模板之间应绑扎垫块，其间距不宜大于 1m，以保证钢筋位置准确和保护层厚度。在施工流水段的分界处，应按设计规定甩出钢筋，以备与下段连接。如果内纵墙与内横墙非同时浇筑时，亦应将连接钢筋绑扎牢固。

3. 模板安装

大模板进场后要核对型号，清点数量，清除表面锈蚀，用醒目的字体在模板背面注明标号。模板就位前应除锈并均匀地涂刷脱模剂。

安装大模板时，根据墙位线放置模板，先安装横墙一侧的模板，再安装另一侧的模板，随即旋紧穿墙螺栓。最后放入角模，使纵、横墙模板连成一体。对于建筑物外墙，为保证作业安全，一般先安装外侧模板，再绑扎钢筋，而后安装内侧模板。墙体厚度由放在两块模板中间的穿墙螺栓的塑料套管来控制，垂直度用 2m 长的双十字形靠尺检查，通过支架上的地脚螺栓调整。模板合模前，还要隐蔽工程验收。

4. 混凝土的浇筑与养护

混凝土浇筑前对组装的大模板及预埋件、节点钢筋等进行一次全面的检查，如发现问题，应及时校正。为防止烂根，确保新浇混凝土与下层混凝土结合良好，宜先浇一层 5～10cm 厚与原混凝土内砂浆成分相同的砂浆。

混凝土应分层、连续、交圈浇筑。第一层不能超过 60cm，这层混凝土振实后才可再倒入混凝土，边振边浇，要振捣密实，最后一层宜用人工锹入振实整平。墙体的施工缝一般宜设在门、窗洞口上，连梁跨中 1/3 区段。当采用组合平模时，可留在内纵墙与内横墙的交接处，接槎处混凝土应加强振捣，保证接槎严密。墙体混凝土应分层浇筑，每层厚度不应超过 1m。仔细进行振捣，浇注门窗洞口两侧混凝土时，应由门窗洞口正上方下料，两侧同时浇筑，高度一致，以防门窗洞口模板移动。边柱和角柱的断面小、钢筋密，浇注时应十分小心，振捣时要时刻防止外墙面变形。浇筑后应及时洒水养护，也可采用喷涂氯乙烯树脂溶液的方法进行养护。

5. 模板的拆除及维修保养

常温条件下，当混凝土强度达到 1.2N/mm² 时方可拆模。拆模顺序为：内纵墙模板→横墙模板→角模、门窗洞口模；单片模板拆除顺序为：穿墙螺栓、拉杆及上口卡具→升起模板底脚螺栓→升起支撑架底脚螺栓→使模板自动倾斜脱离墙面并将模板吊起。拆模时不得任意撬砸，必须先用撬棍轻轻将模板移出 20～30mm，然后用塔式起重机吊出。吊拆大模板时应严防撞击外墙挂板和混凝土墙体，因此，吊拆大模板时要注意使吊钩位置倾向于移出模板方向。每次拆模后要及时清理并涂刷隔离剂，若出现板面翘曲、凹凸不平、焊缝开焊、地脚螺栓折断以及护身栏杆弯折等情况时，应及时进行修理，堆放时要防止倾覆。对模板零件要妥善保管，防止丢失和锈蚀，零件要入库保存，残缺丢件一次补齐。

三、滑模施工

液压滑升模板（简称"滑模"）施工工艺，是按照施工对象的平面尺寸和形状，在地面组装好模板、液压提升设备和操作平台的滑模装置，然后绑扎钢筋、浇筑混凝土，利用液压提升设备不断竖向提升模板，完成混凝土构件施工的一种方法。滑模施工多用于烟囱、水塔、筒仓等筒壁结构，也可用于高层和超高层的民用建筑，但近年来已很少使用。

滑模施工工艺具有机械化程度高、劳动强度低、施工速度快、结构抗震性好、经济效益好等特点。与传统的结构施工方法比较，墙体采用滑模施工可缩短工期 50% 以上；提高工效 60% 左右，还可以改善劳动条件，减少劳动量。

滑模施工是一项比较先进的工业化施工方法，为了更好地发挥它的作用，需要设计的配合。因为施工模板是整体提升的，一般不宜在空中重新组装和改装模板和操作平台，同时模板的提升有一定连续性，不宜过多停歇，这要求建筑的平面布置和立面处理，在不影响设计效果的前提下，力求简洁整齐，尽量避免影响滑升的突出结构。

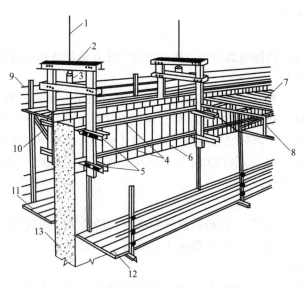

图 7-12　滑升模板组成示意图

1—支撑杆；2—提升架；3—液压千斤顶；4—围圈；5—围圈支托；6—模板；7—内操作平台；8—平台桁架；9—栏杆；10—外挑三脚架；11—外吊脚手；12—内吊脚手；13—混凝土墙体

（一）滑升模板的组成

滑模的装置主要包括模板系统、操作平台系统和液压提升系统三部分。由模板、围圈、提升架、操作平台、内外吊脚手架、支撑杆及千斤顶等组成，如图 7-12 所示。

1. 模板系统

模板系统主要包括模板、围圈、提升架等基本构件。其作用是根据滑模工程的结构特点组成成型结构，使混凝土能按照设计的几何形状及尺寸准确成型，并保证表面质量符合要求；其在滑升施工过程中，主要承受浇筑混凝土时的侧压力以及滑动时的摩阻力和模板滑空、纠偏等情况下的外加荷载。

（1）模板　模板可用钢模板、木模板或钢木混合模板三种，目前最常用的是钢模板。

一般来说，模板高度当用于墙模时为 1m，柱模时为 1.2m，筒壁结构为 1.2～1.6m。为防止混凝土浇筑时外溅，外模上端应比内模高出 100～200mm，下端应比内模长 300mm 左右。模板的宽度以考虑组装及拆卸方便为宜，通常为 300～500mm。当所施工的墙体尺寸变化不大时，也可根据实际情况适当加宽模板，以节约装卸用工。

（2）围圈　围圈用于固定模板，保证模板所构成的几何形状及尺寸，承受模板传来的水平与垂直荷载，所以要具有足够的强度和刚度。

围圈的连接宜采用等刚度的型钢连接，连接螺栓每边不少于 2 个，并形成刚性节点；围圈放置在提升架立柱的支托上，用 U 形螺栓固定。在高层建筑施工中，大多数把围圈设计成桁架形式，称桁架围圈。

围圈横向布置在模板外侧，一般上下各布置一道，分别支承在提升架的立柱上，并把模板与提升架连系成整体。为了减少模板的支承跨度，围圈一般不设在模板的上下两端，其合理位置应使模板受力时产生的变形最小。上下围圈的间距视模板的高度而定，若模板高 1～1.2m，上下围圈间距宜在 600～700mm；围圈距模板上口不宜大于 250mm，以保证模板上口的刚度。距模板下口不宜大于 150mm。围圈接头处的刚度不得小于围圈本身的刚度，上下围圈的接头不应设置在同一截面。

（3）提升架　其作用是约束固定围圈的位置，防止模板的侧向变形，并将模板系统和操作平台系统连成一体，将围圈传来的水平垂直荷载和操作平台、内外挑挂架子传来的荷载传递给千斤顶和支撑杆。其次，提升架又是安装千斤顶、连接模板、围圈以及操作平台成整体的主要构件。

提升架的布置应与千斤顶的位置相适应。当均匀布置时，间距不宜超过 2m，当非均匀布置或集中布置时，可根据结构部位的实际情况确定。

2. 操作平台系统

操作平台系统主要包括操作平台、外挑脚手架、内外吊脚手架以及某些增设的辅助平台，以供材料、工具、设备的堆放。

（1）操作平台　操作平台既是绑扎钢筋、浇注混凝土、提升模板等的操作场所，也是混凝土中转、存放钢筋等材料以及放置振捣器、液压控制台、电焊机等机械设备的场地。

操作平台一般用钢桁架或梁及铺板构成。桁架可以支承在提升架的支柱上，也可以通过托架支承在上下围圈上。桁架之间应设水平和垂直支撑，保证平台的强度和刚度。

操作平台的设计应根据施工对象采用的滑模工艺和现场实际情况而定。在采用逐层空滑模板（也称"滑一浇一"）施工工艺时，要求操作平台板采用活动式的，以便楼板施工时支模材料、混凝土的运输和混凝土的浇灌。活动式平台板宜用型钢作框架，上铺多层胶合板或木板，再铺设铁板增加耐磨性和减少吸水率。

（2）内外吊脚手架　内外吊脚手架主要是用于钢筋绑扎、混凝土脱模后检查墙（柱）体混凝土质量并进行装饰、拆除模板（包括洞口模板），引设轴线、高程以及支设梁底模板等操作之用。吊脚手架要求装卸灵活、安全可靠。内吊脚手架悬挂在提升架内侧立柱和操作平台的桁架上，外吊脚手架悬挂在提升架外侧立柱和三角挑架上。

（3）外挑脚手架　外挑脚手架一般由三角挑架、楞木、铺板等组成，其外挑宽度为0.8～1.0m，外侧一般需设安全护栏，三角挑架可支承在立柱上或挂在围圈上。

3. 液压提升系统

液压提升系统主要包括支撑杆、液压千斤顶、液压控制系统三部分，是液压滑模系统的重要组成部分，也是整套滑模施工装置中的提升动力和荷载传递系统。

（1）支撑杆　它既是千斤顶向上爬升的轨道，又是滑动模板装置的承重支柱，承受着滑模施工过程中的全部荷载。

支撑杆按使用情况分为工具式和非工具式两种。工具式支撑杆在使用时，应在提升架横梁下设置内径比支撑杆直径大 2～5mm 的套管，其长度应到模板下缘。在支撑杆的底部还应设置钢靴，以便最后拔出支撑杆。非工具式支撑杆直接浇筑在混凝土中。

支撑杆一般采用直径为 25mm 的圆钢筋，其连接方法有丝扣连接、榫接、剖口焊接三种，也可以用 25～28mm 的螺纹钢筋。支撑杆的长度一般为 3～5m，当支撑杆接长时，其相邻的接头要互相错开，使同一断面上的接头根数不超过总根数的 25%。

（2）液压千斤顶　千斤顶是带动整个滑模系统沿支撑杆上爬的机械设备。液压滑模施工所用的千斤顶为专用穿心式千斤顶，按其卡头形式的不同可分为钢珠式和楔块式两种，其工作重量分别为 3t、3.5t 和 10t，其中 3.5t 应用较广。

（3）液压控制系统　液压控制系统是提升系统的心脏，主要由能量转换装置（电动机、高压齿轮泵等）、能量控制和调节装置（如电磁换向阀、调压阀、针形阀、分油器等）以及辅助装置（压力表、油箱、滤油器、油管、管接头等）三部分组成。

（二）墙体滑模的一般施工工艺

滑升模板的施工工艺：滑模组装→钢筋绑扎→预埋件埋设→门窗等孔洞的留设→混凝土浇筑→模板滑升→楼面施工→模板设备的拆除等。

1. 滑模组装

滑升模板的组装是个重要环节，直接影响到施工进度和质量，因此要合理组织、严格施工。滑模组装工作应在建筑物的基础顶板或楼板混凝土浇筑并达到一定强度后进行。组装前必须做好拼装场地的平整，设置运输道路和施工用水、用电线路。同时将基础回填平整。按图纸设计要求，在地板上弹出建筑物各部位的中心线及模板、围圈、提升架、平台构架等构件的位置线。对各种模板部件、设备等进行检查，核对数量、规格以备使用。

2. 钢筋绑扎

钢筋绑扎应与混凝土浇筑速度、模板的滑升速度相配合。根据每个浇筑层的混凝土浇筑量、浇筑时间和钢筋量的大小，合理安排绑扎人员，划分操作区段，保证钢筋的绑扎速度。绑扎中，应随时检查以免发生错误。

钢筋的加工长度，应根据工程对象和使用部位来确定。水平钢筋的长度一般不宜大于7m。竖向钢筋的加工长度一般应与楼层高度一致。

竖向钢筋绑扎时，应在提升架上部设置钢筋定位架，以保证钢筋位置正确。双层钢筋的墙体结构，钢筋绑扎后，双层钢筋之间应设拉结筋定位。钢筋绑扎时，必须注意留足混凝土保护层的厚度，钢筋弯钩均应背向模板，以防模板滑升时被弯钩挂住。当支撑杆兼作结构受力筋时，应及时清除油污，且其接头处的焊接质量必须满足有关钢筋焊接规范的要求。

绑扎截面较高的大梁，其水平钢筋亦采取边滑边绑扎的方法。为便于绑扎，可将箍筋做成上口开放的形式，待水平钢筋穿入就位后，再将上部绑扎闭合。

3. 预埋件埋设

预埋件的留设位置与型号必须准确。滑模施工前，应有专人负责绘制预埋件平面图，详细注明预埋件的标高、位置、型号及数量，施工中要加强检查以防遗漏。预埋件一般可采用短钢筋与结构主筋焊接或绑扎等方法连接牢固，但不得突出模板表面。模板滑过预埋件后，应立即清除预埋件表面的混凝土，使其外露，其位置偏差不应大于 20mm。

4. 门窗等孔洞的留设

门窗等孔洞的留设方法如下所述。

（1）框模法　即事先按照设计要求的尺寸制成孔洞框模，如图 7-13（a）所示，框模可用钢材、木材或钢筋混凝土预制件制作。其尺寸宜比设计尺寸大 20~30mm，厚度应比模板的上口尺寸小 5~10mm。框模应按设计要求位置与标高留设，安装时，同墙体中的钢筋或支撑杆连接固定。也可利用门、窗框直接作框模，但需在两侧边框上加设挡条，如图 7-13（b）所示。当模板滑升后，挡条可拆下周转使用。挡条可用钢材和木材制成工具式，用螺钉和门、窗框连接。挡条加设后，门、窗口的总厚度应比模板上口尺寸小 10~20mm。

（2）堵头模板法　即在孔洞两侧的内外模板之间设置堵头模板，通过角钢导轨与内外模一起滑升，如图 7-13（c）所示。

（3）孔洞胎模法　可用钢材、木材及聚苯乙烯泡沫塑料等材料制成。对于较小的预留孔

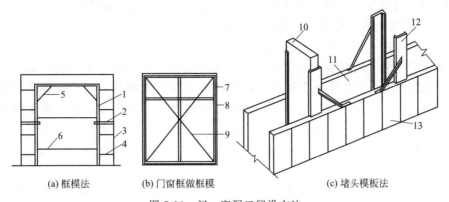

(a) 框模法 (b) 门窗框做框模 (c) 堵头模板法

图 7-13　门、窗洞口留设方法

1—框模；2—螺栓；3—结构主筋；4—钢筋；5—角撑；6—水平撑；7—门窗框；
8—挡条；9—临时支撑；10—堵头模板；11—门窗洞口；12—导轨；13—滑升模板

洞及接线盒等，可事先按孔洞具体形状制作空心或实心的孔洞胎模，尺寸应比设计要求大50~100mm，厚度至少应比内外模上口小10~20mm，为便于模板滑过后取出胎模，四边应稍有倾斜。

5. 混凝土浇筑

浇筑混凝土之前，要合理划分施工区段，安排操作人员，以使每个区段的浇筑数量和时间大致相等以保证滑升速度。

混凝土的浇筑必须严格执行分层、交圈、均匀浇筑。混凝土浇筑宜用人工均匀倒入，不得用料斗直接向模板倾倒，以免对模板造成过大的侧压力。预留孔洞、门窗口等两侧的混凝土，应对称均衡浇筑，以免门窗模移位。每一层浇筑厚度以 200~300mm 为宜，表面应在同一水平面上。为保证模板各处的摩擦阻力相近，防止模板产生扭转和结构倾斜，在浇筑过程中应分层变换浇筑方向（交圈浇筑）。各层浇筑的间隔时间不应大于混凝土的凝结时间，当间隔时间超过凝结时间时，对接槎处应按施工缝的要求处理。

混凝土的出模强度一般宜控制在 $0.2~0.4N/mm^2$，此时混凝土对模板的摩擦阻力小，出模的混凝土表面光滑，后期强度损失小，并能承受上部混凝土的自重，不易坍塌、开裂或变形。

混凝土的施工和滑模模板提升是反复交替进行的，整个施工过程及相应的模板提升可分为以下三个施工阶段。

（1）初浇阶段　该阶段是从滑模组装并检查合格后，开始浇筑混凝土至模板开始提升为止，此阶段混凝土浇筑高度一般只有 600~700mm，分 2~3 个浇筑层。

（2）随浇随升阶段　滑模模板初升后即开始随浇随升阶段。该阶段混凝土浇筑与钢筋绑扎、模板提升相互交替进行，紧密衔接。每次模板提升前，混凝土宜浇筑到距模板上口以下50~100mm 处，并应将最上一道水平钢筋留置在混凝土外，作为绑扎上一层水平钢筋的标志。

（3）末浇阶段　混凝土浇筑至与设计标高相差 1m 左右时，即进入末浇阶段。此时，混凝土的浇筑速度应逐渐放慢。

6. 模板的滑升

模板的滑升可分为初升阶段、正常滑升阶段和末升阶段三个主要阶段。

（1）初升阶段　即混凝土浇筑开始后进行的首次提升模板阶段。当混凝土分层浇筑到模板高度的 2/3，且混凝土达到出模强度时，进行试探性的提升，即将模板提升 1～2 个千斤顶行程，观察混凝土的出模情况。滑升过程要求缓慢平稳，用手按混凝土表面，若出现轻微指印，砂浆又不粘手，说明时间恰到好处。

（2）正常滑升阶段　模板经初升调整后，可以连续一次提升一个浇筑层高度，待混凝土浇筑至模板顶面时再提升一个浇筑层高度，也可以随浇随升。模板的滑升速度，取决于混凝土的凝结时间、劳动力的配备、垂直运输的能力、浇筑混凝土的速度以及气温等因素。在正常条件下，滑升速度一般控制在 150～300mm/h，最慢不应少于 100mm/h。两次滑升的间隔停歇时间，一般不宜超过 1h，在气温较高的情况下，应增加 1～2 次中间提升。

（3）末升阶段　即当模板升至距建筑物顶部标高 1m 左右时开始进入末升阶段。此时应放慢滑升速度，进行准确的抄平和找正工作。整个抄平找正工作应在模板滑升至距离顶部标高 20mm 以前做好，以便使最后一层混凝土能均匀交圈。混凝土末浇结束后，模板仍应继续滑升，直至与混凝土完全脱离为止。

在模板的整个滑升过程中，如因气候、施工需要或其他原因而不能连续滑升时，应采取可靠的停滑措施。停滑前，混凝土应浇筑到同一水平高度；停滑过程中，模板应每隔 0.5～1h 提升一个千斤顶高度，确保模板与混凝土不黏结；当支撑杆的套管不带锥度时，应于次日将千斤顶顶升一个行程；对于因停滑造成的水平施工缝，应认真处理混凝土表面，保证后浇混凝土与已硬化的混凝土之间有良好的黏结；继续施工前，应对液压系统进行全面检查。

7. 楼面施工

滑模施工中，现浇楼板的施工方法有"逐层支模法"、"隔层支模法"和"降模施工法"等。

（1）逐层支模法　逐层支模法又称"滑一浇一法"，逐层空滑楼板并进法。它是在墙体混凝土滑升一层，紧跟着支模现浇一层楼板，每层结构按滑一层浇一层的工序进行，由此将原来的滑模连续施工改变为分层间断的周期性施工。

当每层墙体混凝土浇筑至上一层楼板底部标高后，将滑升模板继续空滑至模板下口与墙体上皮脱空一段高度为止（脱空高度依楼板厚度而定，一般比楼板厚度多 50～100mm 左右），然后将操作平台的活动平台吊去，进行现浇楼板的支模、绑筋和浇筑混凝土，依此逐层进行。

（2）隔层支模法　该方法是在墙体不断向上滑的过程中，预留出楼板插筋及梁端孔洞，再在内吊脚手架下面加吊一层满堂铺板及安全网，当墙面滑出一层后，扳出墙内插筋，利用梁、柱及墙体预留洞或设置一些临时牛腿、插筋及挂钩，作为支设模板的支撑点，在其上开始搭设楼板模板铺设钢筋等。当墙体滑升到 3～5 层时，浇捣第一层楼板混凝土。依此进行直至浇筑完毕。根据墙体滑升的层数，有"滑三浇一"、"滑五浇一"等。

（3）降模施工法　该方法是当墙体连续滑升到顶或滑到 8～10 层左右高度后，将事先在底层组装好的模板，用卷扬机或其他提升机具提升到要求的高度，再用吊杆悬吊在墙体预留的孔洞中，然后进行该层楼板的施工。当该层楼板的混凝土达到拆模强度要求时（不得低于 15MPa），可将模板降至下一层楼板位置，进行下一层楼板的施工。此时，悬吊模板的吊杆也随之接长。这样依次逐层下降，直到完成全部楼板的施工，将模板拆除为止。

对于楼层较多的超高层建筑，一般应以 10 层高度为一个降模段，可以采用分段降模法，按高度分段配置模板进行降模的施工。即一次性把墙体滑升到 10 层后暂停滑升，在滑模操作平台下另外悬吊降模平台，待降模施工向下进行后，墙体再继续向上滑升。一段时间后，降模施工降到底层，墙体滑模滑升到了第二个 10 层，这时将滑模平台改装成降模平台，向下降模施工楼板至第 11 层，依次进行直至浇筑完毕。

8. 模板的拆除

滑模装置拆除应制定可靠的措施，拆除前要进行技术交底，确保操作安全。提升系统的拆除可在操作平台上进行，千斤顶应与模板系统同时拆除。滑模装置拆除后，应对各部件进行检查、维修，并妥善存放保管，以备使用。

四、滑框倒模施工

滑框倒模施工工艺是在滑模施工工艺的基础上发展而成的一种施工方法。这种方法兼有滑模的优点，因此，易于保证工程质量。但由于操作较为繁琐，因而施工中劳动量较大，速度略低于滑模。但近几年来滑框倒模用于高层施工较少，用于烟囱施工较多。

(一) 滑框倒模的组成与基本原理

(1) 滑框倒模施工工艺的提升设备和模板装置与一般滑模基本相同，亦由液压控制台、油路、千斤顶及支撑杆和操作平台、围圈、提升架、模板等组成 (见图 7-14)。

(2) 模板不与围圈直接挂钩，模板与围圈之间增设竖向滑道，滑道固定于围圈内侧，可随围圈滑升。滑道的作用相当于模板的支承系统，既能抵抗混凝土的侧压力，又可约束模板位移，且便于模板的安装。滑道的间距按模板的材质和厚度决定，一般为 300～400mm；长度为 1～1.5m，可采用内径 25～40mm 钢管制作。

(3) 模板在施工时与混凝土之间不产生滑动，而与滑道之间相对滑动，即只滑框，不滑模。当滑道随围圈滑升时，模板附着于新浇灌的混凝土表面留在原位，待滑道滑升一层模板高度后，即可拆除最下一层模板，清理后，倒至上层使用 (见图 7-15)。模板的高度与混凝土的浇灌层厚度相同，一般为 500mm 左右，可配置 3～4 层。模板的宽度，在插放方便的前提下，尽量加大，以减少竖向接缝。

图 7-14　滑框倒模施工装置示意图

1—提升架；2—滑道；
3—围圈；4—模板

模板应选用活动轻便的复合面层胶合板或双面加涂玻璃钢树脂面层的中密度纤维板，以利于向滑道内插放，拆模倒模。

(4) 滑框倒模的施工程序。施工墙体结构的程序为：

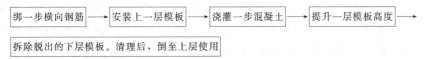

绑一步横向钢筋 → 安装上一层模板 → 浇灌一步混凝土 → 提升一层模板高度 →

拆除脱出的下层模板。清理后，倒至上层使用

如此循环进行，层层上升。

(二) 滑框倒模工艺的特点

(1) 滑框倒模工艺与滑模工艺的根本区别在于：由滑模时模板与混凝土之间滑动，变为滑道与模板滑动，而模板附着于新浇灌的混凝土面而无滑移。因此，模板由滑动脱模变为拆倒脱模。与之相应，滑升阻力由滑模施工时模板与混凝土之间的摩擦力，改为滑框倒模时的

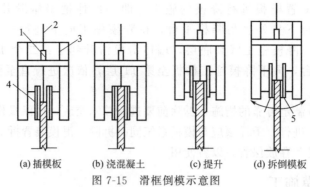

(a) 插模板　　(b) 浇混凝土　　(c) 提升　　(d) 拆倒模板

图 7-15　滑框倒模示意图

1—千斤顶；2—支撑杆；3—提升架；4—滑道；5—向上倒模

模板与滑道之间的摩擦力。模拟试验说明，滑框倒模施工时摩擦力的数值，不仅小于滑模时的摩擦阻力，而且随混凝土硬化时间的延长呈下降趋势（见图 7-16）。

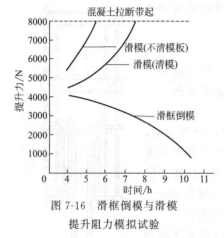

图 7-16　滑框倒模与滑模
提升阻力模拟试验

（2）滑框倒模工艺只需控制滑道脱离模板时的混凝土强度下限大于 0.05MPa，不致引起混凝土坍塌和支撑杆失稳，保证滑升平台安全即可。不必考虑混凝土硬化时间延长造成的混凝土粘模、拉裂等现象，给施工创造很多便利条件。

（3）采用滑框倒模工艺施工有利于清理模板，涂刷隔离剂，以防止污染钢筋和混凝土；同时可避免滑模施工容易产生的混凝土质量通病（如蜂窝麻面、缺棱掉角、拉裂及粘模等）。

（4）施工方便可靠。当发生意外情况时，可在任何部位停滑，而无需考虑滑模工艺所采取的停滑措施，同时也有利于插入梁板施工。

（5）可节省提升设备投入。由于滑框倒模工艺的提升阻力远小于滑模工艺的提升阻力，相应地可减少提升设备。与滑模相比可节省 1/6 的千斤顶和 15% 的平台用钢量。

（6）采用滑框倒模工艺施工高层建筑时，其楼板等横向结构的施工以及水平、垂直度的控制，与滑模工程基本相同。

五、爬升模板施工

爬升模板（简称爬模）是一种自行爬升、不需起重机吊运的工具式模板，施工时模板不需拆装，可整体自行爬升；由于它是大型工具式模板，可一次浇筑一个楼层的墙体混凝土，可离开墙面一次爬升一个楼层高度，所以它具有大模板的特点。此外它可减少起重机的吊运工作量，是综合大模板与滑模工艺特点形成的一种成套模板技术，同时具有大模板施工和滑模施工的优点，又避免了它们的不足。适用于高层建筑外墙外侧和电梯井筒内侧无楼板阻隔的现浇混凝土竖向结构施工，特别是一些外墙立面形态复杂，采用艺术混凝土或不抹灰饰面混凝土、垂直偏差控制较严的高层建筑。

爬模施工工艺集滑模和大模的优点于一身：对于一片墙的模板不用每次拆装，可以整体爬升，具有滑模的特点；一次可以爬升一个楼层的高度，可一次浇筑一层楼的墙体混凝土，又具有大模板的优点。具体表现在：

（1）节省空间　爬模施工中模板不占用施工场地，这就使得那些在狭小场地上施工的高层建筑更加适用。

（2）有利于缩短工期　因为施工过程中，模板与爬架的爬升、安装、校正等工序可与楼层施工的其他工序平行作业，这就大大有利于缩短工期。

（3）减少起重机工作量，提高安全性　爬升模板施工时，模板的爬升依靠自身系统设备，不需塔吊或其他垂直运输机械，这就大大减少了起重机吊运的工作量，且避免了塔式起重机施工常受大风影响的弊端。

（4）施工精度更高　因为爬模施工时，模板是逐层分块安装的，这就使得其垂直度和平整度更易于调整和控制，使施工精度更高。

（5）省时、简便　爬模装有操作脚手架，施工安全，不需搭设外脚手架，这就大大省去了搭设脚手架的时间，也使操作起来更加简便。

但爬模也具有诸如无法实行分段流水施工；模板周转率低；模板配制量大于大模施工时用量等缺点。

爬模常见的有模板与爬架互爬式和模板与模板互爬式两种爬模。

（一）模板与爬架互爬式爬模

模板与爬架互爬式爬模是以建筑物的钢筋混凝土墙体为支承主体，通过附着于已完成的钢筋混凝土墙体上的爬升支架或大模板，利用连接爬升支架与大模板的爬升设备，使一方固定，另一方作相对运动，交替向上爬升，以完成模板的爬升、下降、就位和校正等工作。其构造如图 7-17(a)、(b) 所示，由模板、爬架（包括附墙架和支承架）组成。

1. 构造

有爬架的爬模由模板、爬架和爬升装置三部分组成。

（1）模板　爬模的模板与一般大模板相似，其构造也相同，由面板、横肋、竖向大肋、对销螺栓等组成。面板一般采用薄钢板，也可用木（竹）胶合板。横肋和竖向大肋常采用槽钢，其间距通常根据有关规范计算确定。新浇混凝土对墙两侧模板的侧压力由对销螺栓承受。

模板的高度一般为标准层高加 100～300mm，所增加的高度是模板与下层已浇筑墙体的搭接高度，用于模板下端的定位和固定。对于层高较高的非标准层，可用两次爬模两次浇筑，一次爬架的方式解决。为防止模板与墙体搭接处漏浆，模板下端需增加橡胶衬垫。模板的宽度在条件允许时越宽越好，以减少模板间的拼接和提高墙面平整度。其宽度一般取决于爬升设备的能力，具体可根据一片墙的宽度和施工段的划分来确定，可以是一个开间、一片墙甚至一个施工段的宽度。

模板爬升以爬架为支承，模板上需有模板爬升装置；爬架爬升以模板为支承，模板上又需有爬架爬升装置。这两个装置取决于爬升设备的种类。常用的爬升设备为环链手拉葫芦和单作用液压千斤顶。采用环链手拉葫芦时，模板上的爬升装置为吊环，以便挂手拉葫芦。用于模板爬升的吊环，设在模板中部的重心附近，为向上的吊环；用于爬架爬升的吊环设在模板上端，由支架挑出，位置与爬架重心相符，为向下的吊环。施工中吊环与模板重心一致，可以避免模板倾斜，减少施工难度。采用单作用液压千斤顶时，模板爬升装置分别为千斤顶座（用于模板爬升）和爬杆支座（用于爬架爬升）。模板背面安装千斤顶的装置尺寸应与千斤顶底座尺寸相对应。模板爬升装置为安装千斤顶的铁板，位置在模板的重心附近。用于爬架爬升的装置是爬杆的固定支架，安装在模板的顶端。模板的爬升装置与爬架爬升设备的装置要处在同一条竖直线上。

外附脚手架和悬挂脚手架设在模板外侧，用于模板的拆模、爬升、安装就位、校正固定，穿墙螺栓安装与拆除，墙面清理和嵌塞穿墙螺栓等操作。脚手架的宽度为 600～900mm，每步高度为 1800mm，有 2～3 步悬挂在模板之下，每步均需满铺脚手板，外侧设扶手并挂安全网。为使脚手架能在爬架外连通，可将脚手架在爬架处折转。

（2）爬架　爬架的作用是悬挂模板和爬升模板。其由支承架、附墙架、挑横梁和千斤顶架（或吊环）等组成。爬架是承重结构，主要依靠支承架固定在下层已达规定强度的钢筋混凝土墙体上，并随施工层的上升而升高，其下部有水平拆模支承横梁，中部有千斤顶座，上部有挑梁和吊模扁担，主要起悬挂模板、爬升模板和固定模板的作用。因此，要求其具有一定的强度、刚度和稳定性。

附墙架承受整个爬升模板荷载，通过穿墙螺栓传递给下层混凝土墙体，所以至少应采用不少于 4 个附墙螺栓与墙体连接，螺栓的间距和位置尽可能与模板的穿墙螺栓孔相符，以便用该孔作为附墙架的固定连接孔。附墙架底部应满铺脚手板，以防工具、螺栓等物件坠落。

支承架用作悬挂和提升模板，由 4 根型钢焊成格构柱，为便于运输和装拆，一般做成两个标准桁架节，使用时将标准节拼起来，并用法兰盘连接。支承架的尺寸除取决于强度、刚度、稳定性验算外，尚需满足操作要求，为方便施工人员上下，支承架尺寸不应小于 650mm×650mm。

爬架顶端一般要超出上一层楼层 0.8～1.0m，以保证模板能爬升到待施工层位置的高度；爬升支架的总高度（包括附墙架），一般应为 3～3.5 个楼层高度，其中附墙架应设置在待拆模板层的下一层。由于模板紧贴墙面，爬架的支承架要离开墙面 0.4～0.5m，以便模板在拆除、爬升和安装时有一定的活动余地。爬架间距要使每个爬架受力不要太大，以 3～6m 为宜。爬架位置在模板上要均匀对称布置，支承架应设有操作平台，周围应设置防护设施。

挑横梁、千斤顶架（或吊环）的位置，要与模板上的相应装置处在同一竖线上，以便千斤顶爬杆或环链呈竖直，使模板或爬架能竖直向上爬升，提高模板的安装精度，减少爬升和校正的难度。

（3）爬升装置　爬升装置可以根据实际施工情况而定，常用的爬升装置有环链手拉葫芦、电动葫芦、单作用液压千斤顶、双作用液压千斤顶、爬模千斤顶等，其起重能力一般要求为设计荷载的 2 倍以上。

环链手拉葫芦是一种手动的起重机具，它用人力拉动环链使起重钩上升，使用时简便、价廉、适应性强，虽操作人员较多，但仍是应用最多的爬升装置。每个爬架处设两个环链手拉葫芦，其起升高度取决于起重链的长度。起重能力应比设计计算值大 1 倍，起升高度比实际需要起升高度大 0.5～1m，以便于模板或爬升支架爬升到就位高度时，尚有一定长度的起重链可以摆动，便于就位和校正固定。

单作用液压千斤顶即滑模施工用的滚珠式或卡块式穿心液压千斤顶。它可以沿爬杆单方向向上爬升，且动作平稳，但爬升模板和爬升爬架各需一套液压千斤顶，且数量多，成本较高，且每爬升一个楼层还需抽、插一次爬杆，施工较为繁琐。

双作用液压千斤顶中各有一套向上和向下动作的卡具，既能沿爬杆向上爬升，又能将爬杆上提。在爬杆上下端分别安装固定模板和爬架装置，依靠油路控制用一套双作用千斤顶就分别可以完成爬升模板和爬升爬架两个动作。由于每爬升一个楼层无需抽、插爬杆，施工较为快速。但目前这种千斤顶较重，油路控制系统复杂。

2. 施工工艺

模板与爬架互爬式爬模的施工工艺流程如下：弹线找平→安装爬架→安装爬升设备→安装外模板→绑扎钢筋→安装内模板→浇筑混凝土→拆除内模板→施工楼板→爬升外模板→绑扎上一层钢筋并安装内模板→浇筑上一层墙体→爬升爬架……如此模板与爬架互爬直至完成整幢建筑的施工，如图7-17所示。

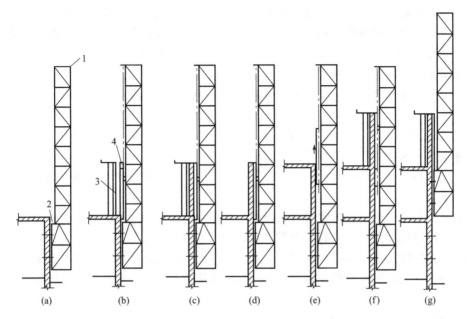

图 7-17 模板与爬架互爬式爬模施工工艺

(a) 安装爬架；(b) 安装外模板、绑扎钢筋、安装内模板；(c) 浇筑混凝土；(d) 拆除内模板；
(e) 楼板施工、爬升外模板；(f) 固定外模板、绑扎钢筋、安装内模板、浇筑混凝土；(g) 爬升支架
1—支承架；2—附墙架；3—内模板；4—外模板

(1) 爬模安装 爬模安装的顺序：组装爬架→将爬架固定在墙上→安装爬升设备→吊装模板块→拼接分块模板并校正固定。

首先应按施工组织设计及有关图样要求对进入现场的爬模装置（包括大模板、爬升支架、爬升设备、脚手架及附件等）进行验收，合格后方可使用。

其次爬模安装前，应检查工程结构上预埋螺栓孔的直径和位置是否符合图样要求，如有偏差应及时纠正。

爬模配置时，要根据制作、运输和吊装的条件，尽量做到内、外墙均做成每间一整块大模板，以便于一次安装、脱模、爬升。内墙大模板可按流水施工段配置一个施工段的用量，外墙内、外侧模板应配足一层的全部用量。外墙外侧模板的穿墙螺栓孔和爬升支架的附墙连接螺栓孔，应与外墙内侧模板的螺栓孔对齐。各分块模板间的拼接要牢固，以免多次施工后变形。

爬架上墙时，先临时固定部分穿墙螺栓，待校正标高后，再固定全部穿墙螺栓。立柱宜采取先在地面组装成整体，然后安装的方法。立柱安装时，先校正垂直度，再固定与底座相连接的螺栓。模板安装时，先加以临时固定，待就位校正后，再正式固定。所有穿墙螺栓均应由外向内穿入，在内侧紧固。

模板安装完毕后，应对所有连接螺栓和穿墙螺栓进行紧固检查，并经试爬升验收合格后，方可投入使用。

（2）爬架爬升　当墙体的混凝土已经浇筑并达到爬架爬升规定的强度，且爬升装置的位置、牢固程度、吊钩及连接杆件等，在确认符合要求后，方可进行爬架的爬升。爬架爬升时，爬架的支承点是模板，此时模板需与现浇的钢筋混凝土墙保持良好的连接。正式爬升时，应先安装好爬升爬架的爬升装置，拆除爬架上爬升模板用的爬升装置以及校正和固定模板的支撑，然后收紧千斤顶钢丝绳，拆卸穿墙螺栓。同时检查卡环和安全钩，调整好爬升支架重心，使其保持垂直，防止晃动与扭转。遇六级以上大风，一般应停止作业。

（3）模板爬升　模板爬升的顺序是：在楼面上进行弹线找平→安装模板爬升设备→拆除模板对拉螺栓、固定支承架与其他相邻模板的连接件→起模→开始爬升。

当混凝土强度达到脱模强度（1.2～3.0N/mm²），爬架已经爬升并安装在上层墙上，爬升爬架的爬升设备已经拆除，爬架附墙处的混凝土强度已经达到10N/mm²，就可以进行模板爬升。

先试爬升50～100mm，检查爬升情况，确认正常后再快速爬升。爬升过程中随时检查，如有异常应停下来检查，解决问题后再继续爬升。

（4）爬架拆除　爬架拆除的顺序是：悬挂脚手架、大模板→爬升设备→附墙螺栓→爬升支架。

可利用施工用的起重机拆除爬升模板的装置，也可在屋面上装设人字形拔杆或台灵架进行拆除。拆除连接杆件并经检查安全可靠后，方可大面积进行拆除。

（5）模板拆除　模板拆除的施工顺序是：自下而上拆除悬挂脚手、安全设施→分块模板间的连接件→起重机吊住模板并收紧绳索→拆除模板爬升设备，脱开模板和爬架→将模板吊至地面。

（二）模板与模板互爬式爬模

模板与模板互爬式爬模的特点是取消了爬架，模板由甲、乙两类模板组成，爬升时两类模板互为依托，用提升设备使两类相邻模板交替爬升。

1. 构造

（1）模板　模板与模板互爬式爬模的模板分为两种类型，甲型模板为窄板，高度要大于两个层高；乙型模板要按建筑物外墙尺寸配制，高度均略大于层高，与下层墙体稍有搭接，以避免漏浆和错台。两类模板交替布置，甲型模板布置在内、外墙交接处，或大开间外墙的中部，乙型模板布置在甲型模板中间。每块模板的左右两侧均拼接有调节板缝的钢板，以调整板缝，并使模板端部形成轨槽，以利于模板的爬升。模板背面设有竖向背楞，作为模板爬升的依托，并能加强模板的整体刚度。内、外模板用穿墙螺栓拉结固定。模板爬升时，要依靠其相邻的模板与墙体的拉结来抵抗爬升时的外张力，所以模板要有足够的刚度。

在乙型模板的下面，设有用螺栓固定于下层墙体上的"生根"背楞。背楞上端设连接板，用以支承上面的乙型模板，解决模板和生根背楞的连接，并调节生根背楞的水平标高，使背楞螺栓孔与穿墙螺栓孔的位置吻合。连接板与模板、生根背楞均用螺栓连接，以便于调整模板的垂直度。甲型模板下端则不放生根背楞，如图7-18所示。

（2）爬升装置　爬升装置由三角爬架、爬杆、卡座和液压千斤顶组成。三角爬架插在模板上口两端的双层套筒内，套筒用U形螺栓与竖向背楞连接，其作用是支承卡座和爬杆，可以自由回转。爬杆用 $\phi25mm$ 的圆钢制成，上端用卡座固定在三角爬架上。

每块模板上装有两台起重量为3.5t的液压千斤顶，乙型模板安装在模板上口两端，甲型模板安装在模板中间偏下处。

（3）操作平台　操作平台用三角挑架作支撑，安装在乙型模板竖向背楞和它下面的生根背楞上，上下放置三道。上面铺设脚手板，外侧设护身栏和安全网。上、中层平台供安装、拆除模板时使用，并在中层平台上加设模板支撑一道，使模板、挑架和支承形成稳固的整体，并用来调整模板的角度，也便于拆模时松动模板，下层平台供修理墙面使用。

2. 施工工艺

模板与模板互爬式爬模的施工工艺流程如图 7-19 所示。

先用大模板常规施工方法完成首层结构，然后再安装爬模。甲、乙型模板按要求交替布置。先安设乙型模板下部的"生根"背楞和连接板，用穿墙螺栓固定在首层已浇筑的墙体上，再安装中间一道平台挑架，加设支

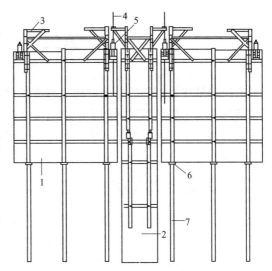

图 7-18　模板与模板互爬式爬模示意图
1—乙型模板；2—甲型模板；3—三角挑架；4—爬杆；
5—液压千斤顶；6—连接板；7—"生根"背楞

撑，铺好平台板，然后将在地面由模板、三角爬架、千斤顶等组装好的乙型模板吊起置于连接板上，并用螺栓连接，同时在中间一道平台挑梁设临时支撑，校正稳固模板。

首次安装甲型模板时，由于模板下端无支撑，故需用方木临时支托。待外墙内侧模板吊运就位后，即用穿墙螺栓将内、外侧模板紧固，并校正其垂直度。最后安装上、下两道平台挑架、铺放平台板，挂好安全网，即可浇筑墙体混凝土。

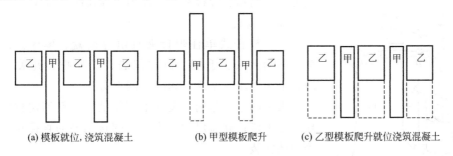

(a) 模板就位，浇筑混凝土　　　　(b) 甲型模板爬升　　　　(c) 乙型模板爬升就位浇筑混凝土

图 7-19　模板与模板互爬式爬模的施工工艺流程

待混凝土达到拆模强度，即可开始准备爬升甲型模板。爬升前，先松开穿墙螺栓，拆除内模板，并使外墙外侧甲、乙型模板与混凝土墙体脱离，但穿墙螺栓未拆除。调整乙型模板上三角爬架的角度，装上爬杆并用卡座卡紧，爬杆下端穿入甲型模板中部的千斤顶中，然后拆除甲型模板的穿墙螺栓，启动千斤顶，将甲型模板爬至预定高度，随即用穿墙螺栓与墙体固定，然后松开卡座取出乙型模板上的爬杆，再调整甲型模板上三角爬架的角度，装上爬杆，使爬杆下端穿入乙型模板上端的液压千斤顶中，此时将甲型模板作为支承爬升乙型模板至预定高度并加以固定，校正甲、乙型两种模板，安装内模板，装好穿墙螺栓并紧固，即可浇筑混凝土。如此反复，交替爬升，直至竣工。

施工时，应使每个流水段内的乙型模板同时爬升，不得单块模板爬升。模板的爬升可安排在楼板支模和绑扎钢筋的同时进行，所以不占用绝对工期，有利于加快施工进度。

第二节　钢筋工程

高层建筑现浇钢筋混凝土结构工程施工中的钢筋连接，主要是水平向和竖向粗直径钢筋连接必须适应高层建筑发展的需要。目前在高层建筑钢筋连接施工中逐渐发展和采用了电渣压力焊、机械连接等技术，大大提高了水平向和竖向粗直径钢筋的连接性能，且收到了较好的经济效益。

一、钢筋电渣压力焊

电渣压力焊是将钢筋安放成竖向对接形式，利用焊接电流通过两钢筋端面间隙，在焊剂层下形成电弧过程和电渣过程，产生电弧热和电阻热，熔化钢筋，加压完成的一种压焊方法。电渣压力焊适用钢筋的范围为直径14～20mm 的 HPB300 钢筋，直径 14～32mm 的 HRB335 和 HRB400 钢筋。

电渣压力焊比电弧焊易于掌握、工效高、节省钢材、成本低、质量可靠，适用于现浇钢筋混凝土结构中竖向或斜向（倾斜度在4∶1的范围内）钢筋的接长连接，但不宜用于热轧后余热处理的钢筋。

（一）焊接设备和材料

1. 焊机

电渣压力焊的主要设备是竖向钢筋电渣压力焊机，按控制方式分为手动式、半自动式和全自动式钢筋电渣压力焊机。钢筋电渣压力焊机主要由焊接电源、控制箱、焊接夹具、焊剂盒等几部分组成。

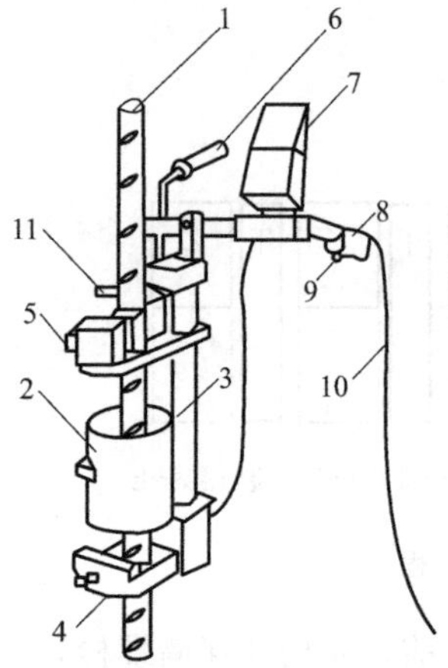

2. 焊接夹具

手动杠杆式单柱焊接夹具由焊剂盒、单导柱、固定夹头、活动夹头、手柄、监控仪表、操作把、开关、控制电缆、电缆插座等组成，如图 7-20 所示。

夹具的主要作用：夹住上下钢筋，使钢筋定位同心；传导焊接电流；确保焊剂盒直径与焊接钢筋的直径相适应，便于焊药安装。

图 7-20　手动杠杆式
单柱焊接夹具

1—钢筋；2—焊剂盒；3—单导柱；
4—固定夹头；5—活动夹头；
6—手柄；7—监控仪表；
8—操作把；9—开关；
10—控制电缆；11—电缆插座

3. 焊剂

焊剂牌号为"焊剂×××"，其中第一位数字表示焊剂中氧化锰含量，第二位数字表示二氧化硅和氟化钙含量，第三个数字表示同一牌号焊剂的不同品种。施工中最常用的焊剂牌号为"焊剂431"，它是高锰、高硅、低氟类型的。焊剂要妥善保管，防止受潮。焊剂在焊接过程中起着保护渣池中熔化金属和高温金属，防止氧化和氮化，使焊接过程稳定，获得良好成形接头等重要作用。

（二）焊接工艺过程

电渣压力焊工艺过程包括引弧、电弧、电渣和顶压过程，如图 7-21 所示。

以下以手动式为例说明焊接过程；焊接时，将钢筋直径端部约 120mm 范围内铁锈杂质

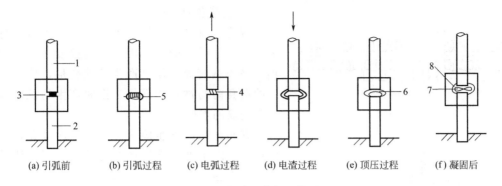

图 7-21　电渣压力焊工艺过程

(a) 引弧前　　(b) 引弧过程　　(c) 电弧过程　　(d) 电渣过程　　(e) 顶压过程　　(f) 凝固后

1—上钢筋；2—下钢筋；3—焊剂盒；4—电弧；5—熔池；6—熔渣；7—焊包；8—渣壳

刷净，用夹具夹紧钢筋，当上部钢筋较长时，搭设架子稳定钢筋，严防晃动，以免上、下钢筋错位和夹具变形。钢筋端头应在焊剂盒中部，待上、下钢筋轴线对中后，在上、下钢筋间放入一个由细铅丝绕成直径为 $10\sim15mm$ 的小球或导电剂（当钢筋直径较大时）。在焊剂盒底部垫好石棉垫、合上焊剂盒并装满焊剂。施焊时，接通电路，使导电剂、钢筋端部及焊剂熔化，形成导电的渣池，维持 $16\sim23s$ 后，借助手柄将上钢筋缓缓下送，且使焊接电压稳定在 $22\sim27V$ 范围内。钢筋下送速度不能过快或过慢，以防止造成电流短路或断路，要维持好电渣形成过程。待钢筋熔化量达到约 $20\sim30mm$ 时，即切断电源，并迅速用力顶锻钢筋，挤出全部熔渣和熔化金属，使形成坚实接头。为避免接头与空气接触氧化，过 $1\sim3min$ 冷却后，才可打开焊剂盒，收回焊剂，卸下夹具，敲去熔渣，焊接过程结束。

（三）焊接接头质量检验

1. 外观检查

接头焊包均匀，不得有裂纹，且无烧伤缺陷，四周凸出钢筋表面的高度应大于 4mm；接头处的轴线偏移不得大于钢筋直径的 10%，且不得大于 2mm；接头处钢筋轴线的弯折角不得大于 4°。外观检查不合格的接头应切除重焊，或采取补强焊接措施。

2. 强度检验

每楼层或施工区段中，以 300 个同钢筋级别、同钢筋直径接头作为一批，不足 300 个时，仍作为一批，随机切取 3 个试件，进行拉伸试验。3 个试件的抗拉强度均不得小于该级别钢筋规定的抗拉强度，且均呈延性断裂于焊缝之外。若有 1 个试件的抗拉强度低于规定值，应再取 6 个试件进行复验。若仍有 1 个试件的抗拉强度小于规定值，则该批接头为不合格品。

二、钢筋的机械连接

钢筋机械连接是通过钢筋与连接件的机械咬合作用，将一根钢筋中的力传递至另一根钢筋的连接方法。

钢筋的机械连接具有工艺简单、接头性能可靠、不受钢筋化学成分的影响、人为因素影响小、施工速度快等优点，适用于钢筋在任何位置与方向的连接，尤其对不能明火作业的施工现场和一些对施工防火有特殊要求的建筑更加安全可靠。

（一）钢筋机械连接类型及工艺

常见的钢筋机械连接形式有钢筋套筒挤压连接、钢筋（锥或直）螺纹套筒连接等。

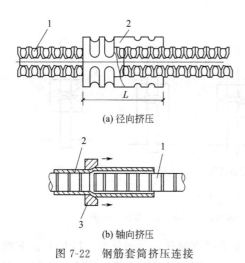

(a) 径向挤压

(b) 轴向挤压

图 7-22　钢筋套筒挤压连接
1—钢筋；2—套筒；3—压模

1. 钢筋套筒挤压连接

钢筋套筒挤压连接（图 7-22）是将两根待接钢筋插入优质钢套筒，用挤压连接设备沿径向或轴向挤压钢套筒，使之产生塑性变形，依靠变形后的钢套筒与被连钢筋纵、横肋产生的机械咬合实现钢筋的连接。

钢筋套筒挤压连接分径向挤压连接和轴向挤压连接。由于轴向挤压连接现场施工不方便及接头质量不够稳定，目前应用较少。

径向挤压连接是采用挤压机，在常温下沿套筒直径方向从套筒中间依次向两端挤压套筒，使之产生塑性变形把插在套筒里的两根钢筋紧固成一体，如图 7-22（a）所示。适用于 $\phi 16 \sim \phi 40 mm$ 的 HPB300、HRB335 级带肋钢筋的连接，包括同径和异径（直径相差不大于 5mm）的钢筋。

（1）挤压设备　径向挤压设备主要由挤压机、高压泵、平衡器、吊挂小车及划标志用工具和检查压痕卡等配件组成。钢筋径向挤压连接如图 7-23 所示。

（2）套筒　挤压所用套筒的材料宜选用热轧无缝钢管或由圆钢车削加工而成、强度适中、延性好的普通碳素钢，其设计屈服强度和极限承载力均应比钢筋的标准屈服强度和极限承载力高 10% 以上。

（3）挤压连接工艺　挤压连接顺序为：钢筋、套筒验收→钢筋断料→划套筒套入长度标记→套筒按规定长度套入钢筋→安装压接模具→开动液压泵逐道压套筒→卸下压接模具等→接头外观检查。

要求对不同直径钢筋的套筒不得串用；钢筋端部应划出定位标记与检查标记；为保证最大压接面能在钢筋的横肋上，压膜运动方向与钢筋两纵肋所在的平面应垂直。

为了减少高空作业难度，通常可在地面先预压接半个钢筋接头，另半个接头随钢筋就位后在施工区插入待接钢筋后再挤压完成。挤压钳就位时，应对正钢套筒压痕位置的标记，并应与钢筋轴线保持垂直；挤压钳施压顺序由钢套筒中部顺序向端部进行。每次施压时，主要控制压痕深度。

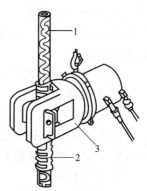

图 7-23　钢筋径向挤压
连接示意图
1—钢筋；2—钢套筒；
3—径向挤压钳

轴向挤压连接是［图 7-22(b)］采用挤压机和压膜，对钢筋套筒和插入的两根对接钢筋，沿轴线方向进行挤压，使套筒咬合到变形钢筋的肋间，结合成一体。轴向挤压连接可用于相同直径钢筋的连接，也可用于相差一个等级直径（如 $\phi 25 \sim \phi 28 mm$、$\phi 28 \sim \phi 32 mm$）的钢筋的连接。

2. 钢筋螺纹套筒连接

钢筋螺纹套筒连接分锥螺纹套筒连接与直螺纹套筒连接两种，套筒实物图见图 7-24、图 7-25。

钢筋螺纹套筒连接是把钢筋的连接端加工成螺纹（简称丝头），通过螺纹连接套把两根带丝头的钢筋，按规定的力矩值连接成一体的钢筋接头。适用于直径 $\phi 16 \sim \phi 40 mm$ 的 HPB300、HRB335 级带肋钢筋的连接，也可用于异径钢筋的连接。

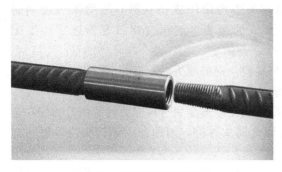

图 7-24　锥螺纹套筒实物图

图 7-25　直螺纹套筒实物图

（1）钢筋锥螺纹套筒连接

钢筋锥螺纹套筒连接是利用钢筋端头加工成的锥形螺纹与内壁带有相同内螺纹（锥形）的连接套筒相互拧紧形成一体的一种钢筋连接，如图 7-26 所示。钢筋锥螺纹套筒连接施工工艺如下：

锥螺纹套筒加工与检验、钢筋原材料进场与检验→钢筋锥螺纹加工与检验→接头单体试件试验→锥螺纹钢筋的连接与检验。

连接套筒是用专用机床加工而成的定型产品，一般在工厂进行。一般一根钢筋只需一头拧上保护帽，另一头可直接采用扭力扳手，按规定的力矩值将锥螺纹连接套预先拧上，这样既可保护钢筋丝头又提高工作效率。待在施工现场连接另一端时，先回收钢筋端部的塑料保护帽和连接套上的密封盖，并再次检查丝头质量，检查合格后，即可将待接钢筋用手拧入一端已拧上钢筋的连接套内，再用扭力扳手按规定的力矩值拧紧钢筋接头，直到扭力扳手在调定的力矩值发出响声为止。并随手画上油漆标记，以防止漏拧。

（2）钢筋直螺纹套筒连接。

钢筋直螺纹套筒连接是通过对钢筋端部切削制成螺纹，再用连接套筒对接钢筋，如图 7-27 所示。这种接头综合了套筒挤压接头和锥螺纹套筒连接接头的优点，具有强度高、接头不受扭紧力矩影响、质量稳定、施工方便、连接速度快、应用范围广、经济、便于管理等优点。钢筋直螺纹套筒连接主要有滚压直螺纹套筒连接和镦粗直螺纹套筒连接两种。

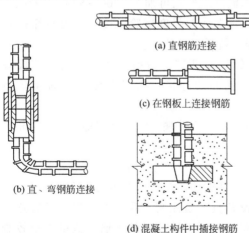

(a) 直钢筋连接

(c) 在钢板上连接钢筋

(b) 直、弯钢筋连接

(d) 混凝土构件中插接钢筋

图 7-26　钢筋锥螺纹套筒连接

二维码 7.1

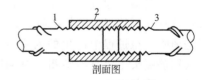

剖面图

图 7-27　钢筋直螺纹套筒连接
1—已连接的钢筋；2—直螺纹套筒；
3—正在拧入的钢筋

1）滚压直螺纹套筒连接　它是通过钢筋端头直接滚压或挤（碾）压肋滚压或剥肋后滚压制作的直螺纹和连接件螺纹套筒咬合形成的接头。滚压直螺纹套筒连接施工工艺如下：

直螺纹套筒加工与检验、钢筋原材料进场与检验→钢筋端头纵、横肋滚丝机切削→直螺纹加工与检验→接头单体试件试验→直螺纹钢筋的连接与检验。

其基本原理是利用了金属材料塑性变形后冷作硬化增强金属材料强度的特性，而仅在金属表层发生塑变、冷作硬化，金属内部仍保持原金属的性能，因而使钢筋接头与母材达到等强。

目前，国内常见的滚压直螺纹连接接头有三种类型：直接滚压螺纹、挤（碾）压肋滚压螺纹、剥肋滚压螺纹。这三种形式连接接头获得的螺纹精度及尺寸不同，接头质量也存在一定差异。

① 直接滚压直螺纹连接接头　优点是：螺纹加工简单，设备投入少；不足之处在于螺纹精度差，存在虚假螺纹现象。由于钢筋粗细不均，公差大，加工的螺纹直径大小不一致，给现场施工造成困难，使套筒与丝头配合松紧不一致，且有个别接头出现拉脱现象。由于钢筋直径变化及横纵肋的影响，使滚丝轮寿命降低，增加接头的附加成本，现场施工易损件更换频繁。

② 挤（碾）压肋滚压直螺纹连接接头　这种连接接头是用专用挤压设备先将钢筋的横肋和纵肋进行预压平处理，然后再滚压螺纹，目的是减轻钢筋肋对成型螺纹精度的影响。

这种连接接头特点是其成型螺纹精度相对直接滚压有一定提高，但仍不能从根本上解决钢筋直径大小不一致对成型螺纹精度的影响；而且螺纹加工需要两道工序，两套设备完成。

③ 剥肋滚压直螺纹连接接头　先将钢筋端部的横肋和纵肋进行剥切处理后，使钢筋滚丝前的柱体直径达到同一尺寸，然后再进行螺纹滚压成型。

剥肋滚压直螺纹连接技术是由中国建筑科学研究院建筑机械化研究分院研制开发的钢筋等强度直螺纹连接接头的一种新型式，为国内外首创。剥肋滚压直螺纹连接接头与其他滚压直螺纹连接接头相比具有如下特点：

a. 螺纹牙型好，精度高，牙齿表面光滑；b. 螺纹直径大小一致性好，容易装配，连接质量稳定可靠；c. 滚丝轮寿命长，接头附加成本低。滚丝轮可加工 5000～8000 个丝头，比直接滚压寿命提高了 3～5 倍；d. 接头通过 200 万次疲劳强度试验，接头处无破坏；e. 在 −40℃低温下试验，其接头仍能达到与母材等强，抗低温性能好。

2）镦粗直螺纹套筒连接　它是先将待连接钢筋端部进行镦粗，然后直接滚轧成普通直螺纹，用特制的直螺纹套筒连接起来，形成钢筋的连接。镦粗直螺纹套筒连接施工工艺如下：

直螺纹套筒加工与检验、钢筋原材料进场与检验→钢筋端头镦粗→直螺纹加工与检验→接头单体试件试验→直螺纹钢筋的连接与检验。

先将钢筋端头通过镦粗设备镦粗，再加工出螺纹，其螺纹小径不小于钢筋母材直径，使接头与母材达到等强。国外镦粗直螺纹连接接头，其钢筋端头有热镦粗又有冷镦粗。热镦粗主要是消除镦粗过程中产生的内应力，但加热设备投入费用高。我国的镦粗直螺纹连接接头，其钢筋端头主要是冷镦粗，对钢筋的延性要求高；延性较低的钢筋，镦粗质量较难控制，易产生脆断现象。

镦粗直螺纹连接接头的优点是强度高，现场施工速度快，工人劳动强度低，钢筋直螺纹丝头全部提前预制，现场连接为装配作业。其不足之处在于镦粗过程中易出现镦偏现象，一旦镦偏必须切掉重镦；镦粗过程中产生内应力，钢筋镦粗部分延性降低，易产生脆断现象，螺纹加工需要两道工序两套设备完成。

（二）接头的选用原则和性能等级

（1）接头的设计应满足强度及变形的要求。

（2）接头连接件的屈服承载力和受拉承载力的标准值不应小于被连接钢筋的屈服承载力和受拉承载力标准值的 1.10 倍。

（3）接头应根据其性能等级和应用场合，对单向拉伸性能、高应力反复拉压、大变形反复拉压、抗疲劳等各项性能确定相应的检验项目。

（4）接头应根据抗拉强度、残余变形以及高应力和大变形条件下反复拉压性能的差异，分为下列三个性能等级：

1）Ⅰ级接头抗拉强度等于被连接钢筋的实际拉断强度或不小于 1.10 倍钢筋抗拉强度标准值；残余变形小并具有高延性及反复拉压性能；

2）Ⅱ级接头抗拉强度不小于被连接钢筋抗拉强度标准值，残余变形较小并具有高延性及反复拉压性能；

3）Ⅲ级接头抗拉强度不小于被连接钢筋屈服强度标准值的 1.25 倍，残余变形较小并具有一定的延性及反复拉压性能。

（5）Ⅰ、Ⅱ、Ⅲ级接头抗拉强度必须符合表 7-1 规定。

表 7-1　接头的抗拉强度

接头等级	Ⅰ级		Ⅱ级	Ⅲ级
抗拉强度	$f_\mathrm{mst}^\mathrm{o} \geq f_\mathrm{stk}$ 或 $f_\mathrm{mst}^\mathrm{o} \geq 1.10 f_\mathrm{stk}$	断于钢筋 断于接头	$f_\mathrm{mst}^\mathrm{o} \geq f_\mathrm{stk}$	$f_\mathrm{mst}^\mathrm{o} \geq 1.25 f_\mathrm{yk}$

注：f_yk——钢筋屈服强度标准值；f_stk——钢筋抗拉强度标准值；$f_\mathrm{mst}^\mathrm{o}$——接头试件实测抗拉强度。

（6）Ⅰ级、Ⅱ级、Ⅲ级接头应能经受规定的高应力和大变形反复拉压循环，且在经历拉压循环后，其抗拉强度仍应符合表 7-2 的规定。

表 7-2　接头的变形性能

接头等级		Ⅰ级	Ⅱ级	Ⅲ级
单向拉伸	残余变形/mm	$u_0 \leq 0.10(d \leq 32)$ $u_0 \leq 0.14(d > 32)$	$u_0 \leq 0.14(d \leq 32)$ $u_0 \leq 0.16(d > 32)$	$u_0 \leq 0.14(d \leq 32)$ $u_0 \leq 0.16(d > 32)$
	最大力总伸长率/%	$A_\mathrm{sgt} \geq 6.0$	$A_\mathrm{sgt} \geq 6.0$	$A_\mathrm{sgt} \geq 3.0$
高应力反复拉压	残余变形/mm	$u_{20} \leq 0.3$	$u_{20} \leq 0.3$	$u_{20} \leq 0.3$
大变形反复拉压	残余变形/mm	$u_4 \leq 0.3$ 且 $u_8 \leq 0.6$	$u_4 \leq 0.3$ 且 $u_8 \leq 0.6$	$u_4 \leq 0.6$

注：1. 当频遇荷载组合下，构件中钢筋应力明显高于 $0.6 f_\mathrm{yk}$ 时，设计部门可对单向拉伸残余变形 u_0 的加载峰值提出调整要求。

2. A_sgt——接头试件的最大力总伸长率；d——钢筋公称直径；u_0——接头试件加载至 $0.6 f_\mathrm{yk}$ 并卸载后在规定标距内的残余变形；u_{20}、u_8、u_4——分别表示接头试件按《钢筋机械连接技术规程》（JGJ 107—2010）附录 A 加载制度经高应力反复拉压 4 次、8 次、20 次后的残余变形。

（三）接头的应用

（1）结构设计图纸中应列出设计选用的钢筋接头等级和应用部位。接头等级的选定应符合下列规定：

1）混凝土结构中要求充分发挥钢筋强度或对延性要求高的部位应优先选用Ⅱ级接头。当在同一连接区段内必须实施 100% 钢筋接头的连接时，应采用Ⅰ级接头。

2）混凝土结构中钢筋应力较高但对延性要求不高的部位可采用Ⅲ级接头。

（2）钢筋连接件的混凝土保护层厚度宜符合现行国家标准《混凝土结构设计规范》（GB 50010—2010）中受力钢筋的混凝土保护层最小厚度的规定，且不得小于15mm。连接件之间的横向净距不宜小于25mm。

（3）结构构件中纵向受力钢筋的接头宜相互错开。钢筋机械连接的连接区段长度应按35d计算。在同一连接区段内有接头的受力钢筋截面面积占受力钢筋总截面面积的百分率（以下简称接头百分率），应符合下列规定：

1）接头宜设置在结构构件受拉钢筋应力较小的部位，当需要在高应力部位设置接头时，在同一连接区段内Ⅲ级接头的接头百分率不应大于25%，Ⅱ级接头的接头百分率不应大于50%；Ⅰ级接头的接头百分率除应符合下列2）所列情况外可不受限制。

2）接头宜避开有抗震设防要求的框架的梁端、柱端箍筋加密区；当无法避开时，应采用Ⅱ级接头或Ⅰ级接头，且接头百分率不应大于50%。

3）受拉钢筋应力较小或纵向受压钢筋部位，接头百分率可不受限制。

4）对直接承受动力荷载的结构构件，接头百分率不应大于50%。

5）当对具有钢筋接头的构件进行试验并取得可靠数据时，接头的应用范围可根据工程实际情况进行调整。

（四）接头的型式检验

（1）在下列情况应进行接头的型式检验：

1）确定接头性能等级时；

2）材料、工艺、规格进行改动时；

3）型式检验报告超过4年时。

（2）对不同种型式、级别、规格、材料、工艺的钢筋机械连接接头，每种型式检验试件不应少于9个，单向拉伸试件不应少于3个，高应力反复拉压试件不应少于3个，大变形反复拉压试件不应少于3个。同时应另取3根钢筋试件做抗拉强度试验。全部试件均应在同一根钢筋上截取。

（3）用于型式检验的直螺纹或锥螺纹接头试件应散件送达检验单位，由型式检验单位或在其监督下由接头技术提供单位按表7-3或表7-4规定的拧紧扭矩进行装配，拧紧扭矩值应记录在检验报告中，且型式检验试件必须采用未经过预拉的试件。

表7-3　直螺纹接头安装时的最小拧紧扭矩值

钢筋直径/mm	≤16	18～20	22～25	28～32	36～40
拧紧扭矩/(N·m)	100	200	260	320	360

表7-4　锥螺纹接头安装时的拧紧扭矩值

钢筋直径/mm	≤16	18～20	22～25	28～32	36～40
拧紧扭矩/(N·m)	100	180	240	300	360

（4）型式检验包括强度检验、变形检验，具体试验方法应按现行《钢筋机械连接通用技术规程》（JGJ 107—2010）进行。

（五）施工现场接头的加工与安装

1. 接头的加工

（1）在施工现场加工钢筋接头时，应符合下列规定：

加工钢筋接头的操作工人应经专业技术人员培训合格后才能上岗，人员应相对稳定；钢筋接头的加工应经工艺检验合格后方可进行。

（2）直螺纹接头的现场加工应符合下列规定：

1）钢筋端部应切平或镦平后加工螺纹；

2）镦粗头不得有与钢筋轴线相垂直的横向裂纹；

3）钢筋丝头长度应满足企业标准中的产品设计要求，公差应在 $0 \sim 2.0p$（p 为螺距）范围内；

4）钢筋丝口宜满足 6f 级精度要求，应用专用直螺纹量规检验，通规能顺利旋入并达到要求的拧入长度，止规旋入不得超过 $3p$（3 个螺距）。抽检数量为 10%，检验合格率不应小于 95%。

（3）锥螺纹接头的现场加工应符合下列规定：

1）钢筋端部不得有影响螺纹加工的局部弯曲；

2）钢筋丝头长度应满足设计要求，使拧紧后的钢筋丝头不得相互接触，丝头加工长度公差应为 $-1.5p \sim -0.5p$；

3）钢筋丝头的锥度和螺距应使用专用锥螺纹量规检验；抽检数量 10%，检验合格率不应小于 95%。

2. 接头的安装

（1）直螺纹钢筋接头的安装质量应符合下列要求：

1）安装接头时可用管钳扳手拧紧，应使钢筋丝头在套筒中央位置相互顶紧。标准型接头安装后的外露螺纹不宜超过 $2p$；

2）安装后应用扭力扳手校核拧紧扭矩，拧紧扭矩值应符合表 7-3 的规定；

3）校核用扭力扳手的准确度级别可选用 10 级。

（2）锥螺纹钢筋接头的安装质量应符合下列要求：

1）接头安装时应严格保证钢筋与连接套的规格一致；

2）接头安装时应用扭力扳手拧紧，拧紧扭矩值应符合表 7-4 的要求；

3）校核用扭力扳手与安装用扭力扳手应区分使用，校核用扭力扳手应每年校核 1 次，准确度级别应选用 5 级。

（3）套筒挤压钢筋接头的安装质量应符合下列要求：

1）钢筋端部不得有局部弯曲，不得有严重锈蚀和附着物；

2）钢筋端部应有检查插入套筒深度的明显标记，钢筋端头离套筒中点长度不宜超过 10mm；

3）挤压应从套筒中央开始，依次向两端挤压，压痕直径的波动范围应控制在供应商认定的允许波动范围内，并提供专用量规进行检验；

4）挤压后的套筒不得有肉眼可见裂纹。

（六）施工现场接头的检验与验收

（1）工程中应用钢筋机械接头时，应由该技术提供单位提交有效的型式检验报告。

（2）钢筋连接工程开始前，应对不同钢筋生产厂的进场钢筋进行接头工艺检验；施工过程中，更换钢筋生产厂时，应补充进行工艺检验。工艺检验应符合下列规定：

1）每种规格钢筋的接头试件不应少于 3 根；

2）每根试件的抗拉强度和 3 根接头试件的残余变形的平均值均应符合表 7-1 和表 7-2 的规定；

3）接头试件在测量残余变形后可再进行抗拉强度试验；

4）第一次工艺检验中 1 根试件抗拉强度或 3 根试件的残余变形平均值不合格时，允许再抽 3 根试件进行复检，复检仍不合格时判为工艺检验不合格。

（3）接头安装前应检查连接件产品合格证及套筒表面生产批号标识；产品合格证应包括适用钢筋直径和接头的性能等级、套筒类型、生产单位、生产日期以及可追溯产品原材料力学性能和加工质量的生产批号。

（4）现场检验应按现行规范规定进行接头的抗拉强度试验、加工和安装质量检验；对接头有特殊要求的结构，应在设计图纸中另行注明相应的检验项目。

（5）接头的现场检验应按验收批进行。同一施工条件下采用同一批材料的同等级、同型式、同规格接头，应以 500 个为一个验收批进行检验与验收，不足 500 个也应作为一个验收批。

（6）螺纹接头安装后应按第（5）条的验收批，抽取其中 10％的接头进行拧紧扭矩校核，拧紧扭矩值不合格数超过被校核接头数的 5％时，应重新拧紧全部接头，直到合格为止。

（7）对接头的每一验收批，必须在工程结构中随机截取 3 个接头试件做抗拉强度试验，按设计要求的接头等级进行评定。当 3 个接头试件的抗拉强度均符合表 7-1 中相应等级的强度要求时，该验收批应评为合格。如有 1 个试件的抗拉强度不符合要求，应再取 6 个试件进行复检。复检中如仍有 1 个试件的抗拉强度不符合要求，则该验收批应评为不合格。

（8）现场检验连续 10 个验收批抽样试件的抗拉强度试验一次合格率为 100％时，验收批接头数量可扩大 1 倍。

（9）现场截取抽样试件后，原接头位置的钢筋可采用同等规格的钢筋进行搭接连接，或采用焊接及机械连接方法补接。

（10）对抽检不合格的接头验收批，应由建设方会同设计等有关方面研究后提出处理方案。

第三节　混凝土工程

一、高强度混凝土

（一）概述

随着高层建筑的发展，高强混凝土的应用也越来越广泛。它是在大幅度提高常规混凝土性能的基础上，采用现代混凝土技术，选用优质原材料，在妥善的质量控制下制成的，除了对水泥、骨料和水的质量进行有效的控制外，配制高强混凝土还必须采用低水胶比和掺加足量的矿物细掺料与高效外加剂，以保证混凝土的耐久性、工作性、各种力学性能、实用性、体积稳定性和经济合理性。提高混凝土的性能是当今混凝土技术发展的主要方向之一。随着混凝土结构物的大型化、高层化及使用机械的大型化，对混凝土的性能也提出了更高的要求。

1. 高强混凝土的定义

高强混凝土的概念在不同的历史发展阶段，高强混凝土的涵义是不同的。由于各国之间的混凝土技术发展不平衡，其高强混凝土的定义也不尽相同；即使在同一个国家，因各个地区的高强混凝土发展程度不同，其定义也随之改变。在我国以前高强混凝土一般是指强度等级在 C45 级以上的混凝土，但随着科学技术的进步，当今高强混凝土是指强度等级在 C60 级以上的混凝土。

2. 高强混凝土的优越性

（1）在一般情况下，混凝土强度等级从 C30 提高到 C60，对受压构件可节省混凝土 30%～40%，受弯构件可节省混凝土 10%～20%。

（2）虽然高强混凝土比普通混凝土成本高，但由于结构自重减轻，这对自重占荷载主要部分的建筑物具有特别重要意义。再者，由于梁柱截面缩小，不但在建筑上改变了肥梁胖柱的不美观的问题，而且可增加使用面积。

（3）由于高强混凝土的密实性能好，抗渗、抗冻性能均优于普通混凝土，因此，国外高强混凝土除高层和大跨度工程外，还大量用于海洋和港口工程，它们耐海水侵蚀和海浪冲刷的能力大大优于普通混凝土，可以提高工程使用寿命。

（4）高强混凝土变形小，从而使构件的刚度得以提高，大大改善了建筑物的变形性能。

（二）高强度混凝土的原材料

高强度混凝土所用的原材料主要包括水泥、砂石骨料、化学外加剂、矿物掺合料和水等。

1. 水泥的品种和强度

配制高强混凝土宜选用新型干法窑或旋窑生产的硅酸盐水泥或普通硅酸盐水泥，且必须满足强度、质量稳定，需水量低、流动性好、活性较高的要求。配制 C80 及以上强度等级的混凝土时，水泥 28d 胶砂强度不宜低于 50MPa。对于有预防混凝土碱骨料反应设计要求的高强混凝土工程，宜采用碱含量低于 0.6% 的水泥。水泥中氯离子含量不应大于 0.03%。

2. 水泥矿物掺合料

用于高强混凝土的矿物掺合料可包括粉煤灰、粒化高炉矿渣粉、硅灰、钢渣粉和磷渣粉。配制高强混凝土宜采用 I 级或 II 级的 F 类粉煤灰；配制 C80 及以上强度等级的高强混凝土掺用粒化高炉矿渣粉时，粒化高炉矿渣粉不宜低于 S95 级。

3. 细骨料

配制高强混凝土宜采用细度模数为 2.6～3.0 的 E 区中砂。砂的含泥量和泥块含量应分别不大于 2.0% 和 0.5%。当采用人工砂时，石粉亚甲蓝（MB）值应小于 1.4，石粉含量不应大于 5%，压碎指标值应小于 25%。当采用海砂时，氯离子含量不应大于 0.03%，贝壳最大尺寸不应大于 4.75mm，贝壳含量不应大于 3%。高强混凝土用砂宜为非碱活性。高强混凝土不宜采用再生细骨料。

4. 粗骨料

粗骨料的岩石抗压强度应比混凝土强度等级标准值高 30%。粗骨料应采用连续级配，最大公称粒径不宜大于 25mm。粗骨料的含泥量不应大于 0.5%，泥块含量不应大于 0.2%。

5. 外加剂

配制高强混凝土一般均添加高性能减水剂。配制 C80 及以上等级混凝土时，高性能减水剂的减水率不宜小于 28%。外加剂应与水泥和矿物掺合料有良好的适应性，并应经试验验证。高强混凝土不应采用受潮结块的粉状外加剂，液态外加剂应储存在密闭容器内，并应防晒和防冻，当有沉淀等异常现象时，应经检验合格后再使用。

6. 水

水应符合国家现行的混凝土拌合用水标准，另外混凝土搅拌与运输设备洗刷水不宜用于高强混凝土。

（三）高强混凝土性能

1. 拌合物性能

（1）泵送高强混凝土拌合物的坍落度、扩展度、倒置坍落度筒排空时间和坍落度经时损失宜符合表7-5的规定。

表 7-5　泵送高强混凝土拌合物的坍落度、扩展度、倒置坍落度筒排空时间和坍落度经时损失

项　目	技术要求
坍落度/mm	≥220
扩展度/mm	≥500
倒置坍落度筒排空时间/s	>5 且<20
坍落度经时损失/(mm/h)	≤10

（2）非泵送高强混凝土拌合物的坍落度宜符合表7-6的规定。

表 7-6　非泵送高强混凝土拌合物的坍落度

项　目	技　术　要　求	
	搅拌罐车运送	翻斗车运送
坍落度/mm	100～160	50～90

（3）高强混凝土拌合物不应离析和泌水，凝结时间应满足施工要求。

2. 力学性能

高强混凝土的强度等级应按立方体抗压强度标准值划分为 C60、C65、C70、C75、C80、C85、C90、C95 和 C100。高强混凝土力学性能试验方法应符合现行国家标准的规定。

（四）高强混凝土配合比

（1）高强混凝土配合比设计应符合现行行业标准《普通混凝土配合比设计规程》（JGJ 55—2011）的规定，并应满足设计和施工要求。

（2）高强混凝土配制强度应按下式确定：

$$f_{cu,0} \geq 1.15 f_{cu,k} \tag{7-1}$$

式中　$f_{cu,0}$——混凝土配制强度，MPa；

　　　$f_{cu,k}$——混凝土立方体抗压强度标准值，MPa。

（3）高强混凝土配合比应经试验确定，在缺乏试验依据的情况下宜符合下列规定：

1）水胶比、胶凝材料用量和砂率可按表7-7选取，并应经试配确定；

表 7-7　水胶比、胶凝材料用量和砂率

强度等级	水胶比	胶凝材料用量/(kg/m³)	砂率/%
≥C60，<C80	0.28～0.34	480～560	
≥C80，<C100	0.26～0.28	520～580	35～42
C100	0.24～0.26	550～600	

2）外加剂和矿物掺合料的品种、掺量，应通过试配确定；矿物掺合料掺量宜为 25%～40%；硅灰掺量不宜大于 10%。

（4）对于有预防混凝土碱骨料反应设计要求的工程，高强混凝土中最大碱含量不应大于$3.0 \mathrm{kg/m^3}$；粉煤灰的碱含量可取实测值的$1/6$；粒化高炉矿渣粉和硅灰的碱含量可分别取实测值的$1/2$。

（5）配合比试配应采用工程实际使用的原材料，进行混凝土拌合物性能、力学性能和耐久性能试验，试验结果应满足设计和施工的要求。

（6）大体积高强混凝土配合比试配和调整时，宜控制混凝土绝热温升不大于$50℃$。

（7）高强混凝土设计配合比应在生产和施工前进行适应性调整，应以调整后的配合比作为施工配合比。

（8）高强混凝土生产过程中，应及时测定粗、细骨料的含水率，并应根据其变化情况及时调整称量。

二、高层建筑泵送混凝土施工

泵送混凝土施工是高层建筑施工中的常见施工方法，并成为提高高层混凝土施工效率的关键技术。泵送混凝土是指可通过泵压作用沿输送管道强制流动到目的地并进行浇筑的混凝土。当前，我国的高层建筑工程施工中几乎都采用混凝土泵送施工技术。

（一）混凝土泵送施工方案设计

混凝土泵送施工方案应根据混凝土工程特点，浇筑工程量、拌合物特性以及浇筑进度等因素设计和确定。混凝土泵送施工方案包括下列内容：

①编制依据；②工程概况；③施工技术条件分析；④混凝土运输方案；⑤混凝土输送方案；⑥混凝土浇筑方案；⑦施工技术措施；⑧施工安全措施；⑨环境保护技术措施；⑩施工组织。

当多台混凝土泵同时泵送或与其他输送方法组合输送混凝土时，应根据各自的输送能力，规定浇筑区域和浇筑顺序。

1. 混凝土可泵性分析

在混凝土泵送方案设计阶段，应根据施工技术要求、原材料特性、混凝土配合比、混凝土拌制工艺、混凝土运输和输送方案等技术条件分析混凝土的可泵性。不同入泵坍落度或扩展度的混凝土，其泵送高度宜符合表7-8规定。

表7-8　混凝土入泵坍落度与泵送高度关系表

最大泵送高度/m	50	100	200	400	400以上
入泵坍落度/mm	100～140	150～180	190～220	230～260	—
入泵扩展度/mm	—	—	—	450～590	600～740

泵送混凝土宜采用预拌混凝土。当需要在现场搅拌混凝土时，宜采用具有自动计量装置的集中搅拌方式，不得采用人工搅拌的混凝土进行泵送。当混凝土强度等级高于C60时，泵送混凝土的搅拌时间应比普通混凝土延长$20～30 \mathrm{s}$。搅拌强度等级高于C60的泵送混凝土时，应根据具体情况设定坍落度和经时坍落度损失的检测频率，并做好相应记录。

2. 混凝土泵的选配

应根据混凝土输送管路系统布置方案及浇筑工程量、浇筑进度以及混凝土坍落度、设备状况等施工技术条件，确定混凝土泵的选型。

混凝土泵的实际平均输出量可根据混凝土泵的最大输出量、配管情况和作业效率，按下式计算：

$$Q_1 = \eta \alpha_1 Q_{\max} \tag{7-2}$$

式中 Q_1——每台混凝土泵的实际输出量，$\mathrm{m^3/h}$；

$Q_{\max}$——每台混凝土泵的最大输出量，$\mathrm{m^3/h}$；

α_1——配管条件系数，可取 0.8~0.9；

η——作业效率，根据混凝土搅拌运输车向混凝土泵供料的间断时间、拆装混凝土输送管和布料停歇等情况，可取 0.5~0.7。

混凝土泵的配备数量可根据混凝土浇筑体积量、单机的实际平均输出量和计划施工作业时间，按下式计算：

$$N_2 = \frac{Q}{Q_1 T_0} \tag{7-3}$$

式中 N_2——混凝土泵的台数，按计算结果取整，小数点以后的部分应进位；

Q——混凝土浇筑体积量，$\mathrm{m^3}$；

Q_1——每台混凝土泵的实际输出量，$\mathrm{m^3/h}$；

T_0——混凝土泵送计划施工作业时间，h。

混凝土泵送的最大水平输送距离，可按下列方法之一确定：

（1）由试验确定；

（2）根据混凝土泵的最大出口压力、配管情况、混凝土性能指标和输出量，按下式计算：

$$L_{\max} = \frac{P_e - P_f}{\Delta P_H} \times 10^6 \tag{7-4}$$

式中 $L_{\max}$——混凝土泵送最大水平输送距离，m；

P_e——混凝土泵额定工作压力，MPa；

P_f——混凝土泵送系统附件及泵体内部压力损失，MPa；

ΔP_H——混凝土在水平输送管内流动每米产生的压力损失，$\mathrm{Pa/m}$。

混凝土泵的额定工作压力应大于按下式计算的混凝土最大泵送阻力：

$$P_{\max} = \frac{\Delta P_H L}{10^6} + P_f \tag{7-5}$$

式中 $P_{\max}$——混凝土最大泵送阻力，MPa；

L——各类布置状态下混凝土输送管路系统的累计水平换算距离，可按表 7-9 换算累加确定；

P_f——混凝土泵送系统附件及泵体内部压力损失，当缺乏详细资料时，可按表 7-10 取值累加计算，MPa；

ΔP_H——混凝土在水平输送管内流动每米产生的压力损失，可按式（7-6）计算，$\mathrm{Pa/m}$。

$$\Delta P_H = \frac{2}{r} \left[K_1 + K_2 \left(1 + \frac{t_2}{t_1} \right) V_2 \right] \alpha_2 \tag{7-6}$$

$$K_1 = 300 - S_1 \tag{7-7}$$

$$K_2 = 400 - S_1 \tag{7-8}$$

式中 r——混凝土输送管半径，m；

K_1——黏着系数，Pa；

K_2——速度系数，Pa·s/m；

S_1——混凝土坍落度，mm；

$\dfrac{t_2}{t_1}$——混凝土泵分配阀切换时间与活塞推压混凝土时间之比，当设备性能未知时，可取 0.3；

V_2——混凝土拌合物在输送管内的平均流速，m/s；

α_2——径向压力与轴向压力之比，对普通混凝土取 0.9。

表 7-9　混凝土输送管水平换算长度表

管类别或布置状态	换算单位	管规格		水平换算长度/m
向上垂直管	每米	管径/mm	100	3
			125	4
			150	5
倾斜向上管（输送管倾斜角为 α，图 7-28）	每米	管径/mm	100	$\cos\alpha+3\sin\alpha$
			125	$\cos\alpha+4\sin\alpha$
			150	$\cos\alpha+5\sin\alpha$
垂直向下及倾斜向下管	每米	—		1
锥形管	每根	锥径变化/mm	175→150	4
			150→125	8
			125→100	16
弯管（弯头张角为 β，$\beta\leqslant90°$，图 7-28）	每只	弯曲半径/mm	500	$12\beta/90$
			1000	$9\beta/90$
胶管	每根	长 3～5m		20

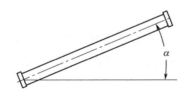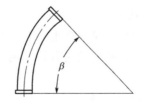

图 7-28　布管计算角度示意

表 7-10　混凝土泵送系统附件及泵体内部的估算压力损失

附件名称		换算单位	估算压力损失/MPa
管路截止阀		每个	0.1
泵体附属结构	分配阀	每个	0.2
	启动内耗	每台泵	1.0

（3）根据产品的性能（曲线）表确定。

混凝土泵不宜采用接力输送的方式。当必须采用接力泵送混凝土时，接力泵的位置应使上、下泵的输送能力匹配。对设置接力泵的结构部位应进行承载力验算，必要时应采取加固措施。混凝土泵集料斗应设置网筛。

3. 混凝土运输车的选配

泵送混凝土宜采用搅拌运输车运输。当混凝土泵连续作业时，每台混凝土泵所需配备的混凝土搅拌运输车数量，可按下式计算：

$$N_1 = \frac{Q_1}{60V_1\eta_v}\left(\frac{60L_1}{S_0} + T_1\right) \tag{7-9}$$

式中 N_1——混凝土搅拌运输车台数，按计算结果取整数，小数点以后的部分应进位；

　　　　Q_1——每台混凝土泵的实际输出量，按式(7-2)计算，m^3/h；

　　　　V_1——每台混凝土搅拌运输车的容量，m^3；

　　　　η_v——搅拌运输车容量折减系数，可取 0.90～0.95；

　　　　S_0——混凝土搅拌运输车平均行车速度，km/h；

　　　　L_1——混凝土搅拌运输车往返距离，km；

　　　　T_1——每台混凝土搅拌运输车总计停歇时间，min。

4. 混凝土输送管的选配

混凝土输送管应根据工程特点、施工场地条件、混凝土浇筑方案等进行合理选型和布置。输送管布置宜平直，宜减少管道弯头用量。

混凝土输送管规格应根据粗骨料最大粒径、混凝土输出量和输送距离以及拌合物性能等进行选择，宜符合表 7-11 规定。

表 7-11   混凝土输送管最小内径要求

粗骨料最大粒径/mm	输送管最小内径/mm
25	125
40	150

混凝土泵送管强度应满足泵送要求，不得有龟裂、孔洞、凹凸损伤和弯折等缺陷。应根据最大泵送压力计算出最小壁厚值。管接头应具有足够强度，并能快速拆装，其密封结构应严密可靠。

5. 布料设备的选配

选型与布置应根据浇筑混凝土的平面尺寸、配管、布料半径等要求确定，并应与混凝土输送泵相匹配。布料设备的输送管最小内径应符合表 7-11 的规定。布料设备的作业半径宜覆盖整个混凝土浇筑范围。

（二）泵送混凝土的运输

泵送混凝土的供应，应根据技术要求、施工进度、运输条件以及混凝土浇筑量等因素编制供应方案。混凝土的供应过程应加强通信联络、调度，确保连续均衡供料。混凝土在运输、输送和浇筑过程中不得加水。

混凝土搅拌运输车的施工现场行驶道路，应符合下列规定：

（1）宜设置环形车道，并应满足重车行驶要求；

（2）车辆出入口处，宜设交通安全指挥人员；

（3）夜间施工时，现场交通出入口和运输道路上应有良好照明，危险区域应设安全标志。

混凝土搅拌运输车装料前，应排净拌筒内积水。混凝土搅拌运输车向混凝土泵卸料时，应符合下列规定：

（1）为了使混凝土拌和均匀，卸料前应高速旋转拌筒；

（2）应配合泵送过程均匀反向旋转拌筒向集料斗内卸料；集料斗内的混凝土应满足最小集料量的要求；

（3）搅拌运输车中断卸料阶段，应保持拌筒低速转动；

（4）泵送混凝土卸料作业应由具备相应能力的专职人员操作。

（三）混凝土泵送

混凝土泵送施工现场，应配备通信联络设备，并应设专门的指挥和组织施工的调度人员。当多台混凝土泵同时泵送或与其他输送方法组合输送混凝土时，应分工明确、互相配合、统一指挥。

混凝土泵送宜连续进行。混凝土运输、输送、浇筑及间歇的全部时间不应超过国家现行标准的有关规定；如超过规定时间时，应临时设置施工缝，继续浇筑混凝土，并应按施工缝要求处理。

1. 混凝土泵送设备安装

混凝土泵安装场地应平整坚实、道路畅通、接近排水设施、便于配管。同一管路宜采用相同管径的输送管，除终端出口处外，不得采用软管。垂直向下配管时，地面水平管折算长度不宜小于垂直管长度的 1/5，且不宜小于 15m；垂直泵送高度超过 100m 时，混凝土泵机出料口处应设置截止阀。倾斜或垂直向下泵送施工，且高差大于 20m 时，应在倾斜或垂直管下端设置弯臂或水平管，弯管和水平管折算长度不宜小于 1.5 倍高差。

混凝土输送管的固定应可靠稳定。用于水平输送的管路应采用支架固定，用于垂直输送的管路支架应与结构牢固连接。支架不得支承在脚手架上，并应符合下列规定：

（1）水平管的固定支撑宜具有一定离地高度；

（2）每根垂直管应有两个或两个以上固定点；

（3）如现场条件受限，可另搭设专用支承架；

（4）垂直管下端的弯管不应作为支承点使用，宜设钢支撑承受垂直管重量；

（5）应严格按要求安装接口密封圈，管道接头处不得漏浆。

（6）手动布料设备（图 7-29）不得支撑在脚手架上，也不得直接支撑在钢筋上，宜设置钢支撑将其架空。

2. 混凝土的泵送

泵送混凝土时，混凝土泵的支腿应伸出调平并插好安全销，支腿支撑应牢固。混凝土泵与输送管连通后，应对其进行全面检查。混凝土泵送前应进行空载试运转。

混凝土泵送施工时应检查混凝土送料单，核对配合比，核查坍落度或扩展度，在确认无误后方可进行混凝土泵送。泵送混凝土的入泵坍落度不宜小于 100mm，对强度等级超过 C60 的泵送混凝土，其入泵坍落度不宜小于 180mm。

混凝土泵启动后，应先泵送适量清水以湿润混凝土泵的料斗、活塞及输送管的内壁等直接与混凝土接触部位。泵送完毕后，应清除泵内积水。经泵送清水检查，确认混凝土泵和输进管中无异物后，应选用下列浆液中的一种，润滑混凝土泵和输送管内壁：

（1）水泥净浆；

（2）1：2 水泥砂浆；

（3）与混凝土内除粗骨料外的其他成分相同配合比的水泥砂浆。

润滑用浆料泵出后应妥善回收，但不得作为结构混凝土使用。

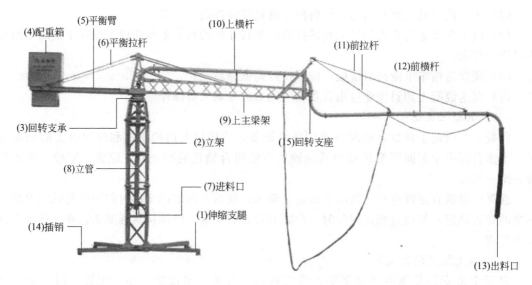

(4)配重箱　(5)平衡臂　(6)平衡拉杆　(10)上横杆　(11)前拉杆　(12)前横杆

(3)回转支承　(2)立架　(9)上主梁架　(15)回转支座

(8)立管　(7)进料口

(14)插销　(1)伸缩支腿

(13)出料口

图 7-29　手动布料设备示意图

开始泵送时，混凝土泵应处于匀速缓慢运行并随时可反泵的状态。泵送速度应先慢后快，逐步加速。同时，应观察混凝土泵的压力和各系统的工作情况，待各系统运转正常后，方可以正常速度进行泵送。

泵送混凝土时，应保证水箱或活塞清洗室中水量充足。在混凝土泵送过程中，如需加接输送管，应预先对新接管道内壁进行湿润。当混凝土泵出现压力升高且不稳定，油温升高、输送管明显振动等现象而泵送困难时，不得强行泵送，应立即查明原因，采取措施排除故障。当输送管堵塞时，应及时拆除管道，排除堵塞物。拆除的管道重新安装前应湿润。

当混凝土不能及时供应，宜采取间歇泵送方式，放慢泵送速度。间歇泵送可采用每隔

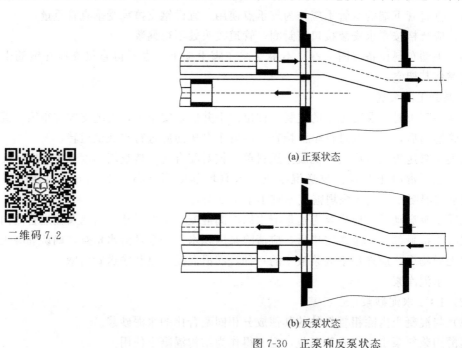

二维码 7.2

(a) 正泵状态

(b) 反泵状态

图 7-30　正泵和反泵状态

4～5min 进行两个行程反泵，再进行两个行程正泵的泵送方式（见图 7-30）。向下泵进混凝土时，应采取措施排除管内空气。泵送完毕时，应及时将混凝土泵和输送管清洗干净。

📖 自测题

1. 名词解释

（1）电渣压力焊；

（2）钢筋机械连接；

（3）钢筋套筒挤压连接；

（4）钢筋螺纹套筒连接；

（5）钢筋锥螺纹套筒连接；

（6）钢筋直螺纹套筒连接；

（7）滑模施工。

2. 简答题

（1）什么是爬模施工？爬模施工有什么优点？

（2）什么是早拆模板？早拆模板体系比常规的模板体系节约在哪些方面？

（3）大模板施工工艺特点及优缺点是什么？

（4）高强混凝土的优越性有哪些？

（5）混凝土泵送施工方案主要包括哪些内容？

第八章

钢结构高层建筑施工

【知识目标】

• 了解钢结构高层建筑工程结构用钢材、结构的连接技术、构件制作、结构安装及结构的防腐与防火等方面的内容

• 掌握钢结构高层建筑钢材的选用、零件不同的加工方式、结构安装的顺序和施工要点、构件制作和结构安装的焊接及螺栓连接的施工工艺、钢结构防腐和防火的涂装工艺

【能力目标】

• 能根据施工现场情况制定高层建筑钢结构施工方案

图 8-1　上海环球金融中心

我国钢结构有着悠久的历史，远在古代就有铁链悬桥、铁塔等建筑物。几十年来，我国的大城市由于人口高度密集，生产和生活用房紧张，交通拥挤，地价昂贵，城市建筑逐渐向高空发展，高层和超高层建筑迅速出现。钢结构具有强度高，自重轻，有良好的塑性、韧性，抗震性能好，工业化程度高，安装容易，施工周期短，投资回收快，环境污染少，建筑造型美观等综合优势。随着我国钢铁结构的发展，国家建筑技术政策由以往限制使用钢结构转变为积极合理推广应用钢结构，从而推动了建筑钢结构的快速发展。旅馆、饭店、公寓、办公楼等多高层及超高层建筑采用钢结构也越来越多，北京、上海、深圳等地区已陆续建造了数十幢钢结构高层建筑。如北京的京城大厦（183.35m）、深圳的地王大厦（384m）、上海的金茂大厦（421m）、上海环球金融中心（492.5m）（见图 8-1）等著名的钢结构高层建筑。目前，钢结构高层建筑已成为我国高层建筑的主要结构类型，

并且由于我国已生产钢结构高层建筑用厚钢板、热轧 H 型钢等多种钢材品种，也为钢结构高层建筑的发展提供了重要的物质保证。钢结构建筑被称为 21 世纪的绿色工程。

第一节　钢结构材料

钢结构是经过加工、连接、安装组成的工程结构，毋庸置疑，钢材的质量决定了钢结构建筑的寿命。

一、结构钢材的类型

随着钢结构的大力发展，建筑形式多种多样，应用的钢材品种也有了很大变化。钢材的主要品种有以下类型。

（一）钢板、钢带

钢板和钢带的主要区别在于钢板是平板状矩形的钢材，而钢带是指成卷交货的钢材。钢板按轧制方法可以分为冷轧钢板和热轧钢板，在建筑钢结构中主要用热轧钢板。根据厚度、长度与宽度的变化，钢板分为薄板、厚板、特厚板和扁钢等。薄板主要用来制造冷弯薄壁型钢；厚板用做梁、柱、实腹式框架等构件的腹板和翼缘，以及桁架中心节点板；特厚板用于钢结构高层建筑箱形柱等；扁钢可作为组合梁的翼缘板、各种构件的连接板等。

（二）普通型材

工字钢、槽钢、角钢三种类型是工程结构中使用最早的型钢。

1. 工字钢

有普通热轧工字钢和轻型工字钢两种。翼缘内表面有着 1：6 倾斜度，使翼缘外薄而内厚，就造成工字钢在两个主平面内的截面特性相差极大。不宜单独用做轴心受压构件或承受斜弯曲和双向弯曲的构件，在应用中难以发挥钢材的强度特性，已逐渐被 H 型钢所替代。

2. 槽钢

有普通热轧槽钢和轻型槽钢两种，其伸出肢较大，可用于屋盖檩条，承受斜弯曲或双向弯曲。另外槽钢翼缘内表面斜度 1：10 比工字钢平缓，安装螺栓较容易，但其腹板较厚，使槽钢组成的构件用钢量较大。相比而言，型号相同的轻型槽钢比普通槽钢的翼缘宽而薄，腹板厚度更小，截面特性更好。

3. 角钢

角钢是传统钢结构工程中应用非常广泛的型材，有等边角钢和不等边角钢两大类，可以组成独立的受力构件，或作为受力构件之间的连接零件。

（三）H 型钢

H 型钢有热轧 H 型钢和焊接 H 型钢两种。其中热轧 H 型钢又分为宽翼缘 H 型钢（HW）、中翼缘 H 型钢（HM）、窄翼缘 H 型钢（HN）和 H 型钢柱等。焊接 H 型钢由平钢板用高频焊接组合而成。H 型钢与工字钢相比，其翼缘宽，两个主轴方向的惯性矩接近，抗弯、抗扭、抗压等能力强；翼缘内表面没有斜度，上下表面平行，便于机械加工、结构连接和安装。H 型钢的截面特性要明显优于传统的普通型钢，受力更加合理，故已广泛用于钢结构高层建筑施工中。经过剖分 H 钢而成的 T 型钢相应分为 TW、TM、TN 三种。

（四）冷弯型钢

冷弯型钢是由薄钢板或钢带经冷轧（弯）或压模而成的，其截面形式有等边角钢、卷边等边角钢、Z型钢、卷边Z型钢、槽钢、卷边槽钢等开口截面以及方形和矩形闭口截面等，如图8-2所示。

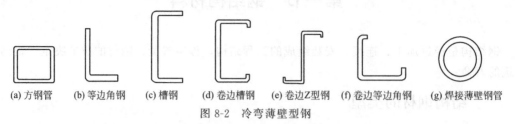

(a) 方钢管　(b) 等边角钢　(c) 槽钢　(d) 卷边槽钢　(e) 卷边Z型钢　(f) 卷边等边角钢　(g) 焊接薄壁钢管

图8-2　冷弯薄壁型钢

冷弯型钢在轻型钢结构、大跨度钢结构中有着不容忽视的地位。

（五）厚度方向性能钢板

国家标准《厚度方向性能钢板》（GB/T 5313—2010）是对有关标准的钢材要求做厚度方向性能试验时的专用规定，适用于板厚为15～150mm、屈服点不大于500N/mm² 的镇静钢板。要求内容有两方面：含硫量的限制和厚度方向断面收缩率的要求值。据此分为Z15、Z25、Z35 三个级别，相应的技术要求见表8-1。

表 8-1　厚度方向性能钢板的级别和技术要求

厚度方向性能级别	含硫量/(％，不大于)	断面收缩率 ψ_z/%	
		三个试样平均值	单个试样值
		不小于	
Z15	0.01	15	10
Z25	0.007	25	15
Z35	0.005	35	25

二、钢材的选用

各种结构对钢材各有要求，建筑钢材选择时根据规范要求对钢材的强度、塑性、韧性、耐疲劳性能、焊接性能、耐锈性能等全面考虑，确定钢材的牌号及其质量等级。钢材的选用原则是既能使结构安全可靠和满足要求，又要最大可能节约钢材和降低造价，不同的使用条件应有不同的质量要求。一般应考虑结构的重要性、荷载情况、连接方法、结构所处的温度和工作环境等几方面的情况。

1. 钢材的种类

（1）低碳钢（普通碳素钢）。

（2）普通低合金钢。

（3）热处理低合金钢（淬火回火合金钢）。

我国低碳钢应用最普遍的是 Q235 钢，类似 Q235 钢材的外国钢材有美国的 A36、日本的 SM41、德国的 ST37、俄罗斯的 CT3 等。这些钢材已使用了半个多世纪，加工和使用性能都好，成本较低。但因其强度较低，在现代钢结构高层建筑中，一般只用于次要构件，如次梁、梯段、工字梁腹板等。

普通低合金钢国产的有 16Mn，外国钢材有美国的 A440、A242，日本的 SS50、SM51，德国的 ST52、ST62 等。20 世纪 60 年代以来，低合金钢大量进入高层建筑市场，在钢结构高层建筑中广泛采用的合金钢的国家除美国、日本外还有欧洲国家。

热处理低合金钢，是对低合金钢进行热处理，来进一步提高强度而又不显著降低其塑性和韧性。目前这种钢材的屈服点已可达 $700N/mm^2$，如美国的 T-1、日本的 HT70、俄罗斯的 70/80 级钢以及我国的 14 锰钼铌钢。虽然其强度高，但伸长率小，脆性大，塑性差，应力重分布能力低，可焊性不好，在钢结构高层建筑中采用很少，而且仅用于受拉或受弯构件。

2. 钢材的品种

在现代钢结构高层建筑中，广泛采用 H 型钢、厚度方向性能钢板、压型钢板、薄壁钢管等。

(1) H 型钢。有热轧 H 型钢和 H 型钢。热轧 H 型钢，欧美国家称宽翼缘工字钢、日本称 H 型钢，它用四轮万能轧机轧制而成；焊接 H 型钢，将钢板裁剪、组合后再用自动埋弧焊或手工焊、二氯化碳气体保护焊、高频电焊工艺焊接而成。

H 型钢因为力学性能好（沿两轴方向惯性矩比较接近），翼缘板内外侧相互平行，连接施工方便。明显用这种型钢做钢结构高层建筑的框架非常适合。钢结构高层建筑中的柱子，当结构高度不十分高时，一般选用轧制 H 型钢；当荷载较大时可用焊接的 H 型钢。钢结构高层建筑的梁，多为轧制或焊接的 H 型钢。当然还有一些其他的组合截面，如箱形截面、十字形截面在钢结构高层建筑中的框架中使用。箱形截面一般由 H 型钢加焊钢板或由四块钢板焊接而成，钢板厚度由计算确定，用于荷载很大或存在双向弯矩的高度很大的钢结构高层建筑的柱子截面（如美国纽约 110 层世贸中心，我国金茂大厦等建筑的柱），或钢结构高层建筑的大梁、悬臂梁及悬挂构件的悬臂梁截面；十字形截面由两个轧制工字钢或钢板组成，用于承受双向弯矩的柱子截面（如上海 27 层的瑞金大厦的柱）。但钢结构高层建筑的柱、梁仍多为 H 型截面，所以轧制和焊接的 H 型钢在国外发展很快。我国近年来在 H 型钢的生产方面取得很大进展，目前国内已经有多家生产 H 型钢的厂家，如马钢、莱钢和鞍山一轧等，生产的 H 型钢的规格有 70 余种。

(2) 厚度方向性能钢板。也称 Z 向钢，是在某一级结构钢（母级钢）的基础上，经过特殊冶炼、处理的钢材。其含硫量控制更严，为一般钢材的 1/5 以下，截面收缩率在 15% 以上。钢结构高层建筑是首先提出有厚度性能要求的建筑结构，为防止发生层状撕裂，国家制定和颁布了相关的行业标准。

(3) 压型钢板、薄壁钢管。这几种钢材应用在钢和混凝土组合构件中，是一种各取所长的结合。钢的强度高，宜受拉，混凝土则宜受压，两种材料结合，都能充分发挥各自优势，是一种合理的结构。

以上两种组合构件在高层建筑中已有很多应用，是很有发展前景且承载力高，塑性、韧性好，节省材料，方便施工，有较好经济效益等特点的新型组合结构。

三、钢材的代用

钢结构工程所采用的钢材必须附有钢材的质量证明书，各项指标应符合设计文件的要求和国家现行有关标准的规定。施工单位不宜随意更改或代用。只有在供方无法满足设计要求又没有其他货源的情况下，经原设计单位同意时方可代换，并可根据钢材选择的原则灵活调整。对材质的要求，受拉构件高于受压构件；焊接结构高于螺栓连接的结构；厚钢板结构高于薄钢板结构；低温结构高于常温结构；受动力荷载的结构高于受静力荷载的结构。一般确定钢材必须代换时，应注意以下各点。

（1）代用钢材的化学成分和力学性能与原设计应一致。钢号虽然满足设计要求，但生产厂提供的材质保证书中缺少设计部门提出的部分性能要求时，应做补充试验。

（2）钢材性能虽然满足设计要求，但钢号的质量优于设计提出的要求时，应注意节约。

（3）如钢材性能满足设计要求，而钢号质量低于设计要求时，一般不允许代用。如结构性质和使用条件允许，在材质相差不大的情况下，经设计单位同意亦可代用。

（4）钢材的钢号和性能都与设计的要求不符时，如 Q235 钢代 Q345 钢，首先应根据上述（1）和（2）的规定检查是否合理，然后按钢材的设计强度重新计算，根据计算结果改变结构的截面，焊缝尺寸和节点构造。

（5）对于成批混合的钢材，如用于主要承重结构时，必须逐根按现行标准对其化学成分和力学性能分别进行试验，如检验不符合要求时，可根据实际情况用于非承重结构构件。

（6）采用进口钢材时，应验证其化学成分和力学性能是否满足相应钢号的标准。

（7）当采用代用钢材而引起构件的强度、稳定性和刚度变化较大，并产生较大的偏心影响时，要重新进行设计。

（8）钢材的规格尺寸与设计要求不同时，不能随意以大代小，须经计算后才能代用。

四、钢材的验收

对钢结构的钢材进行验收是保证钢结构工程质量的重要环节，应该遵照《钢结构工程施工质量验收规范》（GB 50205—2001）对钢材的有关规定执行。其主要内容包括以下几项。

（1）钢材订货时，其品种、规格、性能等均应符合设计文件和国家现行有关钢材标准的规定。

（2）钢材订货合同应对材料牌号、尺寸规格、性能指标、检验要求、尺寸偏差等有明确的约定。定尺钢材应留有复验取样的余量；钢材的交货状态，宜按设计文件对钢材的性能要求与供货厂家商定。

（3）钢材的进场验收，除应符合本规范规定外，尚应符合现行国家标准《钢结构工程施工质量验收规范》（GB 50205—2001）的有关规定。对属于下列情况之一的钢材，应进行抽样复验：

1）国外进口钢材。

2）钢材混批。

3）板厚大于 40mm，且设计有 Z 向性能要求的厚板。

4）设计有复验要求的钢材。

5）对质量有疑义的钢材。

（4）钢材复验内容应包括力学性能试验和化学成分分析。

（5）当设计文件无特殊要求时，钢结构工程中常用牌号钢材的抽样复验检验批宜按下列规定执行：

1）牌号为 Q235、Q345 且板厚小于 40mm 的钢材，应按同一生产厂家、同一牌号、同一质量等级的钢材组成检验批，每批重量不应大于 150t；同一生产厂家、同一牌号的钢材供货重量超过 600t 且全部复验合格时，每批的组批重量可扩大至 400t；

2）牌号为 Q235、Q345 且板厚大于或等于 40mm 的钢材，应按同一生产厂家、同一牌号、同一质量等级的钢材组成检验批，每批重量不应大于 60t；同一生产厂家、同一牌号的钢材供货重量超过 600t 且全部复验合格时，每批的组批重量可扩大至 400t；

3）牌号为 Q390 的钢材，应按同一生产厂家、同一质量等级的钢材组成检验批，每批重量不应大于 60t；同一生产厂家的钢材供货重量超过 600t 且全部复验合格时，每批的组批重量可扩大至 300t；

4）牌号为 Q235GJ、Q345GJ、Q390GJ 的钢板，应按同一生产厂家、同一牌号、同一质量等级的钢材组成检验批，每批重量不应大于 60t；同一生产厂家、同一牌号的钢材供货重量超过 600t 且全部复验合格时，每批的组批重量可扩大至 300t；

5）牌号为 Q420、Q460、Q420GJ、Q460GJ 的钢材，每个检验批应由同一牌号、同一质量等级、同一炉号、同一厚度、同一交货状态的钢材组成，每批重量不应大于 60t；

6）有厚度方向要求的钢板，宜附加逐张超声波无损探伤复验。

（6）进口钢材复验的取样、制样及试验方法应按设计文件和合同规定执行。海关商检结果经监理工程师认可后，可作为有效的材料复验结果。

第二节　钢结构的连接

钢结构的连接是通过一定的方式将各个板件或杆件连成整体。板件、杆件间要保持正确的相互位置，连接部位应有足够的静力强度和疲劳强度，来满足传力和使用要求。因此连接是钢结构制作和施工中重要的环节。一般好的连接，应当符合安全可靠、节省钢材、构造简单和施工方便的原则。

我国钢结构高层建筑在制作和安装施工时采用的连接方法，根据结构的特点，主要是焊接连接和高强度螺栓连接等。

一、焊接连接

焊缝连接是现代钢结构最主要的连接方法。在钢结构中主要采用电弧焊；较少特殊情况下可采用电渣焊和电阻焊等。

焊缝连接的优点是对钢材从任何方位、角度和形状相交都能方便适用，一般不需要附加连接板、连接角钢等零件，也不需要在钢材上开孔，不使截面受削弱；因而构造简单，节省钢材，制造方便，并易于采用自动化操作，生产效率高。此外，焊缝连接的刚度较大，密封性较好。

焊缝连接的缺点是焊缝附近钢材因焊接的高温作用而形成热影响区，其金相组织和机械性能发生变化，某些部位材质变脆；焊接过程中钢材受到不均匀的高温和冷却，使结构产生焊接残余应力和残余变形，影响结构的承载力、刚度和使用性能；焊缝连接的刚度大和材料连续是优点，但也使局部裂纹一经发生便容易扩展到整体。因此，与高强度螺栓和铆钉连接相比，焊缝连接的塑性和韧性较差，脆性较大，疲劳强度较低。此外，焊缝可能出现气孔、夹渣等缺陷，也是影响焊缝连接质量的不利因素。现场焊接的拼装定位和操作较麻烦，因而构件间的安装连接常尽量采用高强度螺栓连接或设安装螺栓定位后再焊接。

钢结构常用的焊接方法是手工电弧焊、自动埋弧焊、气体保护焊和电渣焊等。

（一）手工电弧焊

手工电弧焊的原理如图 8-3 所示。其电路由焊条、焊钳、焊件、电焊机和导线等组成。通电引弧后，在涂有焊药的焊条端和焊件间的间隙中产生电弧，使焊条熔化，熔滴滴入焊件溶池中，同时焊药燃烧，在熔池周围形成保护气体；稍冷后在焊缝熔化金属的表面又形成熔渣，隔绝熔池中的液体金属和空气中的氧、氮等气体的接触，避免形成脆性易裂的化合物。焊缝金属冷却后就与焊件熔成一体。

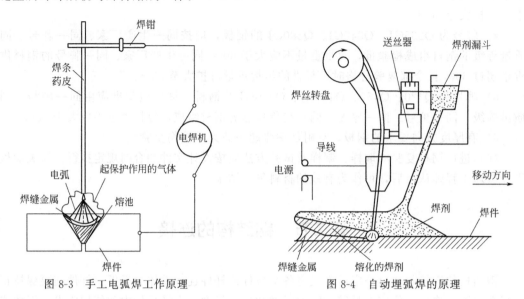

图 8-3　手工电弧焊工作原理　　　　图 8-4　自动埋弧焊的原理

手工电弧焊常用的焊条有碳钢焊条和低合金钢焊条。其牌号为 E43、E50 和 E55 型等，其中 E 表示焊条，两位数字表示焊条熔敷金属抗拉强度的最小值（单位为 $kg \cdot f/mm^2$）。手工焊采用的焊条应符合国家标准的规定，焊条的选用应与主体金属相匹配。一般情况下，对 Q235 钢采用 E43 型焊条，对 Q345 钢采用 E50 型焊条，对 Q390 和 Q420 钢采用 E55 型焊条。当不同强度的两种钢材进行连接时，宜采用与低强度钢材相适应的焊条。

手工电弧焊具有设备简单，适用性强的优点，特别是短焊缝或曲折焊缝焊接时，或在施工现场进行高空焊接时，只能采用手工焊接，所以它是钢结构中最常用的焊接方法。但其生产效率低，劳动强度大，保证焊缝质量的关键是焊工的技术水平，焊缝质量的波动较大。在钢结构高层建筑的制造过程中一般用作焊缝打底；在现场焊接中，是广泛采用的一种焊接技术。

（二）自动埋弧焊

自动埋弧焊的原理如图 8-4 所示。主要设备是自动电焊机，它可沿轨道按设定的速度移动。通电引弧后，由于电弧的作用，使埋于焊剂下的焊丝和附近的焊剂熔化，熔渣浮在熔化的焊缝金属上面，使融化金属不与空气接触，并供给焊缝金属以必要的合金元素，随着焊机的自动移动，颗粒状的焊剂不断由料斗漏下，电弧完全被埋在焊剂之内，同时焊丝也自动的边熔化边下降，故称为自动埋弧焊。如果焊机的移动是由人工操作，则称为半自动埋弧焊。

自动埋弧焊焊缝质量稳定，焊缝内部缺陷少，塑性和韧性好，因此其质量比手工电弧焊好。但它只适合焊接较长的直线焊缝。半自动埋弧焊质量介于自动焊和手工焊之间，因由人工操作，故适合于焊接曲线或任意形状的焊缝。自动焊或半自动焊应采用与焊件金属强度相匹配的焊丝和焊剂。焊丝应符合《熔化焊用钢丝》（GB/T 14957—1994）的规定，焊剂种类根据焊接工艺要求确定。

（三）气体保护焊

气体保护焊的原理如图 8-5 所示。气体保护焊又称气电焊，它是利用惰性气体或二氧化碳气体作为保护介质的一种电弧熔焊方法。它直接依靠保护气体在电弧周围形成局部的保护

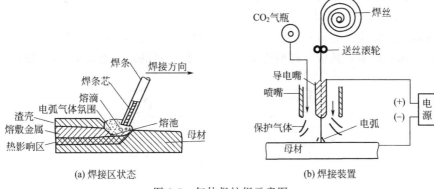

(a) 焊接区状态   (b) 焊接装置

图 8-5 气体保护焊示意图

层，以防止有害气体的侵入，从而保持焊接过程的稳定。

气体保护焊的优点是焊工能够清楚地看到焊缝成型的过程，熔滴过渡平缓，焊缝强度比手工电弧焊高，塑性和抗腐蚀性能好。适用于全位置的焊接，但不适用于野外或有风的地方施焊。

（四）电渣焊

电渣焊也是一种自动焊，主要用于中碳钢及中、高强度结构钢在竖直位置上的对接焊接。其原理同电弧焊有本质区别。电渣焊开始一般先在电极和引弧板之间产生电弧，利用其热量使周围的焊剂熔化而变成液态熔渣。当液态熔渣在焊件和冷却滑块的空间内达到一定深度（即形成渣池）时，电弧熄灭，此时电弧过程即转变为电渣过程。当焊接电流由电极经过渣池至焊件时，渣池产生的电阻热使电极和焊件熔化，在渣池下面形成金属熔池。随着金属熔池的不断升高，远离热源的熔池金属逐渐冷却而形成焊缝。其过程如图 8-6 所示。

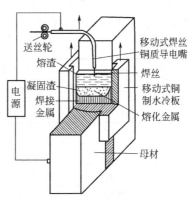

图 8-6 电渣焊工作示意图

电渣焊有丝极、板极、熔嘴和管状熔嘴等数种，其中管状熔嘴是一种新的工艺方法。其特点是焊丝的外面套一根细钢管（直径 $d=12mm$，壁厚 3mm），其外壁涂有一层厚 2mm 的药皮，焊接时管状熔嘴与焊丝一起不断送进和熔化。其药皮既自动补充熔渣，又向焊缝金属过渡一定的合金元素。而其他电渣焊要通过焊剂向焊缝过渡合金元素相当困难，因而不得不采用低合金钢焊接材料（如丝极、板极等）。熔嘴电渣焊适用于建筑结构的厚板对接、角接焊缝，尤其是钢结构高层建筑中的箱形柱柱面板与内置横隔板的立缝焊接。如图 8-7 所示为管状熔嘴。

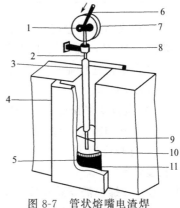

图 8-7 管状熔嘴电渣焊

1—送进压轮；2—管状熔嘴；3—药皮；
4—水冷铜块；5—焊缝表面渣壳；
6—焊丝；7—电动机；8—管状
熔嘴夹持器；9—渣池；
10—熔融金属；11—焊缝

二、高强度螺栓连接

高强度螺栓连接具有受力性能好、耐疲劳、抗震性能好、连接刚度高，施工简便等优点，被广泛地应用在建筑钢结构和桥梁钢结构的工地连接中。

（一）高强度螺栓连接形式

高强度螺栓连接按其受力状况，可分为摩擦型连接、摩擦-承压型连接、承压型连接和张拉型连接等几种类型，其中摩擦型连接是目前广泛采用的基本连接形式，如图8-8所示。

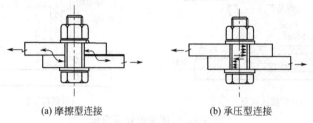

(a) 摩擦型连接   (b) 承压型连接

图 8-8　高强螺栓的连接方法

（二）高强度螺栓连接螺栓的种类

高强度螺栓从外形上可分为大六角头和扭剪型两种。从世界各国高强度螺栓发展过程来看，过高的螺栓强度会带来螺栓的滞后断裂问题，造成工程隐患，经过试验研究和工程实践，发现强度在1000MPa左右的高强度螺栓既能满足使用要求，又可最大限制地控制因强度太高而引起的滞后断裂的发生，表8-2列出了主要国家高强度螺栓性能的对比情况。

表 8-2　各国高强度螺栓性能对比

国家	标　准	性能等级	螺栓类型	抗拉强度/MPa	延伸率	硬度 HRC
中国	GB 1231	8.8级、10.9级	大六角头	830、1040	10	24～31
	GB 3633	10.9级	扭剪型	1040	12	33～39
美国	A325	8.8S	大六角头	844	14	23～32
	A490	10.9S		1055	14	32～38
日本	JLS 1311B6	F8T、F10T	大六角头	800～1000	16	18～31
	JSSⅡ09	F10T	扭剪型	1000～1200	14	27～38
德国	DIN267	10K	大六角头	1000～1200	8	—

大六角头高强螺栓连接副由一个螺栓杆、一个螺母和两个垫圈组成。螺栓性能等级分为8.8级和10.9级，前者用45号钢或35号钢制作，后者用20MnTiB、40B或35VB钢制作。扭剪型高强螺栓连接副由一个螺栓杆、一个螺母和一个垫圈组成。螺栓性能等级10.9级，用20MnTiB制作。

（三）高强度螺栓连接螺栓的施工

高强螺栓的施工，包括摩擦面处理、安装、初拧、终拧和检验等工作。

1. 栓杆长度确定

长度计算：
$$L=A+B+C+D$$

式中　　L——螺栓需要总长度，mm；

　　　　A——节点各层钢板厚度总和，mm；

　　　　B——垫圈厚度，mm；

　　　　C——螺母厚度，mm；

　　　　D——拧紧后露出2～4扣的长度，mm。

2. 备料数量

按计算的数量增加 5% 的施工损耗。

3. 施工要点

（1）安装前注意事项

1）高强螺栓连接副应按批号分别存放，并应在同批内配套使用。在储存、运输和施工过程中不得混用，轻装、轻卸，防止受潮、生锈、沾污和碰伤。

2）高强螺栓节点钢板的抗滑移面，应按规定的工艺进行摩擦面处理，并达到设计要求的抗滑移动系数（摩擦系数）。

3）高强螺栓使用前，应按有关规定对高强螺栓的各项性能进行检验。

4）安装高强螺栓时，接头摩擦面上不允许有毛刺、铁屑、油污、焊接飞溅物。摩擦面应干燥，没有结露、积霜、积雪，并不得在雨天进行安装。

5）使用定扭矩扳子紧固高强度螺栓时，班前应对定扭矩扳子进行核校，合格后方能使用。

（2）安装时注意事项

1）一个接头上的高强螺栓，应从螺栓群中部开始安装，逐个拧紧。初拧、复拧、终拧都应从螺栓群中部开始向四周扩展逐个拧紧，每拧紧一遍均应用不同颜色的油漆做上标记，防止漏拧。终拧后应用腻子封严四周，防止雨水侵入，初拧、复拧、终拧必须在同一天内完成。

2）接头如有高强度螺栓连接又有电焊连接时，是先紧固还是先焊接，应按设计要求规定的顺序进行。当设计无规定时，按先栓后焊的施工工艺顺序进行。

3）高强螺栓应自由穿入螺栓孔内，高强度螺栓应自由穿入孔内，严禁用榔头等工具强行打入或用扳手强行拧入螺孔，否则螺杆产生挤压力，使扭矩转化为拉力，使钢板压紧力达不到设计要求。当板层发生错孔时，允许用铰刀扩孔。扩孔时，铁屑不得掉入板层间。扩孔数量不得超过一个接头螺栓孔的 1/3，扩孔直径不得大于原孔径再加 2mm。严禁用气割进行高强螺栓孔的扩孔工作。

4）一个接头多颗高强螺栓穿入方向应一致。垫圈有倒角的一侧应朝向螺栓头和螺母，螺母有圆台的一面应朝向垫圈，螺母和垫圈不应装反。并以扳手向下压的紧固方向为最佳。

5）安装中出现板厚差（δ）时，$\delta \leqslant 1mm$ 可不处理；$\delta > 1mm$，将厚板一侧磨成 1：5 缓坡，使间隙 <1mm；$\delta > 3mm$ 时，要加设填板，填板制孔、表面处理与母材相同。

6）当气温低于 −10℃ 和雨、雪天气时，在露天作业的高强螺栓应停止作业。当气温低于 0℃ 时，应先做紧固轴力实验，不合格者，当日应停止作业。

7）高强螺栓紧固方法。高强螺栓的紧固是用专门扳手拧紧螺母，使螺栓杆内产生要求的拉力。

大六角头高强螺栓一般用两种方法拧紧，即扭矩法和转角法。扭矩法分初拧和终拧二次拧紧，进行初拧扭矩用终拧扭矩的 60%～80%，其目的是通过初拧，使接头各层钢板达到充分密贴。再用终拧扭矩把螺栓拧紧。如板层较厚，板叠较多，初拧后板层达不到充分密贴，还要增加复拧，复拧扭矩和初拧扭矩相同。转角法也是以初拧和终拧二次进行，如图 8-9 所示。初拧用扭矩法，终拧用转角法。初拧用定扭矩扳子以终拧扭矩的 50%～80% 进行，使接头各层钢板达到充分密贴，再在螺

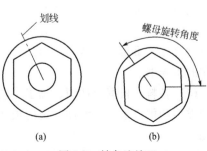

图 8-9 转角法施工

母和螺栓杆上面通过圆心画一条直线，然后用扭矩扳子转动螺母一个角度，使螺栓达到终拧要求。转动角度的大小在施工前由实验确定。

扭剪型高强螺栓紧固也分初拧和终拧二次进行。初拧用定扭矩扳手，以终拧扭矩的 50%～80%进行，使接头各层钢板达到充分密贴，再用电动扭剪型扳子把梅花头拧掉，使螺栓杆达到设计要求的轴力。电动扭剪型扳子一般有大小各两套管，大套管卡住螺母，小套管卡住梅花头，接通电源后，两个套管按反向旋转，螺母逐渐拧紧，梅花头切口受剪力逐渐加大，螺母达到所需的扭矩时，梅花头切口剪断，梅花头掉下。这时螺栓达到要求的轴力，如图 8-10 所示。

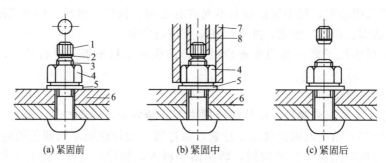

(a) 紧固前　　　　　(b) 紧固中　　　　　(c) 紧固后

图 8-10　扭剪型高强螺栓紧固过程

1—梅花头；2—断裂切口；3—螺栓螺纹部分；4—螺母；5—垫圈；
6—被紧固的构件；7—外套筒；8—内套筒

第三节　高层钢结构的安装

一、钢结构安装前的准备工作

由于钢结构高层建筑工程规模大、构件类型多，技术复杂、制作安装工艺要求严格，一般均由专业工厂首先对构件进行加工制作，组织大流水作业生产，然后再进行现场安装。这样做有利于结合工厂条件，便于采用先进技术。

（一）构件加工制作

1. 构件加工制作前的准备工作

（1）审查设计图纸　即核对图纸中的构件数量，各构件的相对关系，接头的细部尺寸等；审查构件之间各部分尺寸有无矛盾，技术上是否合理，构件分段是否符合制作、运输、安装的要求。一般采取在平整地面上以 1∶1 的比例放样的方法进行。如审查过程发现问题，应会同设计单位、安装单位进行协商统一，再进行下一步工作。

（2）绘制加工工艺图　一般根据设计文件及相应的规范、规程等技术文件、材料供应的规格（尺寸、重量、材料），结合工厂加工设备的条件进行。根据加工工艺图，应编制构件制作的指导书。

（3）备料　根据设计图、加工工艺图算出各种材质、规格的材料净用量，并根据构件的不同类型和供货条件，增加一定的损耗量。目前国内外都以采用增加加工余量的方法来代替损耗。

（4）钢材的准备　检验钢材材质的质量保证书（记载着本批钢材的钢号、规格、长度、根数、出产单位、日期、化学成分和力学性能）；检查钢材的外形尺寸、钢材的表面缺陷；检验钢结构用辅助材料（包括螺栓、电焊条、焊剂、焊丝等）的化学成分、力学性能及外观。所有检验结构均应符合设计文件要求和国家有关标准。

（5）堆放　检验合格的钢材应按品种、牌号、规格分类堆放，其底部应垫平、垫高，防止积水。注意堆放不得造成地基下陷和钢材永久变形。

2. 零件加工

（1）放样　根据加工工艺图，以 1:1 的要求放出整个结构的大样，制作出样板和样杆以作为下料、铣边、剪制、制孔等加工的依据。放样应在专门的钢平台或平板上进行，样板和样杆是构件加工的标准，应使用质轻、坚固、不宜变形的材料（如铁皮、扁铁、塑料板等）制成并精心使用，妥善保管。

（2）号料　以放样为依据，在钢材上画出切割、铣、刨边、弯曲、钻孔等加工位置。号料前，应根据图纸用料要求和材料尺寸合理配料，尺寸大、数量多的零件应统筹安排、长短搭配、先大后小或套材号料；根据工艺图的要求尽量利用标准接头节点，使材料得到充分的利用而耗损率降到最低值；大型构件的板材宜使用定尺料，使定尺的宽度或长度为零件宽度或长度的倍数；另外根据材料厚度的切割方法适当的增加切割余量。切割余量、号料的允许偏差应符合有关规定。

（3）下料　钢材的下料方法有气割、机械剪切、等离子切割和锯切等，下料的允许偏差应符合相应的规定。

（4）制孔　制孔分钻孔和冲孔两类，各级螺栓孔、孔距等的允许偏差应符合相关规定。

（5）边缘加工　边缘加工包括：为消除切割造成的边缘硬化而将板边刨去 2～4mm；为了保证焊缝质量而将钢板边刨成坡口；为了装配的准确性及保证压力的传递，而将钢板刨直或铣平。边缘加工的方法有刨边、铣边、铲边、碳弧气刨、气割坡口等。

（6）弯曲　根据设计要求，利用加工设备和一定的工装模具把板材或型钢弯制成一定形状的工艺方法。一般有冷弯和热弯两种方法。

（7）变形矫正　钢材在运输、装卸、堆放和切割过程中，有时会产生不同的弯曲波浪变形，如变形值超过规范规定的允许值时，必须在下料以前及切割之后进行变形矫正。钢结构矫正时通过外力和加热作用，迫使已发生变形的钢材反变形，以使材料或构件达到平直及设计的几何形状的工艺方法。常用的平直矫正方法有人工矫正、机械矫正、火焰矫正和混合矫正等。钢材校正后的允许偏差符合相应规定。

3. 构件的组装和预拼装

（1）组装　组装是将设备完成的零件或半成品按要求的运输单元，通过焊接或螺栓连接等工序装配成部件或构件。组装应按工艺方法的组装次序进行，当有隐蔽焊缝时，必须先施焊，经检验合格后方可覆盖；为减少大件组装焊接的变形，一般采用小件组装，经矫正后再整体大部件组装；组装要在平台上进行，平台应测平，胎模须牢固地固定在平台上；根据零件的加工编号，对其材料、外形尺寸严格检验考核，毛刺飞边应清除干净，对称零件要注意方向以免错装；组装好的构件或结构单元，应按图纸用油漆编号。钢构件组装的方法见表 8-3。

（2）预拼装　由于受运输、安装设备能力的限制，或者为了保证安装的顺利进行，在工厂里将多个成品构件按设计要求的空间设置试装成整体，以检验各部分之间的连接状况，称为预拼装。预拼装一般分平面预拼装和立体预拼装两种状态，拼装的构件应处于自由状态，不得强行固定。预拼装检验合格后，应在构件上标注上下定位中心线、标高基准线、交线中心点等必要标记，必要时焊上临时撑件和定位器等。其允许偏差应符合相应的规定。

表 8-3　钢构件组装方法及适用范围

名称	装配方法	适用范围
地样法	用比例 1 : 1 在装配平台上放出构件实样。然后根据零件在实样上的位置,分类组装起来成为构件	桁架、框架等少批量结构组装
仿形复制装配法	先用地样法组装成单面(单片)结构,并且必须定位点焊,然后翻身作为复制胎模,在其上装配另一单位结构,往返 2 次组装	横断面互为对称的桁架结构
立装	根据构件的特点,及其零件的稳定位置,选择自上而下或自下而上的装配	用于放置平稳,高度不大的结构或大直径圆筒
卧装	构件放置平卧位置进行配置	用于断面不大但长度较大的细长构件
胎模装配法	把构件的零件用胎模定位在其装配位置上的组装(布置胎模时,必须注意各种加工余量)	用于制造构件批量大、精度高的产品

4.成品涂装、编号

(1)涂装　钢结构高层建筑件一般只作防锈蚀处理,不刷面漆。通常是在加工验收合格后,对焊缝处、高强螺栓摩擦面处刷两遍防锈油漆,待现场安装完后,再对焊缝和高强螺栓接头处补刷防锈漆。涂刷前必须将构件表面的毛刺、铁锈、油污以及附着物清除干净,使钢材露出铁灰色,以增加油漆与表面的黏结力。

(2)编号　涂装完毕后,应在构件上标记构件的原编号,大型构件应标明重量、重心位置和定位标记。

5.钢构件验收

钢构件制作完成后应按照施工图和《钢结构工程施工质量验收规范》(GB 50205—2001)、《高层民用建筑钢结构技术规程》(JGJ 99—2015)的规定进行成品验收。构件外形尺寸的允许偏差应符合相应的规范规定。

构件出厂时,制造单位应提交下列资料。

(1)产品合格证。

(2)钢结构施工图和设计更改文件,设计变更的内容在施工图中相应部位注明。

(3)钢构件制作过程中的技术协商文件。

(4)钢材、连接材料和涂装材料的质量证明书和试验报告。

(5)焊接工艺评定报告。

(6)高强度螺栓接头处的摩擦系数试验报告及涂层的检测质料。

(7)焊缝质量无损检验报告。

(8)主要构件验收记录和预拼装记录。

(9)构件的发运和包装清单。

(二)结构安装前的准备工作

1.技术准备

(1)加强与设计单位的密切结合。

(2)了解现场情况,掌握气候条件。

(3)编制施工组织设计。

2.施工组织与管理准备

（1）明确承包项目范围，签订分包合同。

（2）确定合理的劳动组织，进行专业人员技术培训工作。

（3）进行施工部署安排，对工期进度、施工方法、质量和安全要求等进行全面交底。

3. 物质准备

（1）各种机具、仪器的准备

1）塔式起重机。钢结构高层建筑的安装采用的机械主要是塔式起重机。根据结构平面的几何形状和尺寸、构件的质量等因素，应尽可能采用外附着式起重机，拆装方便，其塔基可选在地下层或另设塔基；当选择内爬塔式起重机时，塔式起重机一般设在电梯井处。

2）焊接设备与辅助设备。焊接设备常用的有：焊接发电机、焊接整流器、焊接变压器、埋弧焊机、明弧焊机、电渣焊机和栓钉焊机等，目前国产的电焊机种类很多，分直流和交流两大类。

辅助设备有远红外线烘干箱（烘干焊条）和空气压缩机（作为碳弧气刨枪、空气等离子切割机及风动机具的风源）等。

3）切割设备。一般下料、加工常用的切割设备有手动和自动割枪、各种切（气）割机、切断机、下料机、剪切机、联合剪冲机等。

压型钢板及薄钢板的切割设备为空气等离子弧切割机和空气等离子弧切割机。

4）焊接与气割工具及仪器仪表。焊接与气割工具包括用于打磨的各种砂轮机、用于清焊渣的风动打渣机、电焊条保温桶、焊接多用尺、用于预热和后热4个喷嘴的散发式火焰枪、碳弧气刨枪等。

焊接与气割仪器仪表包括找寻焊缝中缺陷与裂纹的超声波探伤仪、检测焊缝表面缺陷与裂纹的磁粉探伤仪、检测焊缝表面延迟裂纹的着色颜料、各种温度计、手持风速仪、气压表、电流表、电压表、测厚仪、百分表、游标卡尺、放大镜等。

5）紧固工具。主要是高强螺栓扳子，包括扭剪型和扭矩型螺栓用扳子，后者分电动与手动两种。

6）测量仪器与工具。测量仪器包括激光经纬仪和激光铅直器（竖向投点，夜间作业放线）、经纬仪（一般放线，柱子校正，垂直放线）、水平仪或精密水平仪、弯管目镜（垂直投点）、全站仪（工程测量、放样、体积计算）等。

测量工具包括：各种尺，弹簧秤，温度计，铁水平，激光靶，记号笔，油漆，报话机等。

安装设备与工具包括：千斤顶、铁扁担、钢丝绳及卡子、滑轮及附件等。

（2）按施工平面布置的要求组织钢构件及大型机械进场，并对机械进行安装及试运行。

（3）构件的配套、预检。

1）构件配套按安装流水顺序进行，以一个结构安装流水段为单元，将所有钢构件分别由堆场整理出来，集中到配套场地，在数量和规格齐全之后进行构件预检和处理修复，然后根据安装顺序，分批将合格的构件由运输车辆供应到工地现场。配套中应特别注意附件（如连接板等）的配套，否则小小的零件将会影响到整个安装进度，一般对零星附件是采用螺栓或铅丝直接临时捆扎在安装节点上。

2）钢构件在出厂前，制造厂根据制作规范、规定及设计图纸的要求进行产品检验，填写质量报告，实际偏差值。钢构件交付结构安装单位后，结构安装单位再在制造厂质量报告的基础上，根据构件性质分类，再进行复检或抽检。结构安装单位对钢构件预检的项目，主要是同施工安装质量和工效有关的数据，如几何外形尺寸、螺孔大小和间距、预埋件位置、焊缝坡口、节点摩擦面、构件数量规格等。构件的内在制作质量应以制造厂质量报告为准。预检数量，关键构件全部检查；其他构件抽检 10%～20%，应记录预检数据。

构件预检最好由结构安装单位和制造厂联合派人参加（其计量工具、质量标准应统一）。同时还应组织构件处理小组，将预检出的偏差及时给予修复，严禁不合格构件送到工地现场，更不应到高层去处理。现场施工安装应根据预检数据，采取措施，以保证安装顺利进行。

（4）安装前，应对建筑物的定位轴线、底层柱的安装位置线、柱间距、柱基地脚螺栓、基础标高和基础混凝土强度进行检查，待合格后才能进行安装。

二、钢结构的安装

（一）基本要求

在高层建筑结构的施工中，钢结构的安装是一项很重要的分部工程，由于其规模大结构复杂、工期长、专业性强，因此操作时除应执行国家现行《钢结构设计规范》、《钢结构工程施工质量验收规范》和《高层民用建筑钢结构技术规范》外，还应注意以下几点：

（1）在钢结构详图设计阶段，应与设计单位和生产厂家相结合，根据运输设备、吊装机械、现场条件以及城市交通规定的要求确定钢构件出厂前的组装单元的规格尺寸，尽量减少现场或高空的组装，以提高钢结构的安装速度。

（2）安装前，应按照施工图纸和有关技术文件，结合工期要求、现场条件等，认真编制施工组织设计，作为指导施工的技术文件；另外还应根据施工单位的技术文件，组织进行专业技术培训工作，使参加安装的工程技术人员和工人确实掌握有关钢结构高层建筑的安装专业知识和技术，并经考试取得合格证。

（3）钢结构高层建筑安装，应在具有钢结构高层建筑安装资格的责任工程师指导下进行。

（4）安装用的专用机具和检测仪器应满足施工要求，并应定期进行检验。土建施工、构件制作和结构安装三个方面使用的钢尺，必须用同一标准进行检查鉴定，并应具有相同的精度。安装用的连接材料（焊条、焊丝、焊剂、高强螺栓等）应具有产品质量证明书并符合设计图纸和有关规范规定。

（5）在确定安装方法时，必须与土建、水电暖卫、通风、电梯等施工单位结合，做好统筹安排、综合平衡工作；安装顺序应保证钢结构的安全稳定和不导致永久变形，且能有条不紊地较快进行。

（6）钢结构高层建筑安装时的主要工艺，如测量校正、厚钢板焊接、高强螺栓节点的摩擦面加工及安装工艺等，必须在施工前进行工艺试验，在其基础上确定各项工艺参数，并编出各项操作工艺。

（二）钢结构的安装

1. 安装流水段的划分

钢结构高层建筑安装须按照建筑平面形状、结构形式、安装机械的数量和位置等，合理划分安装施工流水区段。

（1）平面流水段的划分。应考虑钢结构在安装过程中的对称性和整体稳定性，安装顺序一般应由中央向四周扩展，以便于减少和消除焊接失误。

（2）立面流水段划分。以一节钢柱（各节所含层数不一）高度内所有构件作为一个流水段。每个流水段先满足以主梁或钢支撑带状桁架安装成框架的原则，再进行次梁、楼板及非结构构件的安装。塔式起重机的提升、顶升与锚固均应满足组成框架的需要。

2. 安装

（1）安装顺序。安装多采用综合法，其顺序一般是：平面内从中间的一个节间（标准节框架）开始，以一个节间的柱网为一个安装单元，先安装柱，后安装梁，然后往四周扩展。垂直方向自下而上组成稳定结构后分层次安装次要构件，一节间一节间钢框架，一层楼一层楼安装完成，以便消除安装误差累积和焊接变形，使误差减低到最小限度。简体结构的安装顺序一般为先内筒后外筒，对称结构采用全方位对称方案安装。凡有钢筋混凝土内筒体的结构，应先浇注筒体。

（2）安装要点。

1）凡在地面拼装的构件，须设置拼装架组拼（立拼），易变形的构件应先进行加固，组拼后的尺寸经校检无误后，方可安装。

2）各类构件的吊点，宜按下述方法设置：钢柱平运两点起吊，安装一点立吊。立吊是须在柱子根部垫以垫木，以回转法起吊，严禁根部拖地。钢梁，用特制吊卡两点平吊或串吊。钢构件的组合件因组合件形状、尺寸不同，可通过计算重心来确定吊点，并可采用两点、三点或四点吊。

3）钢构件的零件及附件应随构件一并起吊，对尺寸较大、质量较大的节点板，应用铰链固定在构件上；钢柱上的爬梯，大梁上的轻便走道也应牢固固定在构件上。

4）每个流水段一节柱的全部钢构件安装完毕并验收合格后，方能进行下一流水段钢结构的安装。

5）在安装前、安装中及竣工后均应采取一定的测量手段来保证工程质量测量，测量预控程序如图 8-11 所示。

6）当天安装的构件，应形成空间稳定体系，以确保安装质量和结构的安全；当一节柱的各层梁安装校正后，应立即安装本节各层楼梯，铺好各层楼面的压型钢板；预制外墙板应根据建筑物的平面形状对称安装，使建筑物各侧面均匀加载；楼面上的施工荷载不得超过梁和压型钢板的承载力；叠合楼板的施工应随着钢结构的安装进度进行，两个工作面相距不宜超过 5 个楼层。

7）安装时，应注意日照、焊接等温度引起的热影响，施工中应有调整因构件伸长、缩短、弯曲而引起的偏差的措施。

为控制安装误差，对钢结构高层建筑先确定标准柱（能控制框架平面轮廓的少数柱子），一般选平面转角柱为标准柱。其垂直度观测取柱基中心线为基准点用激光经纬仪进行。

（3）安装校正

1）柱子、主梁、支撑等大构件安装时，应立即进行校正，校正正确后，应立即进行永久的固定，以确保安装质量。

2）柱子安装时，应先调整位移，最后调整垂直偏差。主梁安装时，应根据焊缝收缩量预留焊缝变形量。各项偏差均符合规范的规定。

3）当每一节柱子的全部构件安装、焊接、拴接完成并验收合格后，才能从地面引测上一节柱子的定位轴线。各部分构件（即柱、主梁、支撑、楼梯、压型钢板等）的安装质量检查记录，必须是安装完成后验收前的最后一次实测记录，中间的检查记录不得作为竣工验收的记录。

3. 钢结构连接

柱与柱的连接，如为 H 形钢柱可用高强螺栓连接或焊接共同使用的混合连接（见

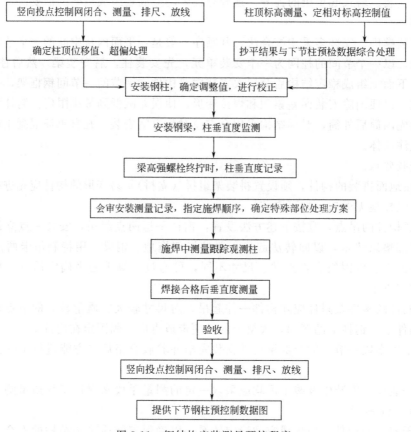

竖向投点控制网闭合、测量、排尺、放线 → 确定柱顶位移值、超偏处理

柱顶标高测量、定相对标高控制值 → 抄平结果与下节柱预检数据综合处理

安装钢柱，确定调整值，进行校正

安装钢梁，柱垂直度监测

梁高强螺栓终拧时，柱垂直度记录

会审安装测量记录，指定施焊顺序，确定特殊部位处理方案

施焊中测量跟踪观测柱

焊接合格后垂直度测量

验收

竖向投点控制网闭合、测量、排尺、放线

提供下节钢柱预控制数据图

图 8-11 钢结构安装测量预控程序

图 8-12）；如为箱型截面柱，则多用焊接。

柱与梁的连接，因梁多为 H 形钢梁，可用高强螺栓连接、焊接或混合连接（见图 8-13）。

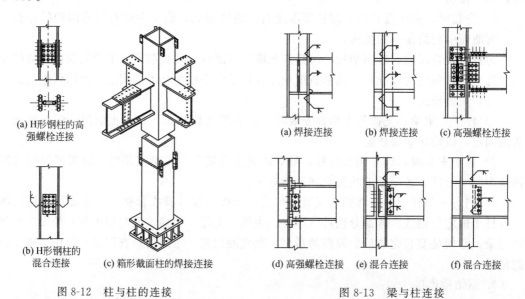

(a) H形钢柱的高强螺栓连接

(b) H形钢柱的混合连接

(c) 箱形截面柱的焊接连接

图 8-12 柱与柱的连接

(a) 焊接连接

(b) 焊接连接

(c) 高强螺栓连接

(d) 高强螺栓连接

(e) 混合连接

(f) 混合连接

图 8-13 梁与柱连接

梁与梁的连接，支撑与梁、柱的连接，同样可用高强螺栓连接或焊接连接。

三、钢结构高层建筑制作和安装焊接工艺

钢结构高层建筑的制作和安装焊接连接有以下特点：结构构件钢板多为厚板或超厚板；钢材多为高强低合金钢，焊接性能较差，工艺复杂；接头形式复杂，坡口形式多样；焊接材料质量要求严格，焊缝金属的强度与质量等级要求高；焊缝多为半熔透和全熔透；焊接工作量大。为做好钢结构高层建筑的焊接工作，在焊接工作开始前，应针对所用的钢材材质焊缝的质量要求，焊缝的形式、位置、厚度等选定合适的焊接方法；并选用相应的焊条、焊丝、焊剂的规格和型号；需要烘烤的条件；需要的焊接电流电压；厚钢板焊前预热温度；焊接顺序；引弧板的设置；层间温度的控制；可以停焊的部位；焊后热处理（后热）和保温等，确定各项参数及相应的技术措施。

（一）焊接方法

钢结构高层建筑的焊接方法多采用 CO_2 保护焊、自动埋弧焊、电渣焊等，手工电弧焊则一般用作焊缝打底。

在钢结构的现场安装中，柱与柱的连接用横坡口焊，柱与梁的连接用平坡口焊；焊接母材厚度不大于 30mm 时采用手工焊，焊接母材厚度大于 30mm 时采用 CO_2 气体保护半自动焊。

（二）焊接前的准备工作

（1）焊条、焊丝、焊剂规格和型号等的选择。

（2）检查焊接操作条件，工具、设备和电源焊工操作平台，脚手、防风等操作条件都安装到位；焊机型号应正确、完好；事先放好设备平台，必要的工具应配备齐全，且放在操作平台上的设备排列应符合安全规定；电源线路要合理和安全可靠，安装稳压器。

（3）焊条（丝）、焊剂的烘烤焊条和粉芯焊丝使用前必须按质量要求进行烘烤，严禁使用湿焊条。焊条的烘烤制度见表 8-4。

表 8-4　焊条的烘烤制度

焊条种类	焊条的烘烤要求
酸性焊条	1. 包装好、未受潮、储存时间短者，可不烘烤 2. 视受潮情况，一般在 70～150℃烘箱中焙烘 1h
低氢碱性焊条	1. 使用前必须焙烘，在 300～350℃温度下焙烘 1～2h，然后放入低温烘箱保持 100℃恒温 2. 对含氢量有特殊要求时，在 350～400℃下烘烤 1～2h，然后放入 100℃低温烘箱中保持恒温 3. 焊接时从烘箱内取出焊条，应放在特制的具有 120℃保温功能的手携式保温筒内携带到焊接部位，随取随用，在 4h 内用完，超过 4h 则焊条必须重新焙烘，当天用不完的焊条重新焙烘后用。重复焙烘不得超过三次

焊剂不应受潮结块，焊剂在使用前必须烘干，烘干温度一般为中锰型焊剂（如 HJ430、HJ431）250～300℃，烘烤时间 2h；无锰或低锰型焊剂（如 HJ230）300～400℃，烘烤 2h 后使用。使用中回收的焊剂经过筛除，去杂物后烘干，再与新焊剂配比使用。车间要定期回收焊剂以免浪费。

（4）热板和引弧板：坡口焊均用热板和引弧板，目的是保证底层焊接质量。引弧板可保证正式焊缝的质量，避免起弧和收弧时对焊接件增加初应力和产生缺陷，引弧板安装如图 8-14 所示。热板和引弧板均用低碳钢制作，间隙过大的焊缝宜用紫铜板。

（5）定位点焊：焊接结构在拼接组装、安装时，要确定零件、构件的准确位置，要先进

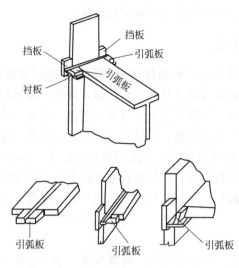

图 8-14 引弧板安装示意图

行定位点焊，如果定位点焊的质量不好，这种短焊缝的焊接缺陷留在焊缝中，将会影响焊接结构的质量。

（6）坡口检查：采用坡口焊的焊接连接，焊前应对坡口组装的质量进行检查，如误差超过规范所允许的误差，则应返修后再进行焊接。同时，焊接前对坡口进行清理，去除对焊接有妨碍的水分、垃圾、油污和锈等。

（7）焊工岗前培训：焊工必须事先培训和考核，培训内容同规范一致。考核合格后发合格操作证明（发证单位须具有发证资格），严禁无证操作。

（三）焊接工艺要点

1. 焊接顺序

采用合理的焊接顺序，可以防止产生过大的焊接变形，并尽可能减少焊接应力，保证焊接质量。

（1）构件制作时合理的焊接顺序。

1）钢板较厚需要分多层焊时，从焊接区内部由下向上逐层堆焊。

2）先焊收缩量大的焊缝，后焊收缩量小的焊缝。

3）尽可能对称施焊，使产生的变形互相抵消。

4）焊缝相交时，先焊纵向焊缝，待焊缝冷却到常温后，再焊横向焊缝。

5）从焊件的中心开始向四周扩展。

（2）钢结构安装时应遵从的合理顺序。

1）只有在每一流水段（一节柱段高度范围内）的全部构件吊装、校正和固定并检查合格后，方可施焊。

2）应从建筑平面中心向四周扩展，采用结构对称、节点对称和全方位对称的焊接顺序。

3）立面一个流水段，即一节柱（三层）竖向焊接顺序是：上层主梁→压型钢板支托→压型钢板点焊；下层主梁→压型钢板支托→压型钢板点焊；中间层主梁→压型钢板支托→压型钢板点焊；上柱与下柱焊接。

4）柱与柱的焊接，应由两名焊工在两相对面等温、等速对称施焊。加引弧板进行柱与柱接头焊接时施焊方法：先对第一个相对面施焊（焊层不宜超过 4 层）→切除引弧板→清理焊缝表面→再对第二个相对面施焊（焊层可达 8 层）→再换焊第一个相对面→如此循环直到焊满整个焊缝。如图 8-15 所示。

不加引弧板焊接柱接头时，一个焊工可焊两面，也可以两个焊工从左向右逆时针转圈焊接。起焊在离柱棱 50mm 处，焊完一层后，以后施焊各层均在前一层起焊点相距 30~50mm 处起焊。每焊一遍后要认真清渣。焊到柱棱角处要放慢施焊速度，使柱棱成为方角焊逢，最后一层为盖面焊缝，可以用直径较小的焊条和电流施焊。不用引弧板，此操作可避免在焊缝端头、转角等应力集中部位，因焊缝的起焊点和收尾点的起弧和收弧产生未焊透等缺陷。

5）梁和柱接头的焊接，必须在焊缝两端头加引弧板。引弧板安装见图 8-14。引弧板长度为焊缝厚度的 3 倍，厚度与焊缝厚度相对应。施焊时，一般先焊 H 型钢的下翼缘板，再焊上翼缘板；一根梁的两个端头先焊一个端头，等其冷却至常温后，再焊另一端头。焊完后割去引弧板时，应留 5～10mm。

2. 焊前预热、层间温度控制、焊后热处理焊接过程，实质上是熔池位置随时间不断变化的冶金过程。热传导速度以及能否保证熔入焊缝金属组织中的氢有充裕时间逸出，形成理想的晶体，是防止氢脆和冷裂纹产生的关键。因此在焊接施工中，除了选用相应的低氢碱焊条和既定的规范外，还须特别注意对钢板焊接前预热、层间温度控制、焊后热处理等措施，并作出相应规定。

(1) 预热。焊接时由于局部的激热速冷，在焊接区域可能产生裂纹。预热可以减缓焊接区的激热和速冷过程；预热后还

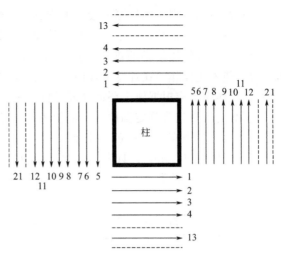

图 8-15　箱形柱使用引弧板的焊接顺序

可以减小约束大的接头的收缩应力；另外预热还可以排除焊接区的水分和湿气，排除了水分也排除了产出氢气的根源，防止了裂纹产生。所以正式焊接工作开始前，对厚钢板的焊缝区要进行预热。一般根据工作地点的环境温度、钢材的材质和厚度，选择相应的预热温度对焊件进行预热。表 8-5 列举了厚钢板预热的条件；表 8-6 列举了不同材质的钢材需要预热的温度。

表 8-5　不同厚度钢材需要预热的条件

钢材品种	钢材厚度/mm	气温低于/℃
低碳钢构件	≤30	−30
	31～50	−10
	51～70	0
高强低合金钢构件	≤10	−26
	11～16	−10
	17～24	−5
	25～40	0
	40 以上	任何温度

表 8-6　不同材质钢材需要预热的温度

钢材品种	含碳量/%	预热温度/℃
碳素钢	<0.20	不预热
	0.20～0.30	<100
	0.30～0.45	100～200
	0.45～0.80	200～400
低合金钢	—	100～150

凡需预热的构件，焊前应在焊道两侧板厚的 2 倍且不大于 100mm 范围内均匀预热，预热温度的测量应在距焊道 50mm 处进行。

当工作地点的环境温度为 0℃ 以下时，焊接件的预热温度、后热温度应通过试验确定。

(2) 层间温度控制。高强低合金钢厚板焊接中，要严格控制焊缝层间温度，使焊缝冶炼处于恒温状态，有利于氢的逸出。一般层间温度控制在 100～120℃ 范围内，应定时检测。当温度低于 100℃ 时重新加热至控制温度，再继续施焊。

（3）焊后热处理。焊接厚度较大的钢材，当焊缝急速冷却时，焊缝区会存在很大的残余应力。随着时间的推移，由于应力腐蚀等原因，还会产出裂缝（延迟裂纹），造成结构的破坏。所以在构件焊接后必须进行后热处理，以消除强大的残余应力，同时利用残留氢的溢出。焊后热处理操作：在焊缝区焊厚 2~3 倍范围内，用多排预热气焊柱均匀地加热到150~200℃，具体时间应根据施工环境气温条件，钢板材质、钢板厚度来决定，一般时间控制在 1~2h。焊缝后热达到规定温度后，应使用石棉布覆盖按规定时间保温，使焊缝区缓慢冷却至常温。后热处理应于焊后立即进行。

对于板厚超过 30mm，具有淬硬倾向和约束度很大的低合金钢的焊接，必要时可进行后热处理，后热处理的温度一般为 200~300℃，后热时间为每 30mm 板厚 1h。

3. 焊接

应根据焊接工艺试验所确定的焊接方法及有关技术措施，遵循构件制作及现场安装时施焊的合理顺序对不同部位、不同接头的焊缝进行施焊。施焊过程中应注意：

（1）每条焊缝一经施焊原则上要连续操作一次完成。大于 4h 焊接量的焊缝，其焊缝必须完成 2/3 以上才能停焊，然后再二次施焊完成。对于间隔后的焊缝，开始工作后中途不能停止。

（2）凡在雨雪天气中施焊，必须设有防护措施，否则应停止作业。对于正在施焊而未冷却的部位遇雨，应用碳刨铲除后重焊。冬期施工时，应根据有关规定采取缓冷措施，如 CO_2 加热、防冻、焊后包裹石棉布等。

（3）采用手工电弧焊，风力大于 5m/s（三级风）时；采用气体保护焊，风力大于 2m/s（二级风）时，均要采取防风措施。

（4）为了减少焊缝中扩散氢的含量，防止冷裂和热影响区延迟裂纹的发生，在坡口的尖部均应采用超低氢型焊条打底 2~4 层，然后用低氢型焊条或气体保护焊做填充。

（5）由于构件制作和安装均存在允许偏差，因此当柱和主梁安装校正预留偏差后，构件焊缝的间隙不符合要求时，必须进行处理。

（6）柱与柱、梁与柱的焊接接头，应在实验完毕将焊接工艺全过程记录下来，测量出焊缝收缩值，反馈到钢结构制作厂，作为柱、梁加工时增加长度的依据。现场焊缝收缩值受周围已安装柱、梁的影响，约束程度不同收缩亦各异。

（7）焊接时，焊工应遵守焊接工艺，不得自由施焊及在焊道外的母材上引弧。

（8）多层焊接宜连续施焊，每一层焊道焊完后应及时清理检查，清除缺陷后再焊。

（9）角焊缝转角处宜连续绕角施焊，起落弧点距焊缝端部宜大于 10.0mm，弧坑应填满。

（10）焊缝出现裂纹时，焊工不得擅自处理，应查清原因，定出修补工艺后方可处理。

（11）焊缝同一部位的返修次数，不宜超过两次。当超过两次时，应按返修工艺进行。

（12）焊接完毕，焊工应清理焊缝表面的熔渣及两侧飞溅物，检查焊缝外观质量。检查合格后应在工艺规定的焊缝部位打上焊工钢印。

（13）30mm 以上厚板在焊接时，除了按正确顺序施焊外，为防止在厚度方向出现层状撕裂，还应采取以下措施。

1）将易发生层状撕裂部位的接头设计成约束度小，能减小层状撕裂的构造形式。

2）焊接前，对母材焊道中心线两侧各 2 倍板厚加 30mm 的区域进行超声波探伤检查，母材不得有裂纹、夹层及分层等缺陷的存在。

3）严格控制焊接顺序，尽可能减小垂直于板面方面的约束。采用低氢型焊条施焊，必要时可以采用超低氢型焊条。

4）如果由于焊接原因而导致母材出现裂纹或层状撕裂时，原则上应更换母材，如得到设计部门和质检部门同意，亦可局部处理。

（四）焊接质量检验

焊接质量检验分为焊接施工检查和验收检验。施工检查是为了进行良好的焊接施工，在焊接前、焊接中、焊接后等过程中进行的一系列检查；验收检验是对焊接工作结果，对焊接区进行的质量检验。要确保焊接质量，应先把重点放在施工过程检查上，如果施工过程检查合格，验收检验就比较容易。

1. 施工检查

（1）焊接前的检查。检查项目包括焊接设备、木材、焊条、焊剂、焊接工艺和焊工技术水平等。为主控项目，应全数检查。

1）检查焊接材料的质量合格证明文件、中文标志及检验报告等。其品种、规格、性能等应符合现行国家产品标准和设计要求。

2）重要钢结构采用的焊接材料应进行抽样复验，复验结果应符合现行国家产品标准和设计要求。

3）焊条、焊丝、焊剂、电渣熔嘴等焊接材料与母材的匹配应符合设计要求和国家现行行业标准《钢结构焊接规范》（GB 50661—2011）的规定。焊条、焊剂、药芯焊丝、熔嘴等在使用前，应按其产品说明书及焊接工艺文件的规定进行烘烤和存放。焊条外观不应有药皮脱落、焊芯生锈等缺陷；焊剂不应受潮结块。

4）焊工必须经考试合格并取得合格证书。持证焊工必须在其考试合格项目及其认可范围内施焊。

5）施工单位对其首次采用的钢材、焊接材料、焊接方法、焊后热处理等，应进行焊接工艺评定，并应根据评定报告确定焊接工艺。

（2）焊接中的检查。主要检查母材的预热温度、焊接电流、电弧电压、焊接速度、焊接顺序、运条方法、焊接位置、层间温度等，是否符合工艺规程的规定要求。对于需要进行焊前预热或焊后热处理的焊缝，其预热温度或后热温度应符合国家现行有关标准的规定或通过工艺试验确定。

2. 验收检验

也即焊缝质量检验，分三级。碳素结构钢应在焊缝冷却到环境温度后进行检验；低合金结构钢在焊完 24h 后进行检验。各级的检验项目、检查数量和检查方法见表 8-7。

表 8-7　焊缝质量检验级别

级别	检验项目	检查数量	检查方法
一	外观检查	全部	检查外观缺陷及几何尺寸,有疑点时用磁粉复验
	超声波检验	全部	—
	X 射线检验	检查焊缝长度的 2%,至少应有一张底片	缺陷超出相应的规定时,应加倍透照,如不合格,100%透照
二	外观检查	全部	检查外观缺陷和几何尺寸
	超声波检验	抽查焊缝长度的 50%	有疑点,用 X 射线透照复验,如果发现有超标缺陷,应用超声波全部检验
三	外观检查	全部	检查外观缺陷及几何尺寸

钢结构高层建筑的焊缝质量检验，属于二级检验。二级焊缝不得有表面气孔、夹渣、焊

瘤、裂纹、弧坑裂纹、电弧擦伤等缺陷。一般采用观察检查或使用放大镜、钢尺和焊缝量规检查二、三级。二、三级焊缝外观质量应符合《钢结构工程施工验收规范》（GB 50205—2001）规定。三级对接焊缝应按二级焊接标准进行外观质量检验。

（五）焊缝的修补

凡经过外观检查和超声波检验不合格的焊缝，都必须进行修补，对不同缺陷的采取不同的修补方法：

（1）焊缝出现焊瘤，对超过规定的突出部分必须进行打磨。

（2）出现超过规定的咬边、低洼（弧坑）尺寸不正等缺陷，首先应清除熔渣，然后重新补焊。

（3）对产生气孔过多、熔渣过多、熔渗差等缺陷，应打磨缺陷处，重新补焊。

（4）对严重的飞溅，应在开始就立即查出原因，并改正之。

（5）对未焊透焊缝应铲除重焊。

（6）利用超声波探伤检查出的内在质量缺陷，如气孔过大、裂纹、夹渣等，应标明部位，用碳弧气刨机将缺陷处及周围 50mm 的完好部位全部刨掉，重新修补。

（7）修补焊缝时必须把焊缝缺陷除掉，并用原定的焊接工艺进行施焊，完成后用同样检验方法对修补的焊缝进行质量检验，如检查仍然有缺陷，允许第二次修补。一条焊缝修补不得超过三次，否则要更换母材。

第四节　钢结构的涂装施工技术

钢结构在常温大气环境中安装、使用，易受大气中水分、氧和其他污染物的作用而被腐蚀。钢结构的腐蚀不仅造成经济损失，还直接影响到结构安全。另外，钢材由于其导热快，比热容小，虽是一种不燃烧材料，但极不耐火。未加防火处理的钢结构构件在火灾温度作用下，温度上升很快，只需十几分钟，自身温度就可达 540℃ 以上，此时钢材的力学性能如屈服点、抗拉强度、弹性模量及载荷能力等都将急剧下降；达到 600℃ 时，强度则几乎为零，钢构件不可避免地扭曲变形，最终导致整个结构的垮塌毁坏。

因此，根据钢结构所处的环境及工作性能采取相应的防腐与防火措施，是钢结构设计与施工的重要内容。目前国内外主要采用涂料涂装的方法进行钢结构的防腐与防火。

一、钢结构防腐涂装工程

（一）钢材表面除锈等级与除锈方法

钢结构构件制作完毕，经质量检验合格后应进行防腐涂料涂装。涂装前钢材表面应进行除锈处理，以提高底漆的附着力，保证涂层质量。除锈处理后，钢材表面不应有焊渣、焊疤、灰尘、油污、水和毛刺等。

国家标准《涂覆涂料前钢材表面处理　表面清洁度的目视评定　第 1 部分：未涂覆过的钢材表面和全面清除原有涂层后的钢材表面的锈蚀等级和处理等级》（GB/T 8923.1—2011）将除锈等级分成喷射或抛射除锈、手工和动力工具除锈、火焰除锈三种类型。

（1）喷射或抛射除锈。用字母"Sa"表示，分四个等级。

Sa1，轻度的喷射或抛射除锈。钢材表面无可见的油脂或污垢，没有附着不牢的氧化皮、铁锈和油漆涂层等附着物。

Sa2，彻底的喷射或抛射除锈。钢材表面无可见的油脂和污垢，氧化皮、铁锈等附着物已基本消除，其残留物应是牢固附着的。

Sa2$\frac{1}{2}$，非常彻底的喷射或抛射除锈。钢材表面无可见的油脂、污垢、氧化皮、铁锈和油漆涂层等附着物，任何残留的痕迹应仅是点状或条状的轻微色斑。

Sa3，使钢材表观洁净的喷射或抛射除锈。钢材表面无可见的油脂、污垢、氧化皮、铁锈和油漆涂层等附着物，该表面应显示均匀的金属光泽。

（2）手工和动力工具除锈。用字母"St"表示，分两个等级：

St2，彻底手工和动力工具除锈。钢材表面无可见的油脂和污垢，没有附着不牢的氧化皮、铁锈和油漆涂层等附着物。

St3，非常彻底手工和动力工具除锈。钢材表面应无可见的油脂和污垢，并且没有附着不牢的氧化皮、铁锈和油漆涂层等附着物。除锈应比St2更为彻底，底材显露部分的表面应具有金属光泽。

（3）火焰除锈。以字母"F1"表示，它包括在火焰加热作业后，以动力钢丝刷清除加热后附着在钢材表面的产物。只有一个等级：F1，钢材表面应无氧化皮、铁锈和油漆涂层等附着物，任何残留的痕迹应仅为表面变色（不同颜色的暗影）。

喷射或抛射除锈采用的设备有空气压缩机、喷射或抛射机、油水分离器等，该方法能控制除锈质量、获得不同要求的表面粗糙度，但设备复杂、费用高、污染环境。手工和动力工具除锈采用的工具有砂布、钢丝刷、铲刀、尖锤、平面砂轮机、动力钢丝刷等，该方法工具简单、操作方便、费用低，但劳动强度大、效率低、质量差。

《钢结构工程施工质量验收规范》（GB 50205—2001）规定，钢材表面的除锈方法和除锈等级应与设计文件采用的涂料相适应。当设计无要求时，钢材表面除锈等级应符合表8-8的规定。

表8-8 各种底漆或防锈漆要求最低的除锈等级

涂料品种	除锈等级
油性酚醛、醇酸等底漆或防锈漆	St2
高氯化聚乙烯、氯化橡胶、氯磺化聚乙烯、环氧树脂、聚氨酯等底漆或防锈漆	Sa2
无机富锌、有机硅、过氧乙烯等底漆	Sa2$\frac{1}{2}$

目前国内各大、中型钢结构加工企业一般都具备喷、抛射除锈的能力，所以应将喷、抛射除锈作为首选的除锈方法，而手工和电动工具除锈仅作为喷射除锈的补充手段。随着科学技术的不断发展，不少喷、抛射除锈设备已采用微机控制，具有较高的自动化水平，并配有效除尘器，消除粉尘污染。

（二）钢结构防腐涂料

钢结构防腐涂料是一种含油或不含油的胶体溶液，涂敷在钢材表面，结成一层薄膜，使钢材与外界腐蚀介质隔绝。涂料分底漆和面漆两种。

底漆是直接涂在钢材表面上的漆。含粉料多，基料少，成膜粗糙，与钢材表面粘接力强，与面漆结合性好。

面漆是涂在底漆上的漆。含粉料少，基料多，成膜后有光泽，主要功能是保护下层底漆。面漆对大气和湿气有高度的不渗透性，并能抵抗有腐蚀介质、阳光紫外线所引起风化分解。

钢结构的防腐涂层，可由几层不同的涂料组合而成。涂料的层数和总厚度是根据使用条件来确定的，一般室内钢结构要求涂层总厚度为 $125\mu m$，即底漆和面漆各两道。高层建筑钢结构一般处在室内环境中，而且要喷涂防火涂层，所以通常只刷两道防锈底漆。

（三）防腐涂装方法

钢结构防腐涂装，常用的施工方法有刷涂法和喷涂法两种。

1. 刷涂法

应用较广泛，适宜于油性基料刷涂。因为油性基料虽干燥得慢，但渗透性大，流平性好，不论面积大小，刷起来都会平滑流畅。一些形状复杂的构件，使用刷涂法也比较方便。

2. 喷涂法

施工工效高，适合于大面积施工，对于快干和挥发性强的涂料尤为适合。喷涂的漆膜较薄，为了达到设计要求的厚度，有时需要增加喷涂的次数。喷涂施工比刷涂施工涂料损耗大，一般要增加 20% 左右。

（四）防腐涂装质量要求

（1）涂料、涂装遍数、涂层厚均应符合设计要求。当设计对涂层厚度无要求时，涂层干漆膜总厚度：室外应为 $150\mu m$，室内应为 $125\mu m$，其允许偏差为 $-25\mu m$。每遍涂层干漆膜厚度的允许偏差为 $-5\mu m$。

（2）配制好的涂料不宜存放过久，涂料应在使用的当天配制。稀释剂的使用应按说明书的规定执行，不得随意添加。

（3）涂装时的环境温度和相对湿度应符合涂料产品说明书的要求，当产品说明书无要求时，环境温度宜在 $5\sim38℃$ 之间，相对湿度不应大于 85%。涂装时构件表面不应有结露；涂装后 4h 内应保护免受雨淋。

（4）施工图中注明不涂装的部位不得涂装。焊缝处、高强度螺栓摩擦面处，暂不涂装，待现场安装完后，再对焊缝及高强度螺栓接头处补刷防腐涂料。

（5）涂装应均匀，无明显起皱、流挂、针眼和气泡等，附着应良好。

（6）涂装完毕后，应在构件上标注构件的编号。大型构件应标明其重量、构件重心位置和定位标记。

二、钢结构防火涂装工程

钢结构防火涂料能够起到防火作用，主要有三个方面的原因：一是涂层对钢材起屏蔽作用，隔离了火焰，使钢构件不至于直接暴露在火焰或高温之中；二是涂层吸热后，部分物质分解出水蒸气或其他不燃气体，起到消耗热量，降低火焰温度和燃烧速度，稀释氧气的作用；三是涂层本身多孔轻质或受热膨胀后形成炭化泡沫层，热导率均在 $0.233W/(m\cdot K)$ 以下，阻止了热量迅速向钢材传递，推迟了钢材受热温升到极限温度的时间，从而提高了钢结构的耐火极限。

（一）钢结构防火涂料

1. 防火涂料分类

钢结构防火涂料按涂层的厚度分为两类。

（1）B 类，即薄涂型钢结构防火涂料，涂层厚度一般为 $2\sim7mm$，有一定装饰效果，高温时涂层膨胀增厚，耐火极限一般为 $0.5\sim2h$，故又称为钢结构膨胀防火涂料。

（2）H 类，即厚涂型钢结构防火涂料，涂层厚度一般为 $8\sim50mm$，粒状表面，密度较小，热导率低，耐火极限可达 0.5~3h，又称为钢结构防火隔热涂料。

2. 防火涂料选用

（1）室内裸露钢结构、轻型屋盖钢结构及有装饰要求的钢结构，当规定其耐火极限在1.5 及以下时，宜选用薄涂型钢结构防火涂料。

（2）室内隐蔽钢结构、多层及高层全钢结构、多层厂房钢结构，当规定其耐火极限在2.0 及以上时，宜选用厚涂型钢结构防火涂料。

（3）露天钢结构，如石油化工企业、油（汽）罐支撑、石油钻井平台等钢结构，应选用符合室外钢结构防火涂料产品规定的厚涂型或薄涂型钢结构防火涂料。

选用防火涂料时，应注意不应把薄涂型钢结构防火涂料用于保护 2h 以上的钢结构；不得将室内钢结构防火涂料，未加改进和采取有效的防火措施，直接用于喷涂保护室外的钢结构。

（二）防火涂料涂装的一般规定

（1）防火涂料的涂装，应在钢结构安装就位，并经验收合格后进行。

（2）钢结构防火涂料涂装前钢材表面应除锈，并根据设计要求涂装防腐底漆。防腐底漆与防火涂料不应发生化学反应。

（3）防火涂料涂装基层不应有油污、灰尘和泥砂等污垢。钢构件连接处 4~12mm 宽的缝隙应采用防火涂料或其他防火材料，如硅酸铝纤维棉，防火堵料等填补堵平。

（4）对大多数防火涂料而言，施工过程中和涂层干燥固化前，环境温度应宜保持在 5~38℃之间，相对湿度不应大于 85%，空气应流动。涂装时构件表面不应有结露；涂装后 4h内应保护免受雨淋。

（三）厚涂型防火涂料涂装

1. 施工方法与机具

厚涂型防火涂料一般采用喷涂施工。机具可为压送式喷涂机或挤压泵，配能自动调压的0.6~0.9m³/min 的空压机，喷枪口径为 6~12mm，空气压力为 0.4~0.6MPa。局部修补可采用抹灰刀等工具手工抹涂。

2. 涂料的搅拌与配制

（1）由工厂制造好的单组分湿涂料，现场应采用便携式搅拌器搅拌均匀。

（2）由工厂提供的干粉料，现场加水或用其他稀释剂调配，应按涂料说明书规定配比混合搅拌，边配边用。

（3）由工厂提供的双组分涂料，按配制涂料说明规定的配比混合搅拌，边配边用。特别是化学固化干燥的涂料，配制的涂料必须在规定的时间内用完。

（4）搅拌和调配涂料，使稠度适宜，即能在输送管道中畅通流动，喷涂后不会流淌和下坠。

3. 施工操作

（1）喷涂应分 2~5 次完成，第一次喷涂以基本盖住钢材表面即可，以后每次喷涂厚度为 5~10mm，一般以 7mm 左右为宜。通常情况下，每天喷涂一遍即可。

（2）喷涂时，应注意移动速度，不能在同一位置久留，以免造成涂料堆积流淌；配料及往挤压泵加料应连续进行，不得停顿。

（3）施工过程中，应采用测厚针检测涂层厚度，直到符合设计规定的厚度，方可停止喷涂。

（4）喷涂后的涂层要适当维修，对明显的乳突，应采用抹灰刀等工具剔除，以确保涂层表面均匀。

（四）薄涂型防火涂料涂装

1. 施工方法与机具

（1）喷涂底层、主涂层涂料，宜采用重力（或喷斗）式喷枪，配能自动调压的 0.6～0.9m³/min 的空压机。喷嘴直径为 4～6mm，空气压力为 0.4～0.6MPa。

（2）面层装饰涂料，一般采用喷涂施工，也可以采用刷涂或滚涂的方法。喷涂时，应将喷涂底层的喷嘴直径换为 1～2mm，空气压力调为 0.4MPa。

（3）局部修补或小面积施工，可采用抹灰刀等工具手工抹涂。

2. 施工操作

（1）底层及主涂层一般应喷 2～3 遍，每遍间隔 4～24h，待前遍基本干燥后再喷后一遍。头遍喷涂以盖住基底面 70% 即可，二、三遍喷涂每遍厚度不超过 2.5mm 为宜。施工过程中应采用测厚针检测涂层厚度，确保各部位涂层达到设计规定的厚度。

（2）面层涂料一般涂饰 1～2 遍。若头遍从左至右喷涂，二遍则应从右至左喷涂，以确保全部覆盖住下部主涂层。

（五）防火涂装质量要求

① 薄涂型防火涂料的涂层厚度应符合有关耐火极限的设计要求。厚涂型防火涂料涂层的厚度，80% 及以上面积应符合有关耐火极限的设计要求，且最薄处厚度不应低于设计要求的 85%。

② 薄涂型防火涂料涂层表面裂纹宽度不应大于 0.5mm；厚涂型防火涂料涂层表面裂纹宽度不应大于 1mm。

③ 防火涂料不应有误涂、漏涂，涂层应闭合无脱层、空鼓、明显凹陷、粉化松散和浮浆等外观缺陷。

第五节　高层钢结构安全施工技术

一、钢结构安装工程安全技术

高层钢结构安装工程，绝大部分工作都是高空作业，除此之外还有临边、洞口、攀登、悬空、立体交叉作业等；施工中还使用有起重机、电焊机、切割机等用电设备和氧气瓶、乙炔瓶等化学危险品，以及吊装作业、电弧焊与气切割明火作业等，因此，施工中必须贯彻"安全第一、预防为主"的方针，确保人身安全和设备安全。此外由于钢结构耐火性能差，任何消防隐患都可能造成重大经济损失，还必须加强施工现场的消防安全工作。

（一）施工安全要求

（1）高空安装作业时，应戴好安全带，并应对使用的脚手架或吊架等进行检查，确认安全后方可施工。操作人员需要在水平钢梁上行走时，安全带要挂在钢梁上设置的安全绳上，安全绳的立杆钢管必须与钢梁连接牢固。

（2）高空操作人员携带的手动工具、螺栓、焊条等小件物品，必须放在工具袋内，互相传递要用绳子，不准扔掷。

（3）凡是附在柱、梁上的爬梯、走道、操作平台、高空作业吊篮、临时脚手架等，要与钢构件连接牢固。

（4）构件安装后，必须检查连接质量，无误后才能摘钩或拆除临时固定。

（5）风力大于 5 级，雨、雪天和构件有积雪、结冰、积水时，应停止高空钢结构的安装作业。

（6）应按规定在建筑物外侧搭设水平和垂直安全网。第一层水平安全网离地面 5～10m，挑出网宽 6m；第二层水平安全网设在钢结构安装工作面下，挑出 3m。第一、二层水平安全网应随钢结构安装进度往上转移，两者相差一节柱距离。网下已安装好的钢结构外侧，应安设垂直安全网，并沿建筑物外侧封闭严密。建筑物内部的楼梯、电梯井口、各种预留孔洞等处，均要设置水平防护网、防护挡板或防护栏杆。

（7）构件吊装时，要采取必要措施防止起重机倾翻。起重机行驶道路，必须坚实可靠；尽量避免满负荷行驶；严禁超载吊装；双机抬吊时，要根据起重机的起重能力进行合理的负荷分配，并统一指挥操作；绑扎构件的吊索须经过计算，所有起重机具应定期检查。

（8）使用塔式起重机或长吊杆的其他类型起重机时，应有避雷防触电设施。

（9）各种用电设备要有接地装置，地线和电力用具的电阻不得大于 4Ω。各种用电设备和电缆（特别是焊机电缆），要经常进行检查，保证绝缘良好。

（二）施工现场消防安全措施

（1）钢结构安装前，必须根据工程规模、结构特点、技术复杂程度和现场具体条件等，拟定具体的安全消防措施，建立安全消防管理制度，并强化进行管理。

（2）应对参加安装施工的全体人员进行安全消防技术交底，加强教育和培训工作。各专业工程应严格执行本工种安全操作规程和本工程指定的各项安全消防措施。

（3）施工现场应设置消防车道，配备消防器材，安排足够的消防水源。

（4）施工材料的堆放、保管，应符合防火安全要求，易燃材料必须专库堆放。

（5）进行电弧焊、栓钉焊、气切割等明火作业时，要有专职人员值班防火。氧、乙炔瓶不应放在太阳光下暴晒，更不可接近火源（要求与火源距离不小于 10m）；冬季氧、乙炔瓶阀门发生冻结时，应用干净的热布把阀门烫热，不可用火烤。

（6）安装使用的电气设备，应按使用性质的不同，设置专用电缆供电。其中塔式起重机、电焊机、栓钉焊机三类用电量大的设备，应分成三路电源供电。

（7）多层与高层钢结构安装施工时，各类消防设施（灭火器、水桶、砂袋等）应随安装高度的增加及时上移，一般不得超过两个楼层。

二、钢结构涂装工程安全技术

（一）防腐涂装安全技术

钢结构防腐涂料的溶剂和稀释剂大多为易燃品，大部分有不同程度的毒性，且当防腐涂料中的溶剂与空气混合达到一定比例时，一遇火源（往往不是明火）即发生爆炸。为此应重视钢结构防腐涂装施工中的防火、防爆、防毒工作。

1. 防火措施

（1）防腐涂装施工现场或车间不允许堆放易燃物品，并应远离易燃物品仓库。

（2）防腐涂装施工现场或车间严禁烟火，并应有明显的禁止烟火标志。

（3）防腐涂装施工现场或车间必须备有消防水源和消防器材。

（4）擦过溶剂和涂料的棉纱应存放在带盖的铁桶内，并定期处理掉。

（5）严禁向下水道倾倒涂料和溶剂。

2. 防爆措施

（1）防明火。防腐涂装施工现场或车间禁止使用明火，必须加热时，要采用热载体、电感加热，并远离现场。

（2）防摩擦和撞击产生的火花。施工中应禁止使用铁棒等物体敲击金属物体和漆桶；如需敲击时，应使用木质工具。

（3）防电火花。涂料仓库和施工现场使用的照明灯应有防爆装置，电器设备应使用防爆型的，并要定期检查电路及设备的绝缘情况。在使用溶剂的场所，应严禁使用闸刀开关，要用三线插销的插头。

（4）防静电。所使用的设备和电器导线应接地良好，防止静电聚集。

3. 防毒措施

（1）施工现场应有良好的通风排气装置，使有害气体和粉尘的含量不超过规定浓度。

（2）施工人员应戴防毒口罩或防毒面具；对接触性的侵害，施工人员应穿工作服、戴手套和防护眼镜等，尽量不与溶剂接触。

（二）防火涂装安全技术

（1）防火涂装施工中，应注意溶剂型涂料施工的防火安全，现场必须配备消防器材，严禁现场明火、吸烟。

（2）施工中应注意操作人员的安全保护。施工人员应戴安全帽、口罩、手套和防尘眼镜，并严格执行机械设备安全操作规程。

（3）防火涂料应储存在阴凉的仓库内，仓库温度不宜高于35℃，不应低于5℃，严禁露天存放、日晒雨淋。

📖 自测题

1. 钢结构常用钢材的种类有哪些？

2. 高层建筑选用钢材的原则和常用种类是什么？

3. 我国钢结构高层建筑在制作和安装施工时采用的连接方法主要有哪些？

4. 钢结构常用的焊接方法是哪些？

5. 高强度螺栓连接按其受力状况分为哪几种类型？

6. 高层钢结构安装的准备工作有哪些？

7. 高层钢结构安装的基本要求和施工工艺有哪些？

8. 高层钢结构的焊接工艺有哪些？

9. 钢材表面除锈等级与除锈方法有哪些？

10. 钢结构防火涂料涂装的一般规定有哪些？

11. 高层钢结构安全施工技术有哪些？

参 考 文 献

[1] 本书编委会. 建筑施工手册（缩印本）. 第 5 版. 北京：中国建筑工业出版社，2013.

[2] 江正荣. 建筑施工计算手册. 第 3 版. 北京：中国建筑工业出版社. 2013.

[3] 李惠强. 高层建筑施工技术. 北京：机械工业出版社. 2005.

[4] 赵志缙，赵帆. 高层建筑施工. 第 2 版. 北京：中国建筑工业出版社，2005.

[5] 杨嗣信. 高层建筑施工手册（上、下册）. 第 2 版. 北京：中国建筑工业出版社，2002.

[6] 朱勇年. 高层建筑施工. 第 3 版. 北京：中国建筑工业出版社，2013.

[7] 周和荣. 安全员专业管理实务. 北京：中国建筑工业出版社，2007.

[8] 高兵，卞延彬. 高层建筑施工. 北京：机械工业出版社，2013.

[9] 孙加保，刘春峰. 高层建筑施工. 第 2 版. 北京：化学工业出版社，2013.

[10] 肖玲，蒋春平. 高层建筑施工. 北京：北京理工大学出版社，2009.

[11] 董经民. 山西大剧院深基坑降水施工技术. 城市住宅. 2015，12：113-116.

[12] 张大，张永泽. 深基坑岛式与盆式土方开挖方法相结合的实际应用. 铁道建筑技术. 2013，3：100-102.

[13] CECS147—2016 加筋水泥土桩锚技术规程.

[14] JGJ 311—2013 建筑深基坑工程施工安全技术规范.

[15] JGJ 120—2012 建筑基坑支护技术规程.

[16] 顾问天. 深基坑双排桩支护结构的研究 [D]. 北京：铁道科学研究院. 2007.

[17] 石峰，薛天成. 地下连续墙在成都地区基坑支护中的应用. 四川建筑. 2013，33（4）：145-147.

[18] 杨国立. 钢管锚钉在基坑支护中的应用探讨. 建筑技术. 2010，10：885-887.

[19] 曾建华，闫玲，赵云飞. 加筋水泥土桩锚在天津某软土基坑中的应用. 路基工程. 2013，1：126-128.

[20] 焦德贵，谢弘帅等. 软土地区深基坑无支撑围护的设计与施工. 建筑施工. 2011，08：652-653.

[21] 周凤中. 加筋水泥土桩锚技术在温州地区的研究及应用. 城市建设理论研究（电子版）. 2012（17）：1-6.

[22] 应惠清. 深基坑支护结构和施工新技术. 施工技术. 2013，07：1-5.

[23] 申永江，孙红月等. 锚索双排桩与刚架双排桩的对比研究. 岩土力学. 2011，06：1838-1844.

[24] 彭武林. 复杂土质条件下的深基坑施工技术. 低碳世界. 2016，01：146-147.

[25] 杨国立等. 大板基础钢筋密集型后浇带模板的新型施工方法. 建筑科学. 2004，20（5）：59-60.

[26] 杨国立，陈雷. 高层基础大体积混凝土施工难点分析及对策. 河南城建学院学报. 2009，04：21-24.

[27] 仲晓林，林松涛.《大体积混凝土施工规范》实施指南. 北京：中国建筑工业出版社，2011.

[28] GB 50010—2010 混凝土结构设计规范（2015 年版）.

[29] GB/T 25637 建筑施工机械与设备 混凝土搅拌机.

[30] JGJ 130—2011 建筑施工扣件式钢管脚手架安全技术规范.

[31] GB 50666—2011 混凝土结构工程施工规范.

[32] JGJ 107—2016 钢筋机械连接技术规程.

[33] GB 50204—2015 混凝土结构工程施工质量验收规范.

[34] DB 33/1035—2006 建筑施工扣件式钢管模板支架技术规程.

[35] GB 50496—2009 大体积混凝土施工规范. 北京：中国计划出版社，2009.

[36] JGJ/T 281—2012 高强混凝土应用技术规程.

[37] JGJ/T 10—2011 混凝土泵送施工技术规程.

[38] JGJ 59—2011 建筑施工安全检查标准.

[39] 朱绪伟，杨鑫等. 跳仓法在特大基础底板施工中的技术分析. 建筑施工. 2013，02：107-108.

[40] 阚景隆，张亚军等. 冬施条件下大体积混凝土"跳仓法"施工及质量控制. 建筑技术. 2013，11：1000-1003.

[41] 李善荣. 铣削式成槽机. 西部探矿工程. 2004，05：148-150.

[42] 李大华，胡志勇等. 大体积混凝土基础施工与温度控制技术. 建筑技术. 2012，01：24-27.

[43] CECS 300—2011 钢结构钢材选用与检验技术规程.

[44] GB 50755—2012 钢结构工程施工规范.

[45] GB 50661—2011 钢结构焊接规范.